高等院校计算机应用系列教材

U0645342

Python 程序设计基础

主　编　马亚丽

副主编　叶燕文　李　焱

　　　　王志强　任　洁

清华大学出版社

北　京

内 容 简 介

本书旨在讲述 Python 程序设计的基础知识。全书共 10 章，内容包括 Python 基础、编程基础、程序控制结构、组合数据类型、函数、文件、异常处理、常见第三方库、数据分析入门和 Python 实例。最后一章的每个实例都是经典的实际问题，让读者在学习相关章节后，运用所学知识来解决实际问题，助力读者提升实战技能。本书语言表述通俗易懂，案例习题配套丰富，可以让读者将所学的理论知识落地，帮助读者更好地掌握相关技术，可使读者随时随地开展自学，掌握 Python 程序设计相关知识与方法。

本书可作为高等院校计算机程序设计课程的教材，也可供渴望用编程解决实际问题但对编程缺乏基础的读者使用。

图书在版编目 (CIP) 数据

Python 程序设计基础 / 马亚丽主编 . -- 北京：

清华大学出版社，2025. 8. -- ISBN 978-7-302-69944-6

Ⅰ. TP312.8

中国国家版本馆 CIP 数据核字第 2025EG9122 号

责任编辑：王　定
封面设计：周晓亮
版式设计：思创景点
责任校对：成凤进
责任印制：丛怀宇

出版发行：清华大学出版社

网　　　　址：https://www.tup.com.cn，https://www.wqxuetang.com
地　　　　址：北京清华大学学研大厦A座　　　邮　　编：100084
社　总　机：010-83470000　　　　　　　　邮　　购：010-62786544
投稿与读者服务：010-62776969，c-service@tup.tsinghua.edu.cn
质　量　反　馈：010-62772015，zhiliang@tup.tsinghua.edu.cn

印 装 者：大厂回族自治县彩虹印刷有限公司
经　　销：全国新华书店
开　　本：203mm×260mm　　　印　张：18　　　字　数：480千字
版　　次：2025 年 8 月第 1 版　　　印　次：2025 年 8 月第 1 次印刷
定　　价：69.80元

产品编号：112400-01

前言
PREFACE

党的二十大报告指出："教育、科技、人才是全面建设社会主义现代化国家的基础性、战略性支撑。""我们要坚持教育优先发展、科技自立自强、人才引领驱动，加快建设教育强国、科技强国、人才强国，坚持为党育人、为国育才，全面提高人才自主培养质量，着力造就拔尖创新人才，聚天下英才而用之。"

在当今数字化时代，无论是数据分析、人工智能、Web 开发，还是自动化运维、科学计算，Python 都能提供高效的解决方案。Python 以其简洁、易读、功能强大的特点，深受广大用户的青睐。对于初学者而言，Python 更是进入编程世界的理想选择——它降低了编程的门槛，却又不失其专业性和扩展性。

《Python 程序设计基础》旨在为编程零基础的读者提供一条清晰、系统的学习路径。本书不仅关注 Python 语法的基础知识，更注重培养读者的计算思维和实际编程能力。

本书共 10 章，内容包括 Python 基础、编程基础、程序控制结构、组合数据类型、函数、文件、异常处理、常见第三方库、数据分析入门和 Python 实例。本书的编写遵循以下原则。

(1) 循序渐进，由浅入深。本书从最基本的变量、数据类型、运算符讲起，逐步过渡到流程控制、函数、文件操作，最后到异常处理、数据分析等高级主题，确保读者能够扎实掌握 Python 的核心概念。

(2) 案例驱动，注重实践。每个知识点都配有典型示例代码，并结合实际应用场景进行讲解。书中还设计了丰富的练习题和实验，帮助读者巩固所学知识，提升动手能力。

(3) 结合现代 Python 特性。本书基于 Python 3.10 版本编写，涵盖 f- 字符串、上下文管理器等现代 Python 特性，确保读者学习的是当前主流技术。

(4) 培养编程思维，而非单纯记忆语法。编程不仅仅是写代码，更是解决问题的过程。本书在讲解知识点的同时，引导读者思考如何分解问题、设计算法、优化代码，从而使读者真正掌握编程的核心方法。

(5) 拓展应用场景，激发学习兴趣。在掌握基础语法后，本书最后给出经典问题的实例代码，帮助读者提升实战技能，提高编程兴趣。

编程是一门实践性极强的技能，只有不断练习和思考，才能真正掌握。希望本书能成为您 Python 学习之旅的得力助手，帮助您顺利迈入编程世界的大门。

本书由兰州财经大学的马亚丽担任主编，由叶燕文、李焱、王志强、任洁担任副主编。其中，第 1 章和第 7 章由马亚丽编写；第 2 章、第 5 章和第 8 章由王志强编写；第 3 章和第 9 章由任洁编写；第 4 章和第 6 章由叶燕文编写；第 10 章由李焱编写。全书由马亚丽策划、统稿并审定。

经过深入思考和反复讨论、修订，本书终于落地。但限于编者的能力和水平，书中难免存在不妥之处，殷切希望广大读者批评指正。

本书提供教学大纲、电子教案、教学课件、例题源代码、习题与实验参考答案、模拟试卷，读者可扫下列二维码获取。另外，书中还附有拓展阅读、Python 实例源代码，读者可扫相应章节的二维码学习。

| 教学大纲 | 电子教案 | 教学课件 | 例题源代码 | 习题与实验参考答案 | 模拟试卷 |

编　者

2025 年 4 月

目录 CONTENTS

第 3 章　程序控制结构 ·············· 070

第 4 章　组合数据类型 ·············· 100

第 5 章 函数 ……………………………………………………………………… 128

第 9 章　数据分析入门 ……………… 221

第 ⑩ 章　　Python 实例 ⸱⸱⸱⸱⸱⸱⸱⸱⸱⸱⸱⸱⸱⸱⸱⸱⸱⸱⸱⸱⸱⸱⸱⸱⸱ 271

参考文献 ⸱⸱⸱⸱⸱⸱⸱⸱⸱⸱⸱⸱⸱⸱⸱⸱⸱⸱⸱⸱⸱⸱⸱⸱⸱⸱⸱⸱⸱⸱⸱⸱⸱⸱⸱⸱⸱ 277

第1章 > Python 基础

> 己欲立而立人，己欲达而达人。
>
> ——《论语·雍也》

人与计算机打交道时，需要通过一种"语言"控制计算机，让计算机为我们做事，这种语言就叫编程语言。全世界有 6000 多种编程语言，其中流行的编程语言有 20 多种。Python 是当今非常受欢迎的编程语言之一，其以简洁优雅的语法和强大丰富的功能，为我们打开了一扇通往无限可能的大门。本章首先介绍 Python 的起源、发展、特点以及应用领域，然后讲解三种 Python 集成开发环境的安装方法以及代码的编写和运行步骤。

接下来，就让我们一同走进 Python 的基础世界，探索它如何帮助我们"立"与"达"。在学习过程中，愿我们携手共进，为彼此的编程之路增添光彩。

学习目标

(1) 了解 Python 语言的特点及应用领域。
(2) 掌握标准 Python 的安装与使用。
(3) 掌握 Pycharm 的安装与使用。
(4) 掌握 Anaconda 的安装与使用。

思维导图

1.1 Python 语言概述

Python 是一门跨平台的编程语言，最初用于编写脚本程序及科学计算。随着版本的更新，Python 多被用于数据分析、网站开发、人工智能等领域。本节将介绍 Python 的发展、特点以及应用领域。

1.1.1 Python 的发展

Python 语言的创始人是荷兰国家数学与计算机科学研究中心的吉多·范罗苏姆 (Guido van Rossum)。1989 年，吉多为了打发圣诞节假期，决定开发一个新的基于互联网社区的脚本解释程序，作为 ABC 语言的一种继承。ABC 语言是由吉多参加设计的一种教学语言，吉多认为，ABC 语言非常优美和强大，是专门为非专业程序员设计的。但是 ABC 语言并没有成功，吉多认为是其非开放性造成的。吉多决心在新的语言中避免这一错误。同时，他想实现在 ABC 语言中闪现过但未曾实现的东西。

吉多特别喜爱电视喜剧 *Monty Python's Flying Circus*，所以将 Python(意为 "大蟒蛇") 作为新的编程语言的名字。于是，Python 语言诞生了。1991 年，Python 的第一个解释器发布，它由 C 语言实现，也有很多来自 ABC 语言的语法。2000 年 10 月 16 日，Python 2.0 发布，该版本增加了内存管理、对 Unicode 编码的支持等功能。2008 年 12 月 3 日，Python 3.0 版本发布，该版本比之前的 Python 2.0 版本有了较大的改进。由于 Python 3.0 版本不向下兼容，数以万计的函数库从 2.0 版本更新到 3.0 版本花费了大量的时间。

Python 经历了很多版本，具体信息如表 1.1 所示。

表 1.1　Python 版本

版本	发布时间	版本	发布时间
Python 0.9	1991.02	Python 3.3	2012.09
Python 1.0	1994.01	Python 3.4	2014.03
Python 1.6	1997.12	Python 3.5	2015.09
Python 2.0	2000.10	Python 3.6	2016.12
Python 2.3	2003.07	Python 3.7	2018.06
Python 2.4	2004.11	Python 3.8	2019.10
Python 2.5	2006.09	Python 3.9	2020.10
Python 2.6	2008.10	Python 3.10	2021.10
Python 2.7	2010.07	Python 3.11	2022.10
Python 3.0	2008.12	Python 3.12	2023.10
Python 3.1	2009.06	Python 3.13	2024.10
Python 3.2	2011.02	Python 3.14	2025.10

1.1.2 Python 的特点

Python 广泛应用于各个领域，成为全球主流的编程语言之一，其有以下主要特点。

(1) 易学易用。Python 的关键字较少，且有极其简单的说明文档，初学者容易上手。

(2) 简洁易读。Python 的语法简洁清晰，代码易读易写，采用强制缩进的方式使代码具有较好的可读性。

(3) 免费、开源。Python 是完全开放源码的，用户不但可以从 Internet 上免费获取并使用，还可以修改和分发。

(4) 可移植性。Python 可以被移植到不同操作系统，如 Windows、Linux、macOS、Android 等。在某个操作系统中编写的 Python 程序几乎可以不加修改就可以运行在其他操作系统中。

(5) 解释性。Python 是一种解释型高级语言，其程序可以直接执行。这使 Python 程序更加易于移植。

(6) 可嵌入性。用户可以将 Python 嵌入 C、C++ 程序，从而为程序提供脚本功能。

(7) 面向对象。Python 是一种面向对象的编程语言，支持类和对象的概念，方便代码的组织和重用。

(8) 功能丰富。Python 提供庞大的标准库和第三方库，包括但不限于数据处理、网络编程、图形图像处理、科学计算、机器学习、人工智能等。这些库涵盖各种领域的功能需求，利用 Python 开发时，许多功能直接使用库即可。

(9) 动态类型。Python 是动态类型语言，变量类型在运行时确定，增强了编程的灵活性。

(10) 社区支持。Python 拥有活跃的开发者社区，提供丰富的资源和支持。

1.1.3　Python 的应用领域

(1) 科学计算与数据分析。Python 提供了 NumPy(Numerical Python)、Pandas、SciPy(Scientific Python)、Matplotlib、Traits、VTK(Visualization toolkit)、OpenCV 等大量的库，这些库可以实现数值计算、符号计算、二维图表、数据可视化、图像处理以及界面设计等。

(2) Web 开发。Python 经常用于 Web 开发。Flask 和 Django 是两个非常流行的开发框架，它们可以快速构建高效、安全和可扩展的 Web 应用程序。许多大型网站如 YouTube、Google、豆瓣等都是用 Python 开发的。

(3) 网络爬虫。Python 提供了大量的网络爬虫库，如 urllib、requests、Scrapy 等。它们使 Python 在网络爬虫开发方面具有很高的效率。通过使用这些库，可以方便地抓取网页数据、进行数据分析或数据挖掘等操作。

(4) 图形界面开发。Python 也广泛应用于图形界面开发。Tkinter、wxPython、PyQt 等库使得跨平台的桌面软件开发变得简单。

(5) 人工智能与机器学习。TensorFlow、PyTorch、Keras 等深度学习框架都是基于 Python 开发的，这些框架为构建神经网络，实现自然语言处理、图像识别等功能提供了极大的便利。

(6) 操作系统管理。Python 可用于操作系统管理，如文件系统操作、进程管理、网络配置等。

(7) 嵌入式硬件编程。Python 在嵌入式硬件编程中有应用，支持硬件控制、传感器数据处理等功能。

(8) 系统运维。在很多操作系统中，Python 是标准的系统组件，可以直接在终端运行 Python 脚本。用 Python 编写的系统管理脚本在可读性、性能、代码重用度和扩展性方面都优于普通的 shell 脚本，常用于系统监控、资源管理等运维工作。

(9) 游戏开发。Python 可以用于游戏逻辑的开发，也有一些游戏开发库可供使用，可用来创建简单的 2D 或小型 3D 游戏，以及为游戏开发提供辅助工具。

(10) 云计算。在云计算领域，Python 可用于云基础设施建设和管理。一些云计算平台和服务的开发会使用 Python，而且 Python 的简洁性和灵活性使其适用于构建在云上运行的应用程序。

(11) 物联网。可以用 Python 编写脚本与传感器和设备进行交互，实现物联网应用的开发和控制，如智能家居系统、工业自动化等。

(12) 其他领域。Python 还可以应用于多媒体处理、桌面应用开发、教育领域、金融领域等。

1.2 Python 集成开发环境

在学习使用 Python 语言之前，首先要搭建好 Python 开发环境。本节将介绍三款常用 Python 集成开发环境的安装和使用。Python 集成开发环境可以安装在不同的操作系统中，本书以 Windows 为例。

1.2.1 Python 自带的集成开发环境

IDLE 是 Python 自带的开发环境，是开发 Python 程序的基本集成开发环境 (IDE)，具备基本的 IDE 功能，能够快速验证各种指令和简单程序，是非商业 Python 开发的不错选择。Python 安装好以后，IDLE 就自动安装好了。

本书以 Python 3.10 版本为基础进行代码和程序的编写与运行。

1. 下载与安装

(1) 在浏览器地址栏中输入 Python 官网地址 (https://www.python.org)，按回车键，打开 Python 官网，如图 1.1 所示。

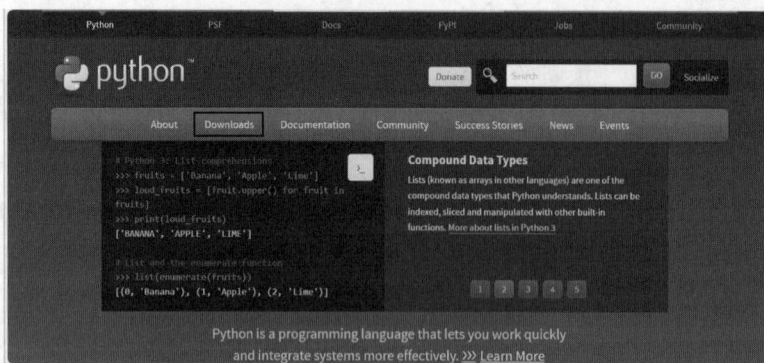

图 1.1 Python 官网主页

(2) 单击图 1.1 中的 Downloads 菜单，会显示 Python 的下载选项，如图 1.2 所示。在这里几乎可以找到 Python 的所有版本。一般情况下，网站会自动根据计算机的操作系统类型选择对应的最新的 Python 版本。

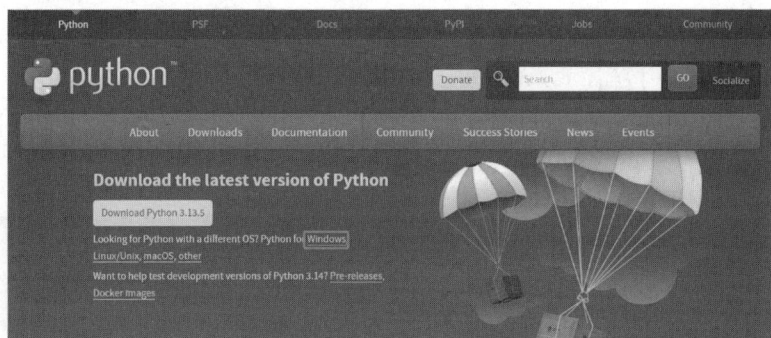

图 1.2　Python 下载页面 1

(3) 单击图 1.2 中的 Windows，会显示 Windows 平台上的所有版本，如图 1.3 所示。单击所需选项，即可下载安装程序。

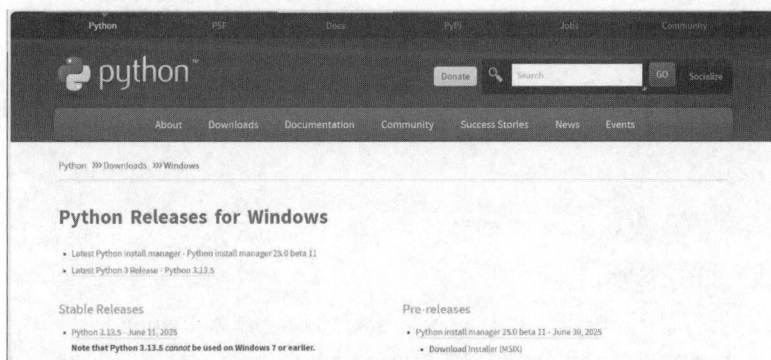

图 1.3　Python 下载页面 2

(4) 本书下载的是 64 位的 Python 3.10.11 版本，安装程序图标如图 1.4 所示。双击安装程序图标，打开安装向导对话框，选中 Add python.exe to PATH 选项，如图 1.5 所示。选中 Add python.exe to PATH 选项可以将可执行文件路径添加到 Windows 操作系统的环境变量 PATH 中，以便在后续的开发中启动各种工具。

python-3.10.11-amd64

图 1.4　Python 安装程序图标

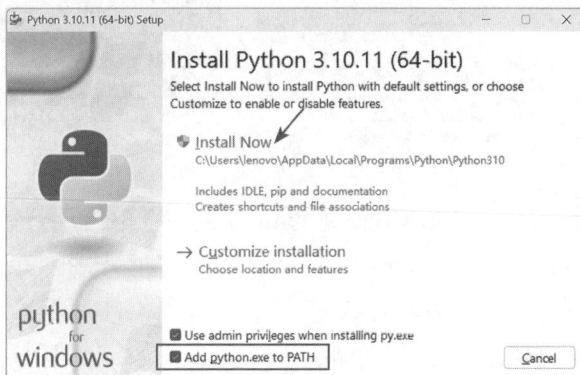

图 1.5　Python 安装向导

（5）单击图 1.5 中的 Install Now（默认安装方式）选项开始安装，接下来按照提示操作即可完成安装；或者使用 Customize installation（自定义安装方式）安装，单击后进入可选特性界面，如图 1.6 所示。

（6）单击图 1.6 中的 Next 按钮，进入高级选项界面，如图 1.7 所示。单击 Browse 按钮可选择安装路径，本书选择路径为 C:\Users\Python310。最后单击 Install 按钮开始安装，按照提示操作即可完成安装。

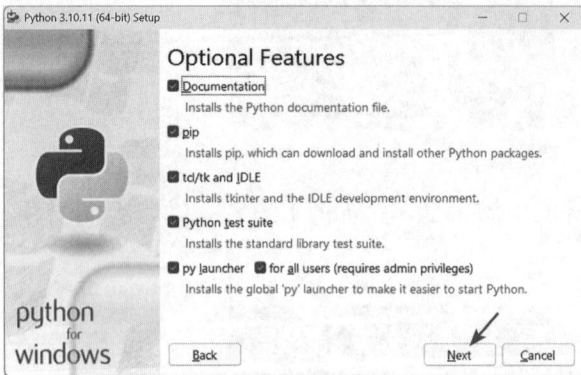

图 1.6　可选特性界面

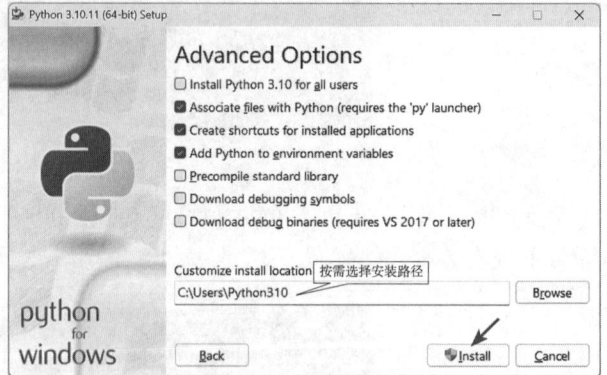

图 1.7　高级选项界面

2. 检测和使用

（1）安装完成后，需要检测 Python 是否成功安装在 Windows 系统中。按键盘上的 Win+R 键打开运行对话框，输入 cmd，如图 1.8 所示。

（2）单击图 1.8 中的"确定"按钮，打开命令提示符窗口，输入 Python 按回车键，显示 Python 的版本信息，并出现">>>"提示符，说明安装成功，且此时正处于 Python 的交互模式中。

在交互模式下，可以直接输入代码，按回车键执行，立即就能看到输出结果。比如，输入 print("Hello Python!")命令按回车键后，在下一行立刻显示"Hello Python！"，如图 1.9 所示。

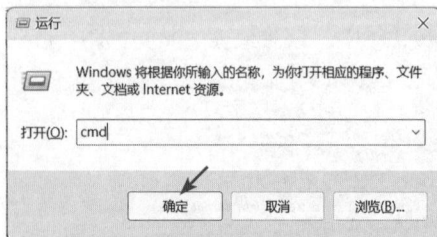

图 1.8　"运行"对话框

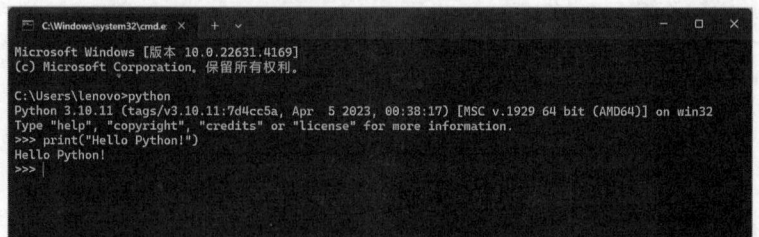

图 1.9　Python 交互模式窗口

（3）在"开始"菜单中找到 Python 3.10，单击展开后可以看到图 1.10 所示的内容。单击 Python 3.10(64-bit) 命令可以打开图 1.9 所示的交互模式窗口；单击 IDLE(Python3.1064-bit) 命令可以打开 Python 自带的集成开发环境 IDLE 窗口，如图 1.11 所示，在该窗口中既可以将代码输入提示符">>>"后面按回车键执行，也可以单击 File|New File 命令创建程序文件，如图 1.12 所示。

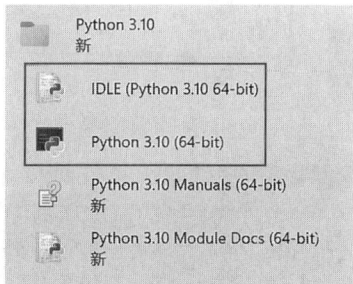

图 1.10　Python 菜单命令选项

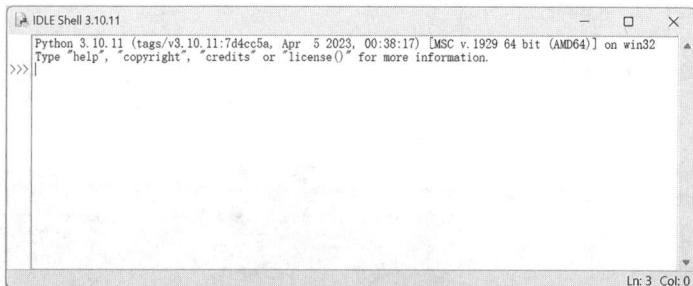

图 1.11　Python 的 IDLE 窗口

> **补充**：集成开发环境 (integrated development environment，IDE) 是用于提供程序开发环境的应用程序，通常包括代码编辑器、编译器、调试器和图形用户界面等工具。它集成了代码编写功能、分析功能、编译功能和调试等功能，是一体化的开发软件服务套件。换言之，具备这一特性的软件或软件套 (组) 装都可以称为集成开发环境。

(4) 在图 1.12 所示的程序文件创建窗口中输入程序代码，单击 Run|Run Module 命令或直接按 F5 键执行程序，结果会输出在 IDLE 窗口中。

Python 安装成功后，在交互命令窗口中，通常会有提示符 ">>>"，可以将需要执行的代码输入到提示符后面，并按回车键执行，即可在下一行看到代码的执行结果。例如：

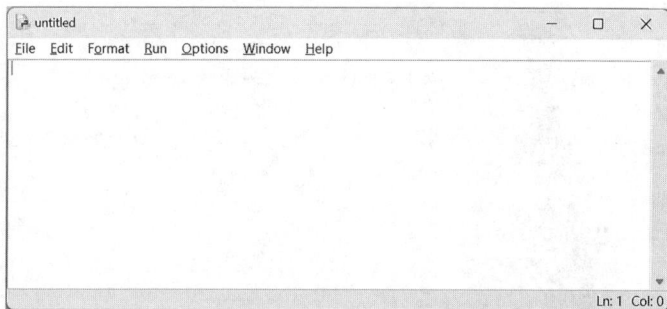

图 1.12　Python 程序文件编辑窗口

```
>>> ' 我要学 ' + 'Python'
' 我要学 Python'
```

1.2.2　PyCharm 集成开发环境

PyCharm 是由 JetBrains 打造的一款 PythonIDE，带有一整套可以帮助用户在使用 Python 语言开发时提高其效率的工具。PyCharm 具有一般 IDE 具备的功能，如调试、语法高亮、项目管理、代码跳转、智能提示、自动完成、单元测试、版本控制等。

与其他集成开发环境相比，PyCharm 有可视化的界面，输入代码、调试程序都更加方便，有利于调试程序以及大型项目的开发。

1. 下载与安装

(1) 在浏览器地址栏中输入 PyCharm 的官方下载地址，按回车键，打开 PyCharm 下载页面 (https://www.jetbrains.com/pycharm/download)。Pycharm 有付费版 Professional 和免费版 Community 两种版本，这里选择免费版，如图 1.13 所示。

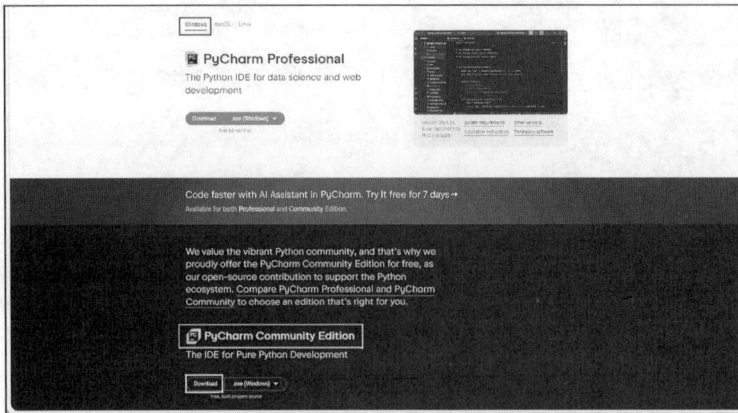

图 1.13　PyCharm 下载页面

(2) 单击 Windows，然后单击 Pycharm Community Edition 下面的 Download 进行下载；下载的文件名为 pycharm-community-2024.3.1.1.exe。双击该文件图标，进入 Pycharm 安装界面，如图 1.14 所示。

(3) 单击"下一步"按钮，进入选择安装路径界面，本书选择 D:\PyCharm，如图 1.15 所示。

图 1.14　安装界面

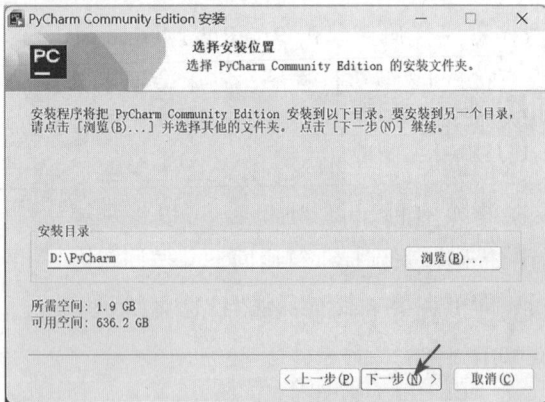

图 1.15　选择安装路径界面

(4) 单击"下一步"按钮，进入配置界面，勾选全部选项，如图 1.16 所示。

(5) 单击"下一步"按钮，进入选择文件夹界面，如图 1.17 所示。

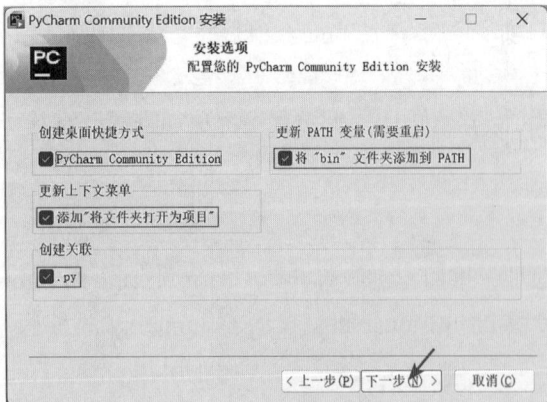

图 1.16　配置界面

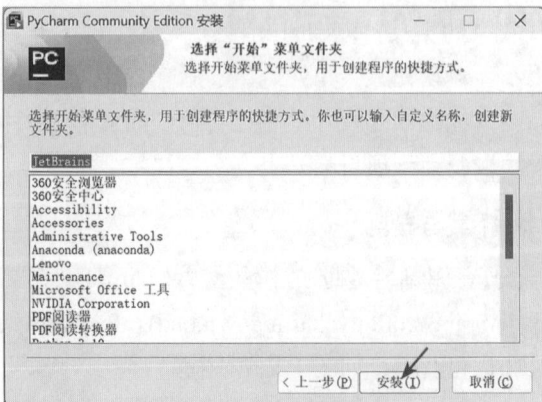

图 1.17　选择文件夹界面

（6）单击"安装"按钮，进入安装过程界面，如图 1.18 所示。

（7）安装完成后，界面如图 1.19 所示，选择"否，我会在之后重新启动"，最后单击"完成"按钮。

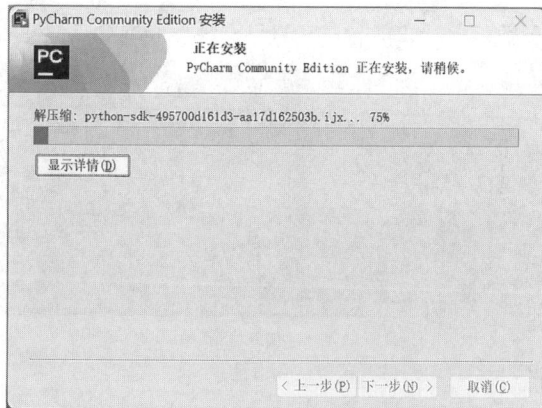

图 1.18　安装过程界面

图 1.19　安装完成界面

2. 配置与使用

（1）启动 PyCharm，打开 Welcome to Pycharm 界面，如图 1.20 所示。

（2）单击 New Project，修改 Location（项目目录路径），指定名称，本书指定为 D:\PythonProject；选择解释器，本书选择 Python 3.10，如图 1.21 所示。

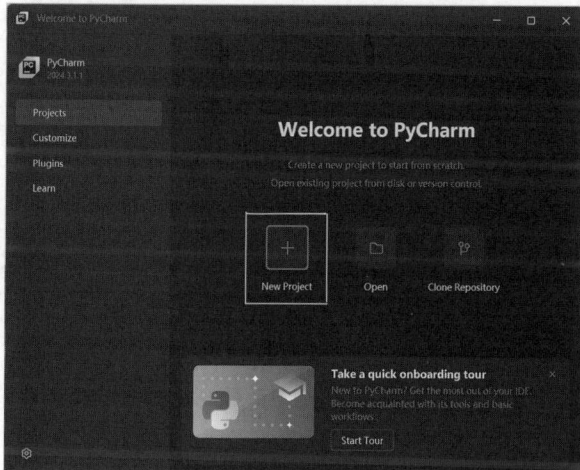

图 1.20　欢迎界面

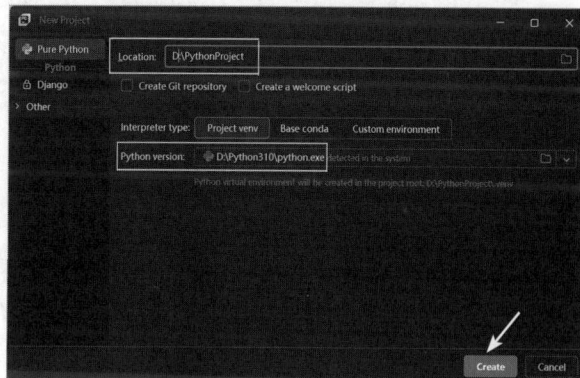

图 1.21　修改 Location

（3）单击 Create 按钮，打开 PyCharm 工作界面，如图 1.22 所示。

（4）单击图 1.22 中箭头所指的 Main Menu 按钮，打开 PyCharm 系统主菜单栏，如图 1.23 所示。

（5）单击主菜单栏中的 File|New Project 可以创建新项目。单击 File|Settings 可以对 PyCharm 进行设置（本书不再详述）。

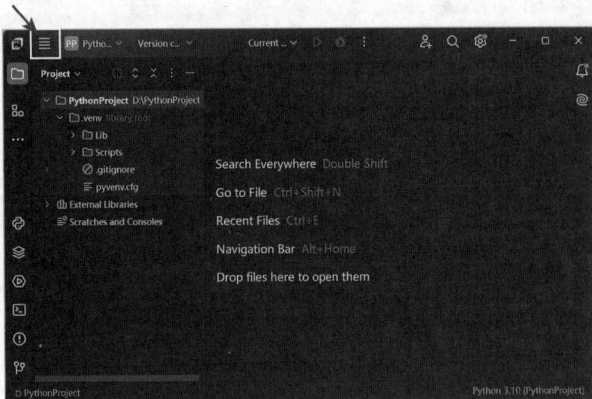

图 1.22　工作界面

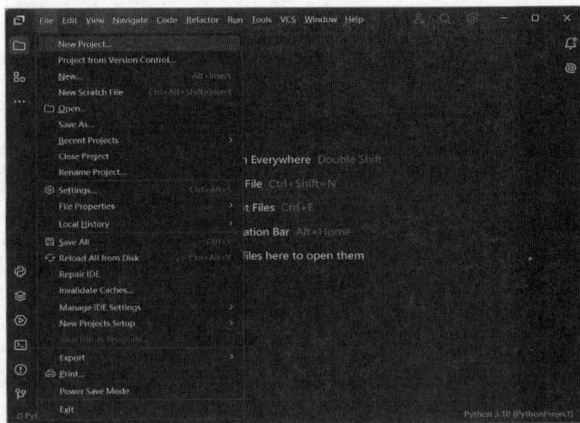

图 1.23　主菜单栏

1.2.3　Anaconda 集成开发环境

Anaconda 是一个开源的 Python 发行版本，可以看作 Python 的包管理工具，类似于 pip。其中包含了 Conda、Python 等 180 多个科学包及其依赖项。由于包含的科学包数量较多，Anaconda 所占存储空间较大。第 9 章数据分析所需的 Python 库都包含在 Anaconda 中。

Anaconda 中包含的 Jupyter Notebook 是基于网页用于交互计算的应用程序，可被应用于全过程计算，包括开发、文档编写、运行代码和展示结果。

1. 下载与安装

(1) 在浏览器地址栏中输入 Anaconda 下载地址 (https://www.anaconda.com) 或清华大学开源软件镜像站 (https://mirrors. tuna.tsinghua.edu.cn/anaconda/archive/)，按回车键，如图 1.24 所示。

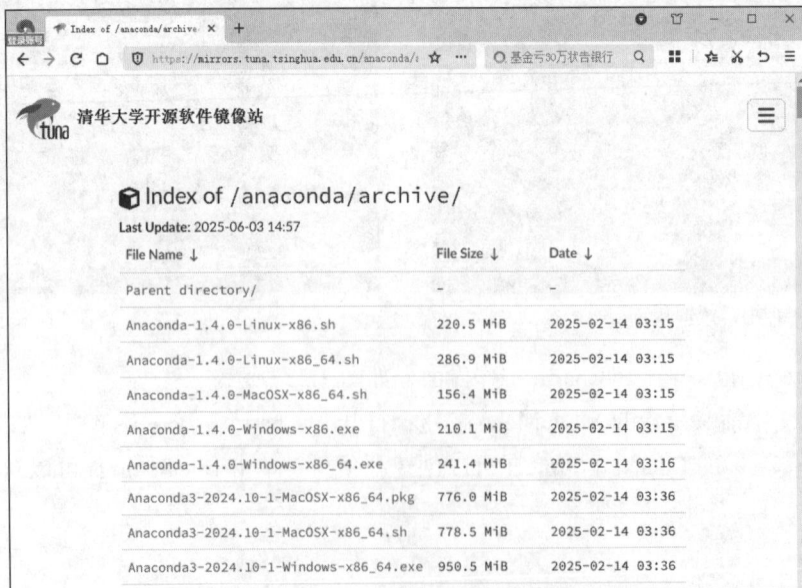

图 1.24　Anaconda 下载页面

(2) 根据所用计算机的配置情况，选择相应版本下载，本书下载的是 Anaconda3-2024.10-1-Windows-x86_64.exe。下载完成后，双击安装文件，打开安装窗口，如图 1.25 所示。

(3) 单击图 1.25 中的 Next 按钮，进入图 1.26 所示窗口。

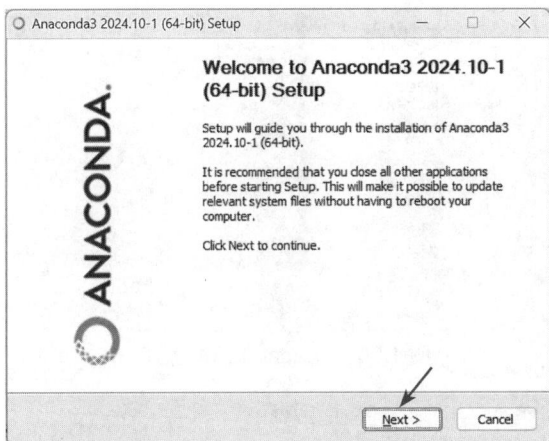

图 1.25　Anaconda 安装窗口 1

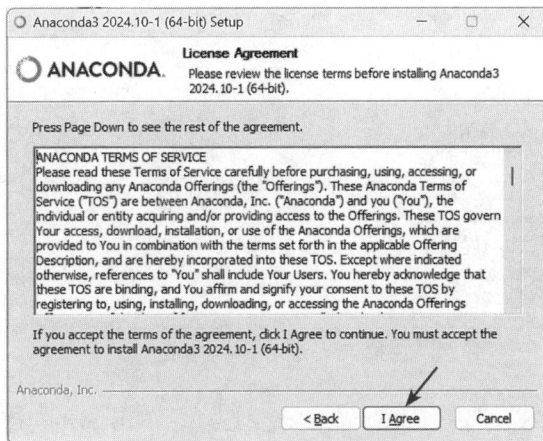

图 1.26　Anaconda 安装窗口 2

(4) 单击图 1.26 中的 I Agree 按钮，进入图 1.27 所示窗口。

(5) 选中图 1.27 中的 All Users(requires admin privileges) 选项，单击 Next 按钮，弹出图 1.28 所示窗口。

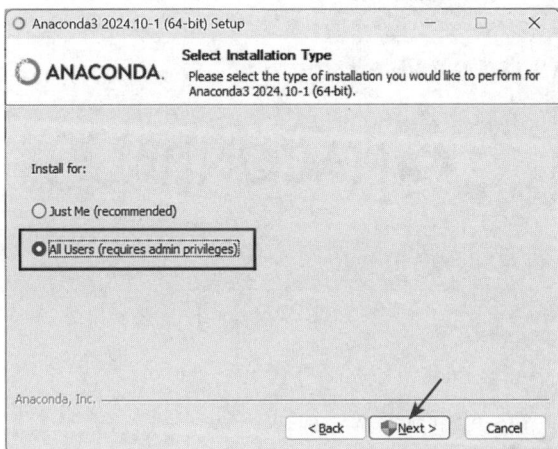

图 1.27　Anaconda 安装窗口 3

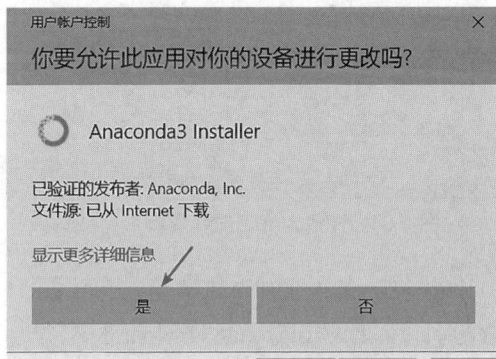

图 1.28　用户账户控制

(6) 单击图 1.28 中的"是"按钮，弹出图 1.29 所示窗口。

(7) 在图 1.29 中选择安装位置，本书选择 D:\anaconda，然后单击 Next 按钮，弹出图 1.30 所示窗口。

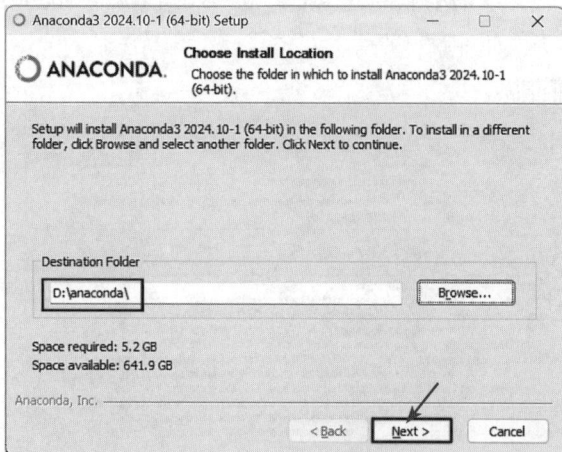

图 1.29　Anaconda 安装窗口 4

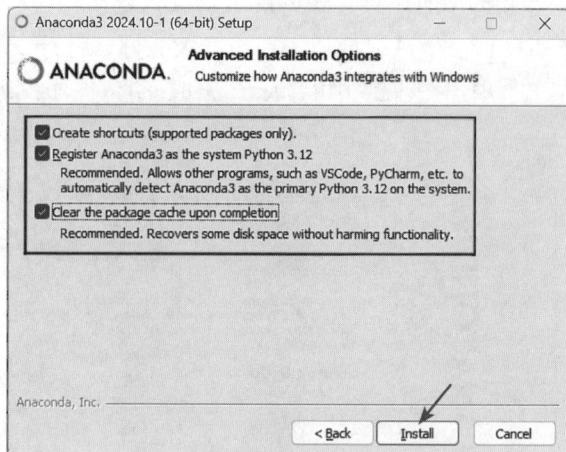

图 1.30　Anaconda 安装窗口 5

（8）选中图 1.30 中的三个选项，单击 Install 按钮，等待安装，随后弹出图 1.31 所示的窗口。

（9）单击图 1.31 中的 Next 按钮，弹出图 1.32 所示的窗口。

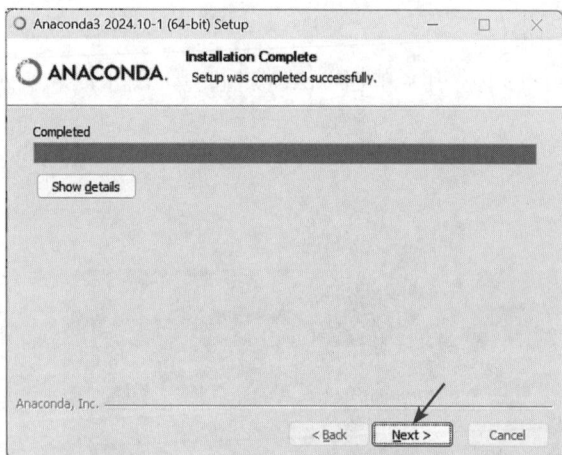

图 1.31　Anaconda 安装窗口 6

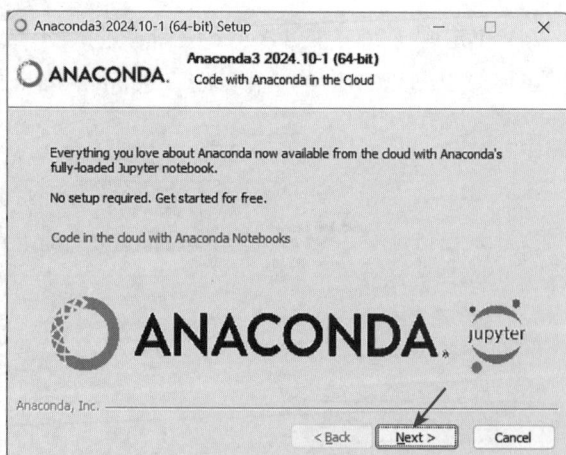

图 1.32　Anaconda 安装窗口 7

（10）单击图 1.32 中的 Next 按钮，弹出图 1.33 所示的窗口。

（11）选中 Launch Anaconda Navigator 选项，单击 Finish 按钮，安装完成。

2. 配置环境变量

安装 Anaconda 后，系统默认并不会自动识别 Conda 命令，这意味着无法直接在命令行中输入 Conda 来使用 Anaconda 的相关功能。通过配置环境变量，告诉操作系统 Conda 命令的存储位置，可以使系统能够找到并执行这个命令。

（1）在运行窗口（按 Win+R 打开）中输入 sysdm.cpl（或者在搜索框中输入"查看高级系统设置"），单击"确定"按钮，打开系统属性对话框，切换至高级选项卡，如图 1.34 所示。

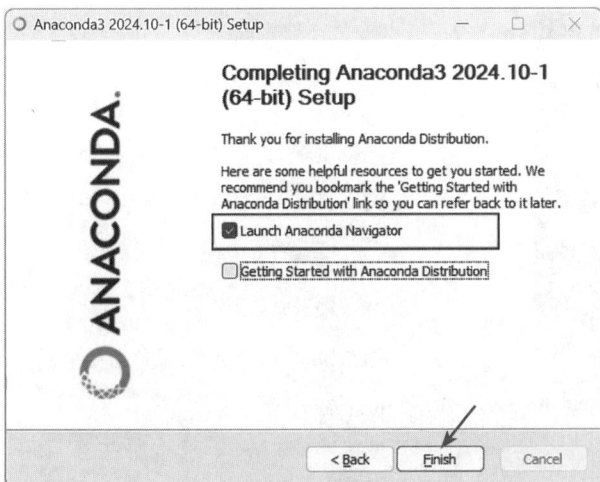

图 1.33　Anaconda 安装窗口 8

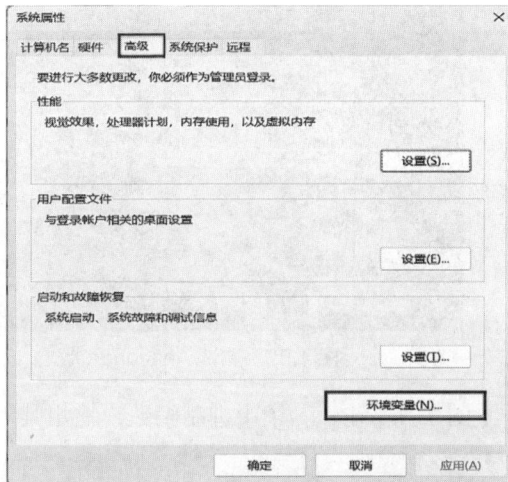

图 1.34　"系统属性"对话框

(2) 单击"环境变量"按钮，打开"环境变量"对话框，如图 1.35 所示。

(3) 双击"系统变量"中的 Path，打开"编辑环境变量"对话框，并依次新建 4 条路径，如图 1.36 所示。

(4) 单击"确定"按钮，直至退出"环境变量"对话框。

图 1.35　"环境变量"对话框

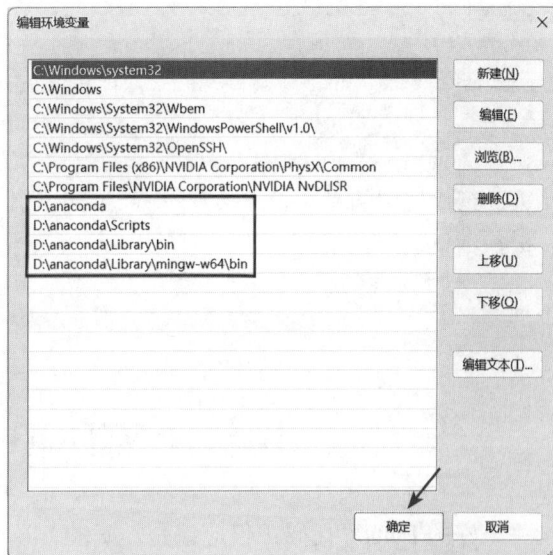

图 1.36　"编辑环境变量"对话框

3. 检测与使用

(1) 打开命令提示符窗口，输入命令 conda --version，按回车键后若显示出 Anaconda 的版本，则说明安装成功，如图 1.37 所示。

(2) 单击"开始"菜单中的 Anaconda，可以看到图 1.38 所示的内容，根据需要单击相关命令。

图 1.37　测试 Anaconda 版本

图 1.38　Anaconda 菜单命令

【例 1-1】输入一个十进制整数，输出其对应的二进制数。示例代码如下：

```
1    x = int(input("请输入一个整数："))              #输入整数
2    b = bin(x)                                      # 利用 bin() 函数将十进制转换为二进制
3    print(x," 对应的二进制数是 ", b)
```

运行结果如下：

```
请输入一个整数：93
93 对应的二进制数是 0b1011101
```

【例 1-2】判断输入的年份是否为闰年。示例代码如下：

> 要求：在某一集成开发环境中输入以下代码，运行并查看结果。

```
1    year = int(input(" 请输入年份："))              #输入年份
2    if(year%400 == 0) or (year%4 == 0 and year%100!= 0)：   # 判断是否为闰年
3        print("%d 年是闰年 "%year)
4    else
5        print("%d 年不是闰年 "%year)
```

第 2 行代码中的表达式用来判断输入的年份 year 是否为闰年。

运行结果如下：

```
请输入年份：2025
2025 年不是闰年
```

1.3　Python 语言编码总规范

　　一个好的 Python 代码不仅应该是正确的，还应该是漂亮的、优雅的，具有非常强的可读性和可维护性，读起来令人赏心悦目。遵循一套统一的编码规范是实现这一目标的基础，它能让代码更易于理解和维护。本节将介绍 Python 语言编码规范中的几个核心原则，详细规范在 2.1 节中展开讲述。

　　(1) 缩进。在 Python 中，严格使用缩进来体现代码的逻辑从属关系。错误的缩进会导致代码无法运行或者可以运行但结果错误。此外，相同级别的代码块应具备相同的缩进量。

　　(2) 区分大小写字母。Python 对英文字母的大小写是敏感的。比如，字母 A 和 a 在程序中代表不同含义。

　　(3) 英文半角字符。在编写 Python 代码时，所有定界符和分隔符都应使用英文半角字符，如元素之间的逗号、列表的方括号、字符串的引号、字典的键和值之间的冒号、元组的圆括号等。

(4) 注释。对关键代码或重要代码添加必要的注释，可方便代码的阅读和维护。Python 中有两种注释方式：一种是以"#"开头的单行注释；另一种是放在两个三引号之间的多行注释。

(5) 命名规范。给变量、函数、类等程序元素赋予清晰、一致且有意义的名称是提高代码可理解性的关键。Python 对此有推荐的命名约定。

(6) 续行。尽量不写过长的语句，应尽量保证一行代码不超过屏幕宽度。如果语句太长而超过屏幕宽度，最好在行尾使用续行符"\"表示下一行代码仍属于本条语句，或者使用圆括号把多行代码括起来。

1.4　习题与实验

一、填空题

1. Python 是 _____ 型编程语言。

2. Python 程序文件的扩展名是 _____ 。

3. Python 自带的集成开发环境的缩写是 _____ 。

4. Python 的单行注释语句是 _____ 。

二、选择题

1. Python 可以在 Windows、Mac、Linux 等不同操作系统上运行，体现了 Python 的 (　　) 特性。

 A. 可扩展   B. 可移植

 C. 面向对象   D. 简单

2. Python 语言属于 (　　) 语言。

 A. 机器语言   B. 汇编语言

 C. 高级语言   D. 以上都不是

3. 下列不属于 Python 集成开发环境的是 (　　)。

 A. Python   B. PyCharm

 C. Jupyter Notebook   D. IDLE

4. (　　) 是基于网页的用于交互计算的集成开发环境。

 A. Python   B. PyCharm

 C. Jupyter Notebook   D. IDLE

5. 下列不属于 Python 语言特征的是 (　　)。

 A. 简单易学   B. 免费开源

 C. 面向对象   D. 编译性

三、简答题

1. 如何选择合适的 Python 版本？

2. Python 语言有哪些特点？

3. 请简述 Python 语言的编码总规范。

四、实验题

1. 下载并安装 Python。

2. 在 IDLE 交互式窗口中输入运行以下代码，并查看输出结果。

```
'Python' * 2
```

3. 创建一个 Python 程序文件，输入以下代码，并运行查看输出结果。

```
a = int(input(" 请输入一个整数: "))
if (a % 2 == 0):
    print(a, ' 是偶数 ')
else:
    print(a, ' 是奇数 ')
```

第 2 章 编程基础

> 易简而天下之理得矣。
>
> ——《周易·系辞上》

《周易·系辞上》有言：易简而天下之理得矣。编程之道，亦如是。看似纷繁的代码世界，实则由最基础的数据类型与表达构建，如同阴阳二爻衍生万象。本章将带您进入 Python 编程的基础世界，在这里，逻辑和代码是核心。我们将系统学习 Python 的基本语法，包括注释、标识符、关键字和输入输出；掌握常量、变量以及核心数据类型 (数字、字符串、布尔值)；熟悉各类运算符及其在表达式中的应用；并了解如 range() 等常用内置函数、模块与包的概念以及通过 sys 和 os 模块与系统交互的基础。掌握这些内容是后续深入学习 Python 的关键。

学习目标

(1) 了解 Python 的基本语法规则。

(2) 掌握 Python 中输入与输出的基本操作方法。

(3) 理解常量与变量的概念及其在 Python 中的使用方法。

(4) 掌握 Python 中基本数据类型的使用。

(5) 熟悉各种运算符及表达式的使用方法。

(6) 了解运算符的优先级及其在表达式中的应用。

(7) 掌握常用的内置函数的使用方法。

(8) 了解模块与包的基本概念及其在 Python 中的应用。

(9) 掌握标准模块 sys 和 os 的基本使用方法。

思维导图

2.1 基本语法

本节介绍构成 Python 程序骨架的基本语法规则。掌握这些规则是编写正确、规范 Python 代码的第一步，也是理解后续更复杂概念的前提。本节内容涵盖代码风格基础、注释的使用、标识符命名规则和规范、Python 关键字以及基本的输入与输出操作。

2.1.1 代码风格基础

编写 Python 程序不仅要让计算机理解并执行，更重要的是让人能够轻松阅读、理解和维护。清晰、一致的代码风格是高效编程和团队协作的基础。Python 社区以 PEP 8(Python Enhancement Proposal 8) 作为官方的风格指南。虽然 Python 解释器只强制执行其中一部分规则 (如缩进)，但遵循 PEP 8 的建议是编写高质量 Python 代码的标志。本节将介绍几个最基本的代码风格要素。

1. 缩进

与许多使用花括号 {} 来定义代码块 (如函数体、循环体、条件语句块) 的编程语言不同，Python 使用缩进来划分代码块。这意味着正确的缩进是 Python 语法的一部分，错误的缩进会导致程序无法运行。

PEP 8 强烈推荐使用 4 个空格作为每一级缩进的标准。请务必在整个项目中保持一致，不要混用空格和制表符 (Tab)。示例代码如下：

```
1    # 使用 4 个空格进行缩进
2    score = 75
3    if score >= 60：
4        print(" 祝贺你 !")                         #if 语句块内的代码缩进 4 个空格
5        print(" 你通过了考核。")                    # 同上
6    else：
7        print(" 请继续努力 !")                      #else 语句块内的代码缩进 4 个空格
8    print(" 考核结束。")                            # 此行代码与 if/else 同级，不缩进
```

在上面的示例中，if 和 else 下面的 print 语句通过缩进明确了它们所属的代码块。

2. 空格

虽然空格通常不影响程序的运行，但合理使用空格可以极大地提升代码的可读性。PEP 8 建议在以下地方使用空格。

(1) 在二元运算符 (如 =、+=、==、<、>、+、-、*、/ 等) 的两侧各加一个空格，如 x = y + 1 比 x=y+1 更清晰。

(2) 在逗号后面加一个空格，如 print(a, b) 比 print(a,b) 更易读。

> **注意**：在函数调用"()"或索引"[ ]"的内侧通常不加空格。

3. 行长度

过长的代码行难以阅读，并且可能需要在编辑器中水平滚动。PEP 8 建议每行代码的长度不应超过

79 个字符。如果代码行需要超过这个长度，可以使用以下两种方式换行。

(1) 隐式换行。在括号 ()、方括号 [ ] 或花括号 {} 内的表达式，可以自然地跨越多行。这是推荐的方式。

(2) 显式换行。显式换行是使用反斜杠 (\) 作为续行符的一种方式，但在现代 Python 中应尽量避免。

4. 注释与命名

仅仅遵循格式规范还不够，要写出真正易于理解的代码，还需要注意以下两点。

(1) 注释 (comments)。注释用来解释代码的目的、逻辑或复杂部分。我们将在 2.1.2 节对注释进行详细讨论。

(2) 有意义的命名 (identifiers)。有意义的命名是指为变量、函数、类等选择描述性强的名称。具体的命名规则和规范将在 2.1.3 节介绍。

2.1.2　注释

在编写 Python 程序时，注释是非常重要的组成部分。注释可以帮助程序员理解代码的功能和逻辑，尤其是在代码复杂或需要长期维护的情况下。注释不会被 Python 解释器执行，因此不会影响程序的运行。注释主要分为单行注释和多行注释两种形式。

1. 单行注释

单行注释是指在一行代码中添加的注释，通常用于对某一行或某一段代码进行简短的说明。单行注释以井号 (#) 开头，井号后面的内容即为注释内容。单行注释可以放在代码行的末尾，也可以单独占一行。示例代码如下：

```
1    #这是一个单行注释，用于说明下面代码的功能
2    print("Hello, World!")                                    #输出 Hello, World! 到控制台
```

2. 多行注释

多行注释用于对较长的代码段或复杂的逻辑进行详细说明。多行注释通常使用三个单引号 (''') 或三个双引号 (""") 包围注释内容，可以跨越多行。多行注释适用于对函数、类或模块进行详细的描述，或者在代码中添加较长的解释性文字。示例代码如下：

```
1    '''
2    这是一个多行注释的示例。
3    多行注释可以跨越多行，用于对代码进行详细说明。
4    以下代码定义了一个函数，用于计算两个数的和。
5    '''
6    def add(a, b):
7        """
8        这是一个多行注释，通常用于函数或类的文档字符串。
9        该函数接收两个参数 a 和 b，返回它们的和。
10       """
11       return a + b
12   # 调用 add 函数，计算 3 和 5 的和
13   result = add(3, 5)
14   print(result)
```

在上述代码中，第 1~6 行多行注释使用三个单引号包围，用于对整个代码段进行详细说明。第 7~14 行多行注释使用三个双引号包围，作为函数的文档字符串 (docstring)，用于描述函数的功能、参

数和返回值。文档字符串是 Python 中一种特殊的多行注释，通常用于生成自动化文档。合理使用多行注释，可以为代码提供详细的说明和解释，帮助程序员更好地理解和维护代码。

2.1.3 标识符

在 Python 编程中，标识符用于标识变量、函数、类、模块和其他对象的名称。标识符是程序中最基本的组成部分，它为程序中的数据和功能提供了唯一的标识，使得程序能够正确地引用和操作这些数据和功能。

1. 标识符的命名规则

在 Python 编程中，标识符的命名规则是确保代码规范性和可读性的基础。遵循这些规则可以避免命名冲突和语法错误，使代码更加清晰和易于维护。以下是具体的 Python 标识符命名规则。

(1) 由字母、数字和下划线组成。标识符可以包含字母、数字和下划线，但不能包含空格、特殊字符或标点符号。

(2) 字母和下划线开头。标识符必须以字母（大写或小写）或下划线（_）开头，不能以数字开头。这是为了确保标识符与数字常量区分开来。

(3) 区分大小写。Python 标识符要区分大小写，这意味着 Variable 和 variable 是两个不同的标识符。

(4) 避免使用保留字。Python 有一些保留字（关键字），它们具有特殊的含义，不能用作标识符。这些保留字包括 if、else、for、while、def 等。

示例代码如下：

```
1     # 正确的标识符
2     my_variable = 10
3     _variable = 20
4     # 错误的标识符（包含空格和特殊字符）
5     #my variable = 30                              # 这行代码会导致语法错误
6     #variable@= 40                                 # 这行代码会导致语法错误
7     # 错误的标识符（以数字开头）
8     #1variable = 30                                # 这行代码会导致语法错误
9     # Variable 和 variable 是两个不同的标识符
10    Variable = 10
11    variable = 20
12    print(Variable)                                # 输出结果为 10
13    print(variable)                                # 输出结果为 20
14    # 错误的标识符（使用保留字）
15    #def = 10                                      # 这行代码会导致语法错误
```

2. 标识符的命名规范

除了上述必须遵守的硬性规则外，Python 社区还推崇一套被广泛接受的命名规范（主要源自 PEP 8 指南），遵循这些规范能够显著提高代码的可读性、一致性和可维护性，是养成良好编程习惯的重要一步。关键的命名规范如下。

(1) 变量和函数名。变量和函数名推荐使用小写字母，并通过下划线来分隔单词，这被称为蛇形命名法 (snake_case)。名称应当清晰、准确地反映变量的用途或函数的功能。示例代码如下：

```
1     user_name = "Alice"
2     item_count = 0
3     def calculate_discount(price, percentage):
4         # 函数体实现折扣计算逻辑
5         pass
```

(2) 类名。类名推荐采用首字母大写的单词连接形式，即驼峰命名法，单词之间不使用下划线。示例代码如下：

```
1    class ShoppingCart:
2        #类定义内容
3        pass
4    class UserProfile：
5        #类定义内容
6        pass
```

(3) 常量名。对于意在表示程序运行期间不应改变的值 (常量)，约定使用全部大写字母，单词之间用下划线分隔。示例代码如下：

```
1    PI = 3.14159
2    MAX_LOGIN_ATTEMPTS = 5
3    DEFAULT_TIMEOUT = 30
```

(4) 模块与包名。模块与包名通常建议使用小写字母，单词之间不使用下划线分隔。更多关于模块与包的内容将在 2.6 节进行详细讨论。

2.1.4　关键字

在 Python 编程语言中，关键字 (keywords) 是具有特殊含义的保留字，用于定义语言的语法结构和逻辑操作。关键字是 Python 解释器内置的，不能用作标识符 (如变量名、函数名等)，因为它们是 Python 语法的一部分。理解并正确使用关键字是编写 Python 程序的基础之一。

从概念和历史演变的角度来看，Python 的关键字可以分为硬关键字和软关键字两类。

(1) 硬关键字 (hard keywords)。硬关键字是在任何上下文中都严格保留的词，绝不能用作标识符，如 if，else，while，def，class 等。

(2) 软关键字 (soft keywords)。这些词只有在特定的语法结构中才具有关键字的含义。例如，Python 3.10 中引入的软关键字 match，case 和下划线 (_)，它们仅在 match...case... 模式匹配语句中作为关键字起作用。关于详细的模式匹配将会在第 3 章 "程序控制结构" 中进行解释。

可以通过 keyword 模块查看当前 Python 版本的硬关键字和软关键字列表。以下是获取两种关键字列表的示例代码：

```
1    # 导入 keyword 模块
2    import keyword
3    #获取当前 Python 版本的所有硬关键字
4    hardKeywords = keyword.kwlist
5    #打印关键字列表
6    print("Python 的硬关键字列表：")
7    for kw in hardKeywords:
8        print(kw, end=", ")
9    # 获取当前 Python 版本的所有软关键字
10   softKeywords=keyword.softkwlist
11   print("\nPython 的软关键字列表：")
12   for kw in softKeywords:
13       print(kw, end=", ")
```

以下是 Python 3.10 版本中所有硬关键字的完整列表 (共 35 个)：

False, None, True, and, as, assert, async, await, break, class, continue, def, del, elif, else, except, finally, for,from, global, if, import, in, is, lambda, nonlocal, not, or, pass, raise, return, try, while, with, yield

以下是 Python 3.10 版本中所有软关键字的完整列表 (共 3 个)：

_, case, match

为了保持代码的规范性和避免语法错误，使用关键字时需要注意以下几点。

(1) 硬关键字不可用作标识符。硬关键字是 Python 语言中保留的具有特殊含义的词汇，试图将其用作变量名、函数名或其他标识符会导致语法错误。

(2) 软关键字同样应避免用作标识符。为了保持与现有代码 (Python 3.10 以前的代码) 的兼容性，软关键字可以作为标识符使用，且不会像硬关键字那样直接导致语法错误，但这是极其不推荐的做法，这会严重破坏代码的可读性并可能导致混淆。

(3) 避免与关键字名称相似。在定义标识符时，应尽量避免使用与关键字名称相似的名称，以免引起混淆或误解。

(4) 保持对版本变化的敏感性。Python 的关键字列表会随着版本的更新而变化。

这里需要再次强调，无论是硬关键字还是软关键字，都绝对不要将它们用作标识符 (变量名、函数名等)。始终关注 Python 官方文档，了解最新版本的关键字列表和规则变化，是确保代码健壮性和兼容性的良好习惯。

2.1.5 输入与输出

1. 输入函数 input()

在 Python 编程中，input() 函数用于从键盘获取输入的数据。该函数会暂停程序的执行，等待用户输入数据，并在用户按下回车键后继续执行程序。input() 函数返回一个字符串类型的值，即用户输入的内容。理解和使用 input() 函数是实现交互式程序的基础。

input() 函数基本语法格式如下：

```
variable = input([prompt_string])
```

调用这个函数会启动用户输入过程。prompt_string(可选参数) 是一个字符串，会在用户输入数据之前显示在屏幕上，作为给用户的提示信息。如果省略这个参数，则不会显示任何提示。通常，会使用赋值操作符 (=) 将这个返回的字符串存储在一个变量 (如以上语法格式中的 variable) 中，以便后续在程序中使用。

input() 函数的基本用法示例如下：

```
1    # 使用 input() 函数获取用户输入
2    user_input = input(" 请输入你的名字: ")
3    # 输出用户输入的内容
4    print(" 你好 , " + user_input)
```

运行结果如下：

```
请输入你的名字: 小明
你好 , 小明
```

在上述代码中，input() 函数会显示提示信息 "请输入你的名字:"，等待用户输入。当用户输入内容并按下回车键后，输入的内容会被赋值给变量 user_input。

需要注意的是，input() 函数返回的始终是字符串类型。如果需要其他类型的数据，可以使用相应的类型转换函数对 input() 函数的返回值进行转换。例如，将用户输入的内容转换为整数或浮点数。示例代码如下：

```
1    # 使用 input() 函数获取用户输入，并转换为整数类型
2    user_age = int(input(" 请输入你的年龄："))
3    # 输出用户输入的年龄
4    print(" 你的年龄是： " + str(user_age))
```

运行结果如下：

```
请输入你的年龄：18
你的年龄是：18
```

在上述代码中，input() 函数获取用户输入的年龄，并使用 int() 函数将其转换为整数类型。随后，程序使用 print() 函数输出用户输入的年龄。需要注意的是，在输出时，整数类型的变量 user_age 需要使用 str() 函数转换为字符串类型，以便与其他字符串拼接。

input() 函数的使用应遵循以下原则。

(1) 提供明确的提示信息。在调用 input() 函数时，应提供明确的提示信息，告知用户需要输入的内容。

(2) 处理用户输入的异常情况。在处理用户输入时，应考虑到可能的异常情况，如用户输入非预期的数据类型。可以使用异常处理机制（如 try-except 语句）来捕获和处理这些异常。关于异常处理将会在第 7 章 "异常处理" 中详细解释。

2. 输出函数 print()

在 Python 编程中，print() 函数用于将指定的内容（如文本、变量的值、表达式的结果等）输出到标准输出设备，通常是控制台（终端或命令提示符）。print() 是常用的输出函数之一，是程序向用户展示信息、反馈状态或调试代码的关键工具。

print() 函数基本语法格式如下：

```
print(object(s)[, sep=' ', end='\n', file=sys.stdout, flush=False])
```

上述语法格式中，print() 是函数的名称。参数列表中的参数含义解释如下。

(1) object(s)（零个或多个参数）是要输出的一个或多个表达式，可以传递任何类型的 Python 对象（字符串、数字、列表、变量等）。如果传递多个对象，它们之间默认用空格分隔。如果省略所有对象，print() 会默认输出一个空行。

(2) 当输出多个对象时，sep=' '（关键字参数，可选）指定它们之间的分隔符。默认值是一个空格(' ')。可以将其设置为空字符串 ('') 或其他任何字符串（如 ',' , '---' 等）。

(3) 在所有对象输出完毕后，end='\n'（关键字参数，可选）指定追加在末尾的字符串。默认值是换行符 ('\n')，这就是为什么每次调用 print() 后，后续的输出通常会出现在新的一行。可以将其设置为空字符串 ('') 来阻止换行，或设置为其他字符串。

(4) file=sys.stdout（关键字参数，可选）指定输出的目标。默认是标准输出 sys.stdout（控制台）。可以将其设置为一个打开的文件对象，从而将内容输出到文件中。

(5) flush=False（关键字参数，可选）控制输出是否立即 "刷新" 到目标设备。通常不需要修改此参数，除非在需要确保输出立即显示的特定场景下（如实时日志）。

对于基础用法，通常只需要关注 object(s)、sep 和 end 三个参数。

print() 函数的基本用法示例代码如下：

```
1    # 使用 sep 参数指定分隔符
2    print("Python", "Java", "C++", sep=",")
```

```
3       # 使用 end 参数指定输出结束时的字符
4       print("Hello", end=" ")
5       print("World!")
```

运行结果如下：

```
Python, Java, C++
Hello World!
```

上述代码中，sep 参数指定分隔符为逗号和空格，输出结果为"Python, Java, C++"。end 参数指定输出结束时的字符为空格，两个 print() 函数的输出结果在同一行显示，输出结果为"Hello World!"。

print() 函数还支持格式化输出，可以使用格式化字符串 (f-string) 或 format() 方法进行格式化输出，示例代码如下：

```
1       name = "Alice"
2       age = 20
3       print(f" 姓名：{name}，年龄：{age}")
4       # 使用 format() 方法进行格式化输出
5       print(" 姓名：{}，年龄：{}".format(name, age))
```

【拓展阅读 2-1】
Python 字符串格式化方法详解

运行结果如下：

```
姓名：Alice，年龄：20
姓名：Alice，年龄：20
```

2.2　常量与变量

本节将详细介绍 Python 编程中常量的定义与分类、使用规则，以及变量的定义、命名规则、类型与动态赋值。掌握这些知识，有助于读者在编写程序时有效地管理和操作数据，为后续理解更复杂的编程概念打下坚实的基础。

2.2.1　常量

在 Python 编程中，常量通常用于表示那些在整个程序运行期间保持不变的值，如数学常数、配置信息等。需要注意的是，Python 中没有专门的"常量类型"，一般通过使用命名规范 (如使用全大写变量名) 来表示常量。

常量定义示例代码如下：

```
1       PI = 3.14159                                    # 定义一个常量，用于表示圆周率
2       GRAVITY = 9.81                                  # 定义一个常量，用于表示重力加速度
3       # 使用常量计算圆的面积
4       radius = 5
5       area = PI * (radius ** 2)
6       print(f" 半径为 {radius} 的圆的面积是：{area}")
7       # 使用常量计算物体的重量
8       mass = 10
9       weight = mass * GRAVITY
10      print(f" 质量为 {mass}kg 的物体在地球上的重量是：{weight}N")
```

运行结果如下：

```
半径为 5 的圆的面积是：78.53975
质量为 10kg 的物体在地球上的重量是：98.10000000000001N
```

在上述代码中，PI 和 GRAVITY 是常量，它们分别表示圆周率和重力加速度。程序使用常量 PI 计算圆的面积，并使用常量 GRAVITY 计算物体的重量。使用这些常量，可以提高代码的可读性和可维护性。

除了数值类型，常量也可以是其他任何 Python 数据类型。下面是一个更综合的示例代码，展示了在程序配置中使用不同类型的常量：

```
1    # 程序配置常量
2    MAX_RETRIES = 3                                    # 整型常量：最大重试次数
3    DEFAULT_TIMEOUT = 15.0                             # 浮点型常量：默认超时时间（秒）
4    API_ENDPOINT = "https://api.example.com/v1"        # 字符串常量：API 接口地址
5    ENABLE_DEBUG_MODE = False                          # 布尔型常量：是否启用调试模式
6    DEFAULT_HEADERS = None                             # 特殊常量 None：默认请求头（可能稍后填充）
7    # 模拟使用配置
8    print(f" 配置 – 最大重试次数：{MAX_RETRIES}")
9    print(f" 配置 – API 地址：{API_ENDPOINT}")
10   if ENABLE_DEBUG_MODE:
11       print(" 调试模式已启用。")
12   else:
13       print(" 调试模式未启用。")
```

运行结果如下：

```
配置 – 最大重试次数：3
配置 – API 地址：https://api.example.com/v1
调试模式未启用。
```

上述示例中定义了整数、浮点数、字符串、布尔值以及特殊值 None 类型的常量。将这些配置项定义为常量，使得它们在代码中易于识别。同时，如果需要修改配置（如更改 API_ENDPOINT），只需在定义处修改一次即可，提高了代码的可维护性。

2.2.2　变量

1. 变量的定义

在 Python 编程中，变量是用于存储数据且值可以动态更改的量。作为程序中最基本的数据存储单元，变量能够保存和操作不同类型的数据，包括整数、浮点数、字符串等。在程序执行过程中，变量的值可按需要修改，这使得变量在编程中具有极大的灵活性。

变量的定义和使用示例如下：

```
1    # 定义变量
2    name = "Alice"                # 字符串变量
3    age = 25                      # 整数变量
4    height = 1.75                 # 浮点数变量
5    # 输出变量的值
6    print(f" 姓名：{name}")
7    print(f" 年龄：{age}")
8    print(f" 身高：{height} 米 ")
```

运行结果如下：

```
姓名：Alice
年龄：25 岁
身高：1.75 米
```

上述代码中定义了三个变量，即 name、age 和 height，分别用于存储字符串、整数和浮点数。程序输出这些变量的值。

在为变量命名时，必须遵循 "2.1.3 标识符" 一节中详述的规则。为保证代码的清晰和一致性，推荐采用蛇形命名法来命名变量，如 user_name 或 total_score。

变量与常量 (如上一节讨论的 PI) 的主要区别在于其可变性。变量的值可在程序执行过程中动态更改，而常量的值在程序执行过程中是固定不变的。这种灵活性使变量成为编程中动态处理信息的核心机制。示例代码如下：

```
1   # 定义常量
2   PI = 3.14159                              # 圆周率常量
3   # 定义变量
4   radius = 5                                # 圆的半径
5   area = PI * (radius ** 2)                 # 计算圆的面积
6   # 输出圆的面积
7   print(f" 半径为 {radius} 的圆的面积是：{area}")
8   # 修改变量的值
9   radius = 10
10  area = PI * (radius ** 2)                 # 重新计算圆的面积
11  # 输出新的圆的面积
12  print(f" 半径为 {radius} 的圆的面积是：{area}")
```

运行结果如下：

```
半径为 5 的圆的面积是：78.53975
半径为 10 的圆的面积是：314.159
```

在上述代码中，radius 是一个变量，它的值由 5 更改为 10，促使 area 重新计算，而常量 PI 的值保持不变。

2. 变量的类型

在 Python 编程中，变量是动态类型机制，即定义变量时不需要显式声明其类型，Python 解释器会根据所赋的值自动确定变量的类型，这一特性是 Python 语言灵活性和易用性的重要体现。也就是说，变量的类型由其赋值的值决定。例如，将一个整型数赋值给变量，该变量的类型就是整型；将一个字符串赋值给变量，该变量的类型就是字符串。示例代码如下：

```
1   # 定义变量并赋值
2   num = 10                                  # 整数类型
3   name = "Alice"                            # 字符串类型
4   pi = 3.14                                 # 浮点数类型
5   is_active = True                          # 布尔类型
6   # 输出变量的值和类型
7   print(f"num 的值是：{num}，类型是：{type(num)}")
8   print(f"name 的值是：{name}，类型是：{type(name)}")
9   print(f"pi 的值是：{pi}，类型是：{type(pi)}")
10  print(f"is_active 的值是：{is_active}，类型是：{type(is_active)}")
```

运行结果如下：

```
num 的值是：10，类型是：<class "int">
name 的值是：Alice，类型是：<class 'str'>
pi 的值是：3.14，类型是：<class 'float'>
is_active 的值是：True，类型是：<class 'bool'>
```

在上述代码中，变量 num、name、pi 和 is_active 分别被赋值为整数、字符串、浮点数和布尔值。Python 解释器根据赋值内容自动确定这些变量的类型，并通过 type() 函数输出变量的类型。

3. 变量的重新赋值和覆盖

由于 Python 的动态类型特性，变量类型可通过赋予不同类型的值实现动态改变。同一变量在程序的不同阶段可被赋予不同类型的值。当变量被重新赋值时，其存储的内容会更新，关联的类型也可能随之改变。示例代码如下：

```
1    #定义变量并赋值
2    data = 100                                          # 整数类型
3    print(f"data 的值是：{data}，类型是：{type(data)}")
4    # 重新赋值
5    data = 200
6    print(f" 重新赋值后，data 的值是：{data}，类型是：{type(data)}")
7    # 覆盖变量
8    data = "Python"
9    print(f" 覆盖后，data 的值是：{data}，类型是：{type(data)}")
```

运行结果如下：

```
data 的值是：100，类型是：<class 'int'>
重新赋值后，data 的值是：200，类型是：<class 'int'>
覆盖后，data 的值是：Python，类型是：<class 'str'>
```

在上述代码中，变量 data 最初被赋值为整数 100，随后被重新赋值为整数 200，其类型仍为 int。接着，变量 data 被覆盖赋值为字符串"Python"，其类型变为 str。重新赋值和覆盖，可以动态地改变变量的值和类型。

2.3　基本数据类型

数据类型是编程语言中用于定义变量和常量的数据形式，它决定了数据的存储方式以及可以执行的操作。通过学习本节内容，读者可以系统掌握数字类型的基本概念及运算、字符串类型的特点及操作方式以及布尔类型的规则和逻辑运算。

2.3.1　数字类型

在 Python 编程中，数字类型是最基本的数据类型，用于表示和操作数值。Python 支持多种数字类型，包括整型 (int)、浮点型 (float) 和复数 (complex)。

1. 整型

Python 中的整型用于表示没有小数的整数。其取值范围受限于可用内存，而不是特定的位数。这一特性赋予了 Python 整数类型高度的灵活性，既适用于处理普通的数值计算，也能处理需要大数运算的复杂场景。简而言之，在 Python 3 中，整型数值采用动态分配的内存存储，因此即使是非常大的整数，也可以直接在代码中处理，而不需要额外的配置。

(1) 整型的表示方法。整型可通过十进制、二进制、八进制和十六进制表示，这些多样化的表示形式为整型数据的灵活使用提供了便利，特别是在计算机底层开发或网络通信等需要处理不同进制的场景中非常有用。示例代码如下：

```
1    #十进制表示
2    decimal_number = 123
3    #二进制表示
4    binary_number = 0b1101
5    #八进制表示
6    octal_number = 0o17
7    #十六进制表示
8    hexadecimal_number = 0x1A
9    #输出不同进制的整型变量
```

```
10    print(f" 十进制 : {decimal_number}, 类型 : {type(decimal_number)}")
11    print(f" 二进制 : {binary_number}, 类型 : {type(binary_number)}")
12    print(f" 八进制 : {octal_number}, 类型 : {type(octal_number)}")
13    print(f" 十六进制 : {hexadecimal_number}, 类型 : {type(hexadecimal_number)}")
```

运行结果如下：

```
十进制 : 123, 类型 : <class 'int'>
二进制 : 13, 类型 : <class 'int'>
八进制 : 15, 类型 : <class 'int'>
十六进制 : 26, 类型 : <class 'int'>
```

(2) 整型的特性。Python 的整型可以表示任意大小的整数，只要内存允许。例如，可以直接表示上亿甚至更大的整数而不溢出。示例代码如下：

```
1    #定义一个非常大的整数
2    large_number = 12345678901234567890123456789
3    #输出大整数及其类型
4    print(f" 大整数 : {large_number}, 类型 : {type(large_number)}")
```

运行结果如下：

```
大整数 : 12345678901234567890123456789, 类型 : <class 'int'>
```

(3) 与其他类型的自动转换。整型可以与浮点数或复数自动参与运算，结果会根据运算规则进行类型转换。示例代码如下：

```
1    #定义整型和浮点型变量
2    int_number = 10
3    float_number = 3.14
4    #执行混合运算
5    result = int_number + float_number
6    #输出运算结果及其类型
7    print(f" 混合运算结果 : {result}, 类型 : {type(result)}")
```

运行结果如下：

```
混合运算结果 : 13.14, 类型 : <class 'float'>
```

2. 浮点型

浮点型是 Python 中用于表示实数的一种数据类型，适合描述带有小数部分的数值。浮点型数据在科学计算、数据分析和工程计算中具有广泛的应用价值。

Python 的浮点型数据基于 IEEE 754 标准实现，采用双精度 (64 位) 浮点数表示，虽能覆盖较大的数值范围，但小数部分的精度有一定限制。因此，浮点型在使用过程中可能会出现精度损失的问题，需要程序设计者注意。

(1) 浮点型的表示方法。浮点型的表示方法有普通表示法和科学计数法。普通表示法，直接使用小数形式表示，如 3.14；科学计数法，使用 e 或 E 表示指数部分，如 1.23e4。这些多样化的表示方法，使浮点型数值能够灵活适应不同精度和数量级。示例代码如下：

```
1    #普通表示法
2    a = 3.14
3    #科学计数法
4    b = 1.23e4                              # 等价于 12300.0
5    #输出浮点型变量的值和类型
6    print(f"a 的值是 : {a}, 类型是 : {type(a)}")
7    print(f"b 的值是 : {b}, 类型是 : {type(b)}")
```

运行结果如下：

```
a 的值是 : 3.14, 类型是 : <class 'float'>
b 的值是 : 12300.0, 类型是 : <class 'float'>
```

上述代码中定义并输出了使用普通表示法和科学计数法表示的浮点型变量，展示了 Python 对浮点型数值的支持。

(2) 浮点型的特性。浮点型可表示非常大的或非常小的数值范围，具体范围与底层实现有关。浮点型的数据存储是有限的，因此可能会产生舍入误差。示例代码如下：

```
1    #浮点型的精度限制示例
2    x = 0.1 + 0.2
3    print(f "0.1 + 0.2 的结果是 : {x}")
```

运行结果如下：

```
0.1 + 0.2 的结果是 : 0.30000000000000004
```

在上述代码中，计算 0.1 + 0.2 的结果可能会出现微小的舍入误差，这表现出浮点型的精度限制问题。

3. 复数

复数在 Python 中用于表示由实部和虚部组成的数值类型。复数广泛应用于电路分析、信号处理、量子计算以及其他科学计算领域。Python 原生支持复数类型，允许开发者直接在代码中操作和运算复数，这一特性在编程语言中较为独特。

Python 中的复数使用 $a + bj$ 的形式表示，其中 a 是实部，b 是虚部，j 是虚数单位，表示 $\sqrt{1}$。虚部的数值部分可以是正数、负数或零。

复数的表示方法主要包括直接赋值和类型转换。

(1) 直接赋值。通过 $a + bj$ 的形式直接定义复数。

(2) 类型转换。使用 complex(real，imag) 构造函数，将实部和虚部分别作为参数，生成复数。

2.3.2　字符串类型

字符串 (在 Python 中类型为 str) 是 Python 中常用且功能强大的基本数据类型之一，被广泛应用于存储和处理文本数据。它是由一系列字符组成的有序集合，每个字符均占据特定的位置。无论是单词、句子，还是更复杂的文本内容，字符串都能有效表示和处理。在 Python 中，字符串是一种不可变的数据类型，即一旦字符串被创建，其内容将无法直接被修改。如果需要更改字符串的内容，只能通过字符串操作生成新的字符串。这种不可变性不仅保证了字符串的安全性，也优化了内存使用和性能。

在 Python 3 中，字符串默认采用 Unicode 编码。Unicode 是一种国际通用的字符集，为世界上几乎所有的文字、符号和表情定义了统一的编码规则。Unicode 的出现有效解决了不同语言和地区间字符编码冲突的问题，使在同一个程序中处理多语言文本成为可能。Python 3 的字符串类型 (str) 直接表示 Unicode 字符，而不像 Python 2 中需要区分 Unicode 字符和普通字符串。这一设计显著提高了字符串处理的易用性和兼容性。

1. 字符串的表示方法

在 Python 中，字符串可以由单引号、双引号或三引号包裹的字符序列表示。不同的表示方法提供了灵活性，以便开发者在不同的场景中使用字符串。

(1) 单引号字符串。单引号字符串是使用单引号 (') 包裹的字符序列，如 'Hello'。单引号字符串通常用于表示简单的文本数据。示例代码如下：

```
1    # 单引号字符串
2    single_quote_str = 'Hello'
```

```
3    # 输出单引号字符串及其类型
4    print(single_quote_str)
5    print(type(single_quote_str))
```

运行结果如下：

```
Hello
<class 'str'>
```

上述代码中定义了一个单引号字符串 single_quote_str，并输出其值和类型。

(2) 双引号字符串。双引号字符串是使用双引号 (") 包裹的字符序列，如 "World"。双引号字符串与单引号字符串功能相同，但在包含单引号字符时使用双引号字符串更为方便。示例代码如下：

```
1    # 双引号字符串
2    double_quote_str = "World"
3    # 输出双引号字符串及其类型
4    print(double_quote_str)
5    print(type(double_quote_str))
```

运行结果如下：

```
World
<class 'str'>
```

上述代码中定义了一个双引号字符串 double_quote_str，并输出其值和类型。

(3) 三引号字符串。三引号字符串是使用三引号 (''' 或 """) 包裹的字符序列，可以定义多行字符串，如 '''Multiline String'''。三引号字符串可以跨越多行，适用于表示包含换行符的长文本。

示例代码如下：

```
1    # 三引号字符串
2    triple_quote_str = '''This is a
3    multiline string
4    example.'''
5    # 输出三引号字符串及其类型
6    print(triple_quote_str)
7    print(type(triple_quote_str))
```

运行结果如下：

```
This is a
multiline string
example.
<class 'str'>
```

上述代码中定义了一个三引号字符串 triple_quote_str，并输出其值和类型。

(4) 包含引号的字符串。当字符串中需要包含引号字符时，可以使用不同类型的引号包裹字符串，如在单引号字符串中嵌入双引号字符，或在双引号字符串中嵌入单引号字符。示例代码如下：

```
1    # 包含双引号的单引号字符串
2    quote_str1 = 'He said, "Hello!"'
3    # 包含单引号的双引号字符串
4    quote_str2 = "It's a beautiful day."
5    # 输出包含引号的字符串
6    print(quote_str1)
7    print(quote_str2)
```

运行结果如下：

```
He said, "Hello!"
It's a beautiful day.
```

上述代码中定义了包含引号字符的字符串 quote_str1 和 quote_str2，并输出其值。

(5) 转义字符。在 Python 字符串中，反斜杠 (\) 扮演着特殊角色——转义字符 (escape character)。当反斜杠出现在某些特定字符之前时，它会改变这些字符的原始含义，或用于表示一些无法直接输入的特殊控制字符。例如，如果想在一个用单引号定义的字符串中包含单引号本身，需要使用 "\'" 来转义，"\n" 用来表示一个换行符，"\t" 表示一个制表符 (通常相当于几个空格的宽度，用于对齐)，"\\" 则用来表示一个普通的反斜杠字符本身。

表 2.1 列出了更多常见的转义字符。

表 2.1　常见转义字符

转义字符	含义	示例代码	输出结果
\'	单引号	'She\'s here.'	She's here.
\"	双引号	"He said：\"Hello\"."	He said："Hello".
\\	反斜杠	"This is a backslash：\\."	This is a backslash: \.
\n	换行	"Line1\nLine2"	Line1 Line2
\t	制表符	"Name：\tHarry"	Name：Harry
\r	回车符	"Hello\rWorld"	World
\b	退格符	"AB\bC"	AC
\uXXXX	16 位 Unicode 字符	"\u4F60\u597D"	你好
\UXXXXXXXX	32 位 Unicode 字符	"\U0001F600"	☺
\N{name}	Unicode 字符 (按名称)	"\N{GREEK CAPITAL LETTER DELTA}"	Δ
\000	八进制值	"\101"	A
\xHH	十六进制值	"\x41"	A

下面的代码示例将演示如何在字符串中使用多种转义字符：

```
1   # 演示多种转义字符的使用
2   # 包含换行 (\n)、制表符 (\t)、单引号 (\')、双引号 (\")、反斜杠 (\\)
3   # 以及 Unicode 字符 (\uXXXX)
4   complex_string = ' 他说："Python\'s escape sequences are useful!"\n\t\\u4F60\u597D 世界 !\\'
5                    # 注意上面这行为了演示，故意把字符串分成了两行
6                    # 但实际上它们是在代码层面连接成一个字符串的
7   "' 原始字符串 (Raw String) 加上前缀 r 时，
8     表示原始字符串中的反斜杠失去转义作用，按其字面意义处理 "'
9   raw_string = r' 这是一个原始字符串：\n 不会换行，\\ 也只是两个反斜杠。'
10  print("--- 包含转义字符的字符串输出 ---")
11  print(complex_string)
12  print("\n--- 原始字符串输出 ---")
13  print(raw_string)
14  # 演示其他转义：退格符 (\b) 和制表符 (\t) 的效果
15  print("\n--- 其他转义效果 ---")
16  print(" 使用退格符：A B\b C")#\b 会尝试删除前面的字符 B
17  print(" 使用制表符对齐：\nName\tAge\tCity\nAlice\t30\tNew York\nBob\t25\tParis")
```

运行结果如下：

```
--- 包含转义字符的字符串输出 ---
他说："Python's escape sequences are useful!"
    \你好世界 !
```

```
--- 原始字符串输出 ---
这是一个原始字符串：\n 不会换行，\\ 也只是两个反斜杠。

--- 其他转义效果 ---
使用退格符：A   C
使用制表符对齐：
Name        Age        City
Alice       30         New York
Bob         25         Paris
```

在上述代码中，第 4 行定义了 complex_string，它演示了多种转义字符。

① \" 和 \' 用于在字符串内部包含双引号和单引号。

② \n 实现了换行。

③ \t 在换行后插入了一个制表符，产生了缩进效果。

④ \\ 输出了一个反斜杠字符。

⑤ \u4F60\u597D 使用 Unicode 编码输出了汉字"你好"。

⑥ 字符串末尾的 \\ 保证了即使字符串跨行定义 (第 5、第 6 行)，最后一个反斜杠也被视为字面量输出 (注意：Python 中字符串字面量跨行时会自动连接，这里的 \ 效果是输出一个反斜杠)。

第 9 行定义了一个原始字符串 (raw string)raw_string，在字符串引号前加上 r 前缀。在原始字符串中，所有的反斜杠都失去了转义功能，被当作普通字符处理。因此，输出时 \n 和 \\ 都按原样显示。原始字符串在处理正则表达式或 Windows 文件路径时非常有用。

第 11 行和第 13 行分别打印了这两个字符串，可以清晰地看到转义字符的效果和原始字符串的区别。

第 16 行演示了退格符 \b，它会尝试将光标向左移动一格并可能覆盖前一个字符 (具体效果可能依赖于终端环境)，这里 B 被 C 覆盖了。

第 17 行通过 \n 和 \t 组合，演示了如何使用制表符来尝试在控制台中创建对齐的列。

2. 字符串的特性

字符串作为 Python 中的重要基础数据类型之一，具有以下三大显著特性：不可变性、索引与切片以及支持格式化。这些特性为字符串的操作提供了灵活性和便利性，能够满足绝大多数文本处理场景的需求。以下将对每一特性进行详细阐述。

(1) 不可变性。字符串是 Python 中的一种不可变 (immutable) 数据类型。一旦字符串对象被创建，其内容将无法直接修改。如果需要对字符串内容进行变更，则需要通过操作生成新的字符串。

(2) 索引与切片。Python 中的字符串可以看作由字符组成的序列，因此支持通过索引访问单个字符，或通过切片操作访问字符串的部分内容。

① 索引的特性。索引从 0 开始，支持正向索引和负向索引；正向索引从字符串的左端开始计数 (0，1，2，...)，负向索引从右端开始计数 (–1，–2，...)。

② 切片的特性。切片操作可通过 [start：end：step] 的形式访问字符串的子串。start 表示切片的起始位置，end 表示结束位置 (不包含该位置的字符)，step 表示步长 (默认为 1)。

示例代码如下：

```
1    # 示例 1：字符串的索引操作
2    s = "Python"
3    print(" 第一个字符：", s[0])
```

```
4    print(" 最后一个字符 : ", s[-1])
5    # 示例 2：字符串的切片操作
6    print(" 前四个字符 : ", s[:4])
7    print(" 从第三个字符开始 : ", s[2:])
8    print(" 反向切片 : ", s[::-1])
```

运行结果如下：

```
第一个字符 : P
最后一个字符 : n
前四个字符 : Pyth
从第三个字符开始 : thon
反向切片 : nohtyP
```

上述代码展示了索引操作允许快速访问字符串中的单个字符。切片操作提供了灵活的子串提取方式，尤其是支持负向切片和步长调整。

（3）支持格式化。字符串格式化能够高效地将变量插入字符串模板，用于生成动态内容。Python 提供了三种主流的字符串格式化方式。

① 旧式格式化。这种格式化方式使用 % 运算符。

② str.format( ) 方法。通过占位符 {} 指定插入位置。

③ f-string（ 格式化字符串字面量 ）。通过在字符串前加 f，直接嵌入变量。

【拓展阅读 2-1】
Python 字符串格式化方法详解

示例代码如下：

```
1    # 示例 1：旧式格式化
2    name = "Alice"
3    age = 25
4    print(" 旧式格式化 : 姓名 : %s, 年龄 : %d"%(name, age))
5    # 示例 2：str.format( ) 方法
6    print("str.format( ) 方法 : 姓名 : {}, 年龄 : {}".format(name, age))
7    # 示例 3：f-string 格式化
8    print(f"f-string 格式化 : 姓名 : {name}, 年龄 : {age}")
```

运行结果如下：

```
旧式格式化 : 姓名 : Alice, 年龄 : 25
str.format( ) 方法 : 姓名 : Alice, 年龄 : 25
f-string 格式化 : 姓名 : Alice, 年龄 : 25
```

上述代码展示了每种格式化方法的适用场景，其中 f-string 语法简单直观，是现代 Python 开发的首选。

3. 字符串的常见操作与方法

字符串是 Python 中功能强大的数据类型，提供了多种内置操作和方法以满足文本处理需求。以下将详细阐述字符串的基本操作、内置函数及常用字符串方法。

（1）基本操作。字符串在 Python 编程中支持多种基本操作，包括字符串连接、重复和比较。这些基本操作为字符串处理提供了强大的灵活性和便捷性，使得文本数据的操作更加简单和高效。表 2.2 列出了字符串常见的基本操作。

表 2.2　字符串基本操作

操作类型	运算符 / 方法	示例代码	说明	输出结果
字符串连接	+	"Hello"+", "+"World!"	使用 + 将多个字符串连成一个新字符串	Hello, World!

（续表）

操作类型	运算符 / 方法	示例代码	说明	输出结果
字符串重复	*	"Python!"*3	使用 * 生成重复指定次数的字符串	Python! Python! Python!
相等比较	==	"abc"=="abc"	判断两个字符串内容是否完全一致	True
不等比较	!=	"abc"!="xyz"	判断两个字符串内容是否不同	True
字典序比较	</>	"abc"<"xyz"	按 Unicode 编码值比较字符串的字典序	True
忽略大小写	lower()	"Python".lower()=="python".lower()	将字符串统一为小写后再进行比较	True

下面的代码示例将具体演示表 2.2 中的基本操作：

```
1    #定义示例字符串
2    str_hello = "Hello"
3    str_world = "World"
4    str_python = "Python"
5    separator = ", "
6    num = 3
7    #--- 字符串连接 (+)---
8    greeting = str_hello + separator + str_world +"!"
9    print(f" 连接示例 : {greeting}")
10   #--- 字符串重复 (*)---
11   repeated_python =(str_python +" ")*num
12   print(f" 重复示例 : {repeated_python}")
13   #--- 相等比较 (==)---
14   is_equal_same =(str_hello == "Hello")
15   is_equal_different_case =(str_hello == "hello")      # 大小写敏感
16   print(f" 相等比较 ('Hello' == 'Hello'): {is_equal_same}")
17   print(f" 相等比较 ('Hello' == 'hello'): {is_equal_different_case}")
18   #--- 不等比较 (!=)---
19   is_not_equal_diff =(str_hello!= str_world)
20   is_not_equal_same =(str_hello!="Hello")
21   print(f" 不等比较 ('Hello'! = 'World'): {is_not_equal_diff}")
22   print(f' 不等比较 ('Hello'! = 'Hello'): {is_not_equal_same}")
23   #--- 字典序比较 (<, >)---
24   # 比较基于字符的 Unicode 编码值
25   compare_alpha =("apple" < "banana")
26   compare_case =(str_python < "python")                # 大写字母编码值小于小写字母
27   print(f" 字典序比较 ('apple' < 'banana'): {compare_alpha}")
28   print(f" 字典序比较 ('Python' < 'python'): {compare_case}")
29   #--- 忽略大小写的比较 ( 使用 lower() 方法 )---
30   str_a_upper = "PYTHON"
31   str_a_lower = "python"
32   compare_ignore_case =(str_a_upper.lower()== str_a_lower.lower())
33   print(f" 忽略大小写比较 ('PYTHON'.lower()== 'python'.lower()): {compare_ignore_case}")
```

运行结果如下：

```
连接示例 : Hello, World!
重复示例 : Python Python Python
相等比较 ('Hello' == 'Hello'): True
相等比较 ('Hello' == 'hello'): False
不等比较 ('Hello'! = 'World'): True
不等比较 ('Hello'! = 'Hello'): False
字典序比较 ('apple' < 'banana'): True
字典序比较 ('Python' < 'python'): True
忽略大小写比较 ('PYTHON'.lower() == 'python'.lower()): True
```

(2) 内置函数。Python 提供了一系列强大的内置函数，用于操作和处理字符串中的常见任务。这些函数在设计上既简洁又高效，为开发者提供了丰富的工具支持。以下将详细介绍两个重要的字符串相关内置函数 len() 和 str()，并结合实际场景和示例代码进行说明。

① 获取字符串长度 (len())。len() 函数用于获取字符串的长度，即字符串中字符的个数。该函数返回一个整数，表示字符串的长度。示例代码如下：

```
1   #示例 1：获取字符串长度
2   simple_str = "Hello, Python!"
3   length = len(simple_str)                    # 使用 len() 获取字符串长度
4   print(" 字符串内容 : ", simple_str)
5   print(" 字符串长度 : ", length)
6   #示例 2：计算空字符串的长度
7   empty_str = ""
8   print(" 空字符串的长度 : ", len(empty_str))
9   #示例 3：统计用户输入的文本长度
10  user_input = input(" 请输入一段文本 : ")       # 获取用户输入
11  print(f" 您输入的文本长度为 : {len(user_input)}")
```

运行结果如下：

```
字符串内容 : Hello, Python!
字符串长度 : 14
空字符串的长度 : 0
请输入一段文本 : Hello, World!〔此处按下 Enter 键〕
您输入的文本长度为 : 13
```

在上述代码中，示例 1 展示了 len() 的基础用法，直接统计字符串中的字符数量。示例 2 表明即使字符串为空，len() 也能够准确返回其长度为 0。示例 3 结合用户交互，说明了 len() 在动态字符串处理中的实际应用。

② 转换为字符串 (str())。str() 函数用于将其他数据类型转换为字符串。该函数返回一个字符串表示形式，可以用于将数字、布尔值、列表等数据类型转换为字符串。示例代码如下：

```
1   #示例 1：将数值转换为字符串
2   num = 42
3   pi = 3.14159
4   print(" 整数的字符串形式 : ", str(num))
5   print(" 浮点数的字符串形式 : ", str(pi))
6   #示例 2：将布尔值转换为字符串
7   is_valid = True
8   print(" 布尔值的字符串形式 : ", str(is_valid))
9   #示例 3：将列表和字典转换为字符串
10  data_list =[1, 2, 3, "Python"]
11  data_dict ={"name": "Alice", "age": 25}
12  print(" 列表的字符串形式 : ", str(data_list))
13  print(" 字典的字符串形式 : ", str(data_dict))
14  #示例 4：拼接字符串
15  age = 25
16  message = " 年龄是 " + str(age)+ " 岁。"          # 将整数转换为字符串后拼接
17  print(message)
```

运行结果如下：

```
整数的字符串形式 : 42
浮点数的字符串形式 : 3.14159
布尔值的字符串形式 : True
列表的字符串形式 :〔1, 2, 3, 'Python'〕
字典的字符串形式 : {'name': 'Alice', 'age': 25}
年龄是 25 岁。
```

在上述代码中，示例 1 展示了 str() 对整数和浮点数的转换。示例 2 表明布尔值可以被直接转换为

其字符串表示形式。示例 3 强调了 str( ) 能够处理复杂数据结构 (如列表和字典)。示例 4 提供了实际应用场景，将数值类型转换为字符串后，与其他文本安全拼接。

关于更多的字符串的常用内置函数可查阅表 2.3。

表 2.3　字符串的常用内置函数

内置函数	功能描述	示例代码	输出结果
len(s)	获取字符串长度	len("Python")	6
str(obj)	将对象转换为字符串	str(42)	"42"
ord(c)	返回字符的 Unicode 编码值	ord('A')	65
chr(i)	返回对应 Unicode 编码值的字符	chr(65)	'A'
max(s)	返回字符串中 Unicode 值最大的字符	max("Python")	'y'
min(s)	返回字符串中 Unicode 值最小的字符	min("Python")	'P'
reversed(s)	返回反转字符串的迭代器	''.join(reversed("Python"))	'nohtyP'
sorted(s)	按字符的 Unicode 编码值对字符串排序	sorted("Python")	['P', 'h', 'n', 'o', 't', 'y']

(3) 常用字符串方法。Python 提供了一系列内置的字符串方法，用于满足文本的常见需求，如大小写转换、去除空白、查找替换以及分割与拼接等。这些方法功能强大且易于使用，能够显著提高字符串处理的效率。以下将对常用的字符串方法进行详细说明，并配以示例代码和解析。

① 大小写转换。字符串的大小写转换方法包括 upper( ) 和 lower( )。upper( ) 可以将字符串中的所有字母转换为大写。lower( ) 可以将字符串中的所有字母转换为小写。示例代码如下：

```
1    #示例 1：基本大小写转换
2    s = "Python Programming"
3    print(" 转换为大写 : ", s.upper())
4    print(" 转换为小写 : ", s.lower())
5    #示例 2：统一大小写以进行比较
6    input_str = "Hello"
7    expected_str = "hello"
8    print(" 忽略大小写比较 : ", input_str.lower()== expected_str.lower())
```

运行结果如下：

```
转换为大写 : PYTHON PROGRAMMING
转换为小写 : python programming
忽略大小写比较 : True
```

上述代码说明 upper( ) 和 lower( ) 不改变原字符串，而是返回转换后的新字符串。

② 去除空白。Python 提供了以下方法用于去除字符串两端或单侧的空白。strip( ) 可以去除字符串两端的空白。lstrip( ) 可以去除字符串左侧的空白。rstrip( ) 可以去除字符串右侧的空白。另外，strip( ) 也可去除指定字符。示例代码如下：

```
1    #示例 1：去除两端空白
2    s = "  Hello, World!  "
3    print(" 去除两端空白 : ", s.strip())
4    #示例 2：去除单侧空白
5    print(" 去除左侧空白 : ", s.lstrip())
6    print(" 去除右侧空白 : ", s.rstrip())
7    #示例 3：去除特定字符
8    s2 = "###Python###"
9    print(" 去除特定字符 : ", s2.strip("#"))
```

运行结果如下：

```
去除两端空白：Hello, World!
去除左侧空白：Hello, World!
去除右侧空白：        Hello, World!
去除特定字符：Python
```

上述代码说明 strip() 方法默认去除空白字符，也可以去除指定字符。

③ 查找和替换。查找和替换操作是文本处理中常见的操作。find() 可以返回子字符串在字符串中第一次出现的索引，未找到时返回 −1。replace() 可以将字符串中的指定子字符串替换为新内容。示例代码如下：

```
1   # 示例 1：查找子字符串
2   s = "Python Programming"
3   print(" 查找 'Pro' 的位置：", s.find("Pro"))
4   print(" 查找不存在的子字符串：", s.find("Java"))
5   # 示例 2：替换子字符串
6   print(" 替换 'Python' 为 'Java'：", s.replace("Python", "Java"))
7   # 示例 3：替换多次出现的子字符串
8   s2 = "banana"
9   print(" 替换所有 'a'：", s2.replace("a", "o"))
```

运行结果如下：

```
查找 'Pro' 的位置：7
查找不存在的子字符串：−1
替换 'Python' 为 'Java'：Java Programming
替换所有 'a'：bonono
```

上述代码说明 find() 方法适用于定位子字符串的位置，可结合条件判断子字符串是否存在。replace() 不修改原字符串，而是返回替换后的新字符串。

④ 分割与拼接。分割与拼接方法用于将字符串拆分为多个部分或将多个部分组合成一个字符串。split() 可以根据指定分隔符将字符串拆分为列表。join() 可以将可迭代对象（如列表）中的字符串连接为一个整体。示例代码如下：

```
1    # 示例 1：分割字符串
2    s = "Python, Java, C++"
3    languages = s.split(", ")              # 按逗号分割字符串
4    print(" 分割后的列表：", languages)
5    # 示例 2：拼接字符串
6    joined_str ="−".join(languages)         # 使用连字符拼接
7    print(" 拼接后的字符串：", joined_str)
8    # 示例 3：按空格分割
9    sentence = "Hello World Python"
10   print(" 按空格分割：", sentence.split())
```

运行结果如下：

```
分割后的列表：['Python', 'Java', 'C++']
拼接后的字符串：Python−Java−C++
按空格分割：['Hello', 'World', 'Python']
```

上述代码说明 split() 方法默认以空格作为分隔符，可以通过参数指定其他分隔符。join() 方法常用于将分割后的列表重新合并为字符串。

关于更多的字符串的常用内置方法可查阅表 2.4。

表 2.4　字符串常用内置方法

方法	功能描述	示例代码	输出结果
upper()	将字符串转换为大写	"abc".upper()	'ABC'
lower()	将字符串转换为小写	"ABC".lower()	'abc'
strip()	去除两端空白或指定字符	" abc ".strip()	'abc'
lstrip()	去除左侧空白或指定字符	" abc ".lstrip()	'abc '
rstrip()	去除右侧空白或指定字符	" abc ".rstrip()	' abc'
find()	查找子字符串，返回索引	"abcabc".find("b")	1
replace()	替换子字符串	"abcabc".replace("a", "x")	'xbcxbc'
split()	按指定分隔符将字符串拆分为列表	"a, b, c".split(", ")	['a', 'b', 'c']
join()	按指定分隔符将列表拼接为字符串	", ".join(['a', 'b', 'c'])	'a, b, c'

2.3.3　布尔类型

布尔类型 (bool) 是 Python 中的一种基本数据类型，用于表示逻辑值，仅有两个取值：True(真) 和 False(假)。布尔值在条件判断、逻辑运算和控制流中至关重要，广泛应用于程序的逻辑控制和决策过程。布尔类型的值可由比较运算、逻辑运算或显式赋值生成。

布尔类型的本质是整数类型的一个子类型，其中 True 等价于整数 1，而 False 等价于整数 0。这种设计使布尔值既能直接参与数学运算，又能在逻辑运算中作为条件表达式的结果。

1. 布尔值的表示方法

在 Python 中，布尔值可直接使用关键字 True 和 False 表示，也可通过比较运算或逻辑运算得出。示例代码如下：

```
1   # 直接赋值布尔值
2   is_true = True
3   is_false = False
4   # 通过比较运算产生布尔值
5   a = 10
6   b = 20
7   comparison_result = (a < b)
8   # 通过逻辑运算产生布尔值
9   logical_result =(a < b)and (a > 5)
10  # 输出布尔值及其类型
11  print(f"is_true: {is_true}, 类型 : {type(is_true)}")
12  print(f"is_false: {is_false}, 类型 : {type(is_false)}")
13  print(f" 比较运算结果 : {comparison_result}, 类型 : {type(comparison_result)}")
14  print(f" 逻辑运算结果 : {logical_result}, 类型 : {type(logical_result)}")
```

运行结果如下：

```
is_true: True, 类型 : <class 'bool'>
is_false: False, 类型 : <class 'bool'>
比较运算结果 : True, 类型 : <class 'bool'>
逻辑运算结果 : True, 类型 : <class 'bool'>
```

在上述代码中，布尔值 is_true 和 is_false 通过直接赋值表示，布尔值 comparison_result 通过比较运算生成，布尔值 logical_result 通过逻辑运算生成。程序最后会输出这些布尔值及其类型。

2. 布尔运算的基本规则

布尔运算包括逻辑与 (and)、逻辑或 (or) 和逻辑非 (not) 三种基本运算。这些逻辑运算用于组合和操作布尔值以生成新的布尔值。具体逻辑运算方法详见 " 2.4.4 逻辑运算符"。此外，布尔值也可以直接参与数学运算，True 等价于 1，False 等价于 0。示例代码如下：

```
1    print(" 布尔值的加法 : ", True + False)          #输出 : 1
2    print(" 布尔值的乘法 : ", True*5)               #输出 : 5
```

3. 布尔值的类型转换

在 Python 中，布尔值可以通过内置函数 bool() 从其他数据类型转换而来。任何非零数值、非空字符串或非空集合 (如列表、元组、集合、字典等) 都会转换为 True，而零数值、空字符串或空集合会转换为 False。示例代码如下：

```
1    #数值类型的布尔值
2    print("bool(100): ", bool(100))
3    print("bool(0): ", bool(0))
4    #字符串类型的布尔值
5    print("bool('Python'): ", bool("Python"))
6    print("bool("): ", bool(""))
7    #容器类型的布尔值
8    print("bool([1, 2, 3]): ", bool([1, 2, 3]))
9    print("bool([]): ", bool([]))
10   #None 的布尔值
11   print("bool(None): ", bool(None))
```

运行结果如下：

```
bool(100): True
bool(0): False
bool('Python'): True
bool("): False
bool([1, 2, 3]): True
bool([]): False
bool(None): False
```

2.4　运算符与表达式

在 Python 编程中，运算符与表达式是实现各种计算、逻辑判断及数据处理的核心工具。本节将详细介绍 Python 提供的多种运算符及其在表达式中的使用方法。通过学习本节内容，读者可以掌握算术运算符的基本功能与应用、字符运算符的特殊用途、比较和逻辑运算符在条件判断中的重要性以及位运算符的基本原理与应用场景。此外，本节还将介绍成员运算符与一致性运算符的独特作用，并探讨运算符优先级对表达式执行顺序的影响。

2.4.1　算术运算符

算术运算符是 Python 中基本的运算符之一，用于实现各种数学计算和数值处理。它们可对数字类型 (如整数和浮点数) 执行加、减、乘、除等常见操作，是构建数学表达式的核心工具。在 Python 中，算术运算符不仅支持简单的数值运算，还能与变量及更复杂的表达式结合使用。

算术运算符包括加法 (+)、减法 (−)、乘法 (*)、除法 (/)、整除 (//)、取模 (%) 和幂运算 (**)。这些运算符涵盖了从基础到进阶的数学操作，能够灵活应对不同的计算场景。表 2.5 列出了算术运算符及其功能描述。

表 2.5　算术运算符及其功能描述

运算符	功能描述	示例代码	输出结果
+	加法运算	3 + 5	8
−	减法运算	10−3	7
*	乘法运算	4*7	28
/	浮点数除法	15/2	7.5
//	整数除法	15//2	7
%	取模运算（余数）	15%2	1
**	幂运算	2**3	8

1. 基础操作

加法、减法、乘法和浮点数除法示例代码如下：

```
1    # 基础运算
2    a = 10
3    b = 3
4    print(" 加法 : ", a + b)
5    print(" 减法 : ", a−b)
6    print(" 乘法 : ", a*b)
7    print(" 浮点数除法 : ", a/b)
```

运行结果如下：

```
加法 : 13
减法 : 7
乘法 : 30
浮点数除法 : 3.3333333333333335
```

上述代码说明加法、减法和乘法运算直接返回结果；浮点数除法总是返回浮点类型的结果，即使操作数是整数。

2. 进阶操作

整除、取模和幂运算示例代码如下：

```
1    # 整除、取模和幂运算
2    x = 15
3    y = 4
4    print(" 整数除法 : ", x // y)
5    print(" 取模运算 : ", x % y)
6    print(" 幂运算 : ", 2 ** 3)
```

运行结果如下：

```
整数除法 : 3
取模运算 : 3
幂运算 : 8
```

上述代码说明整除运算返回不大于结果的最大整数（向下取整）；取模运算返回除法的余数，常用于循环、判定偶数 / 奇数等；幂运算计算基数的指数次幂。

3. 结合变量与表达式的计算

使用变量进行运算示例代码如下：

```
1    # 使用变量进行运算
2    num1 = 20
3    num2 = 5
4    result =(num1 + num2)*num2/(num1−num2)
5    print(" 综合表达式的结果 : ", result)
```

运行结果如下：

```
综合表达式的结果 : 8.3333333333333334
```

上述代码说明运算符可组合构成复杂的表达式，遵循运算符的优先级规则 (见 2.4.8)。括号可用于显式指定计算顺序，确保结果符合预期。

4. 浮点数运算的特殊性

浮点数运算示例代码如下：

```
1    # 浮点数运算
2    a = 10.0
3    b = 3.0
4    print(" 浮点数除法 : ", a / b)
5    print(" 浮点数整除 : ", a // b)
6    print(" 浮点数取模 : ", a % b)
```

运行结果如下：

```
浮点数除法 : 3.3333333333333335
浮点数整除 : 3.0
浮点数取模 : 1.0
```

上述代码说明浮点数运算结果通常为浮点类型，包括整除和取模运算。

5. 取模运算的负数处理

取模运算的负数处理示例代码如下：

```
1    # 取模运算的负数处理
2    print(" 正数取模 : ", 15%4)
3    print(" 负数取模 : ", −15%4)
```

运行结果如下：

```
正数取模 : 3
负数取模 : 1
```

上述代码演示了正数 15 和负数 −15 分别对正数 4 进行取模运算。

对于 15%4，结果是 3。这符合我们通常对余数的理解，15 除以 4 等于 3 余 3(15 = 4 × 3 + 3)。

对于 −15%4，结果是 1。这可能会让初学者感到困惑，因为直观上我们可能会想到 −3 或者 3。

理解 Python 负数取模的关键在于其与整数除法 (//) 的关系以及结果符号的规则。Python 的取模运算遵循以下数学恒等式：

$$a = n \times (a//n)+(a\%n)$$

其中，a 是被除数，n 是除数，$a//n$ 是整数除法 (向下取整，即 floor division) 的结果，$a\%n$ 是取模的结果。同时，Python 规定 $a\%n$ 的结果符号与除数 n 的符号保持一致。

让我们用这个规则来分析 −15%4。

(1) 计算整数除法 (floor division)。

-15//4

因为 -15/4 =-3.75，向下取整 (向负无穷方向取整) 得到 -4。

所以 -15//4 =-4。

(2) 代入恒等式。

$-15 = 4 \times (-15//4)+(-15\%4)$

$-15 = 4 \times (-4)+(-15\%4)$

$-15 =-16 +(-15\%4)$

(3) 求解取模结果。为了使等式成立，(-15%4) 必须等于 1。这个结果 1 的符号是正号，与除数 4 的符号 (正号) 一致，符合 Python 的规则。

2.4.2 赋值运算符

赋值运算符是 Python 中用于将值或表达式的结果存储到变量中的运算符。在程序中，赋值运算符承担着初始化和更新变量值的任务，是构建逻辑的基本工具之一。借助赋值运算符，开发者能够高效地对变量执行赋值和更新操作。表 2.6 列出了赋值运算符及其功能描述。

表 2.6　赋值运算符及其功能描述

运算符	描述	示例代码	结果	解释
=	基本赋值	$a = 10$	10	将 10 赋给变量 a
+=	加法赋值	$a += 5$	15	将变量 a 的值与 5 相加，然后将结果赋给变量 a
-=	减法赋值	$a-= 3$	7	将 3 从变量 a 的值中减去，然后将结果赋给变量 a
*=	乘法赋值	$a*= 2$	20	将变量 a 的值与 2 相乘，然后将结果赋给变量 a
/=	除法赋值	$a/= 2$	5.0	将变量 a 的值除以 2，然后将结果赋给变量 a
//=	整除赋值	$a//= 3$	3	将变量 a 的值整除 3，然后将结果赋给变量 a
%=	取余赋值	$a\%= 3$	1	将变量 a 的值和 3 求余，然后将结果赋给变量 a
**=	幂赋值	$a**= 3$	1000	将变量 a 的值的 3 次方赋给变量 a

1. 基本赋值运算符

最基本赋值运算符是等号 (=)，它将等号右侧表达式计算得到的值赋给等号左侧的变量。

基本赋值运算符示例代码如下：

```
1    # 基本赋值操作
2    x = 10                              # 将 10 赋值给变量 x
3    print(" 变量 x 的值 : ", x)
```

运行结果如下：

```
变量 x 的值 : 10
```

2. 复合赋值运算符

除了基本赋值运算符外，Python 还提供了一系列复合赋值运算符。这些运算符将一个算术运算或位运算与赋值操作合并为一个步骤，使得代码更简洁，有时也更易读。

Python 中常见的复合赋值运算符包括 +=(加法赋值)、−=(减法赋值)、*=(乘法赋值)、/=(除法赋值)、//=(整除赋值)、%=(取模赋值)、*=(幂赋值)。这些运算符会先执行其对应的运算 (如加法、乘法)，然后将运算结果赋值回右侧的变量。

复合赋值运算符示例代码如下：

```
1    # 加法赋值操作
2    x = 10
3    x += 5                                    # 等价于 x = x + 5
4    print(" 加法赋值后的值 : ", x)
5    # 乘法赋值操作
6    x*= 2                                     # 等价于 x = x*2
7    print(" 乘法赋值后的值 : ", x)
8    # 幂赋值操作
9    x**= 2                                    # 等价于 x = x**2
10   print(" 幂赋值后的值 : ", x)
```

运行结果如下：

```
加法赋值后的值 : 15
乘法赋值后的值 : 30
幂赋值后的值 : 900
```

上述代码说明复合赋值运算符结合了赋值和对应的算术或位运算，简化了表达式的书写。示例中，通过 +=、*= 和 **= 等操作，实现了对变量值的更新。

2.4.3　比较运算符

比较运算符是 Python 中用于判断两个操作数之间关系的运算符，其结果总是返回布尔值 True 或 False。这类运算符号在条件判断、循环控制以及逻辑运算中起着关键作用。比较运算符可应用于数值、字符串以及其他支持比较的对象，实现对大小、相等性及排序等判断。表 2.7 列出了比较运算符及其功能描述。

表 2.7　比较运算符及其功能描述

运算符	描述	示例代码	结果	解释
==	等于	$a == b$	True 或 False	如果 a 等于 b，则返回 True，否则返回 False
!=	不等于	$a != b$	True 或 False	如果 a 不等于 b，则返回 True，否则返回 False。
>	大于	$a > b$	True 或 False	如果 a 大于 b，则返回 True，否则返回 False
<	小于	$a < b$	True 或 False	如果 a 小于 b，则返回 True，否则返回 False
>=	大于等于	$a >= b$	True 或 False	如果 a 大于或等于 b，则返回 True，否则返回 False
<=	小于等于	$a <= b$	True 或 False	如果 a 小于或等于 b，则返回 True，否则返回 False

1. 基本数值比较

基本数值比较示例代码如下：

```
1    # 比较两个数值
2    a = 10
3    b = 20
4    print(" 等于 (==): ", a == b)
5    print(" 不等于 (!=): ", a != b)
6    print(" 大于 (>): ", a > b)
```

```
7    print(" 小于 (<): ", a < b)
8    print(" 大于等于 (>=): ", a >= 10)
9    print(" 小于等于 (<=): ", b <= 30)
```

运行结果如下：

```
等于 (==): False
不等于 (!=): True
大于 (>): False
小于 (<): True
大于等于 (>=): True
小于等于 (<=): True
```

上述代码说明 == 和 != 用于判断相等性或不等性，适用于数值、字符串等可比较对象。>、<、>= 和 <= 用于比较大小，结果为布尔值。

2. 字符串的比较

比较字符串的字典序示例代码如下：

```
1    # 比较字符串的字典序
2    str1 = "apple"
3    str2 = "banana"
4    print(" 等于 (==): ", str1 == str2)
5    print(" 不等于 (!=): ", str1 != str2)
6    print(" 小于 (<): ", str1 < str2)
7    print(" 大于 (>): ", str1 > "aardvark")
```

运行结果如下：

```
等于 (==): False
不等于 (!=): True
小于 (<): True
大于 (>): True
```

上述代码说明字符串的比较基于 Unicode 编码值，遵循字典序规则进行。示例中，"apple" 的首字符 'a' 的 Unicode 编码小于 "banana" 的首字符 'b'，因此 str1 < str2 为 True。

3. 比较不同类型的值

比较不同类型的值示例代码如下：

```
1    # 比较不同类型的值
2    print(" 整数与浮点数比较 : ", 10 == 10.0)
3    print(" 布尔值与整数比较 : ", True == 1)
4    print(" 布尔值与字符串比较 : ", True == "True")
```

运行结果如下：

```
整数与浮点数比较 : True
布尔值与整数比较 : True
布尔值与字符串比较 : False
```

上述代码说明 Python 允许对不同类型的值进行比较，但其结果取决于具体类型的特性。示例中，整数 10 与浮点数 10.0 相等，因为它们数值上等价。布尔值 True 与整数 1 相等，但与字符串 "True" 不相等。

4. 比较运算的链式结构

条件表达式中的比较运算示例代码如下：

```
1    # 条件表达式中的比较运算
2    score = 85
3    print(" 成绩是否合格 : ", score >= 60)
4    age = 18
5    print(" 是否成年 : ", 18 <= age <= 60)
```

运行结果如下：

```
成绩是否合格 : True
是否成年 : True
```

上述特殊的比较运算表达式常在条件表达式中出现，用于控制程序逻辑。示例中，18 <= age <= 60 表示链式比较，简化了多条件判断。

2.4.4　逻辑运算符

逻辑运算符是 Python 中用于处理布尔值的重要工具。它们在条件表达式和复杂逻辑判断中具有广泛的应用。逻辑运算符的操作对象通常是布尔值，返回的结果同样是布尔值，表示逻辑上的"真"或"假"。借助逻辑运算符，可以对多个条件进行组合判断，进而实现复杂的逻辑控制。Python 提供了三种主要的逻辑运算符：and、or 和 not。表 2.8 列出了逻辑运算符及其功能描述。

表 2.8　逻辑运算符及其功能描述

运算符	描述	示例代码	结果	解释
and	逻辑与	*a* and *b*	True 或 False	*a* 和 *b* 均为 True 时，结果才为 True
or	逻辑或	*a* or *b*	True 或 False	*a* 和 *b* 只要有一个为 True，结果就为 True
not	逻辑非	not *a*	True 或 False	对 *a* 的布尔值取反

1. and

and 运算符用于连接两个条件（或布尔值），只有当两个条件都为 True 时，整个表达式的结果才为 True；否则结果为 False。示例代码如下：

```
1    # 使用 and 运算符进行多条件判断
2    age = 25
3    has_id = True
4    print(" 是否符合条件 : ", age >= 18 and has_id)
```

运行结果如下：

```
是否符合条件 : True
```

> **注意**：Python 中的 and 运算符具有"短路"行为。它会从左到右对操作数进行求值，如果第一个操作数被求值为 False，那么整个 and 表达式的结果必定是 False，此时 Python 不会再评估第二个操作数。这种机制既优化了性能，也能避免求值第二个操作数可能引发的错误。

2. or

or 运算符用于连接两个条件，只要其中至少有一个条件为 True，整个表达式的结果即为 True；只有当两个条件都为 False 时，结果才为 False。示例代码如下：

```
1    # 使用 or 运算符进行多条件判断
2    score = 45
3    extra_credit = True
4    print(" 是否通过考试 : ", score >= 60 or extra_credit)
```

运行结果如下：

```
是否通过考试 : True
```

注意：与 and 运算符类似，or 运算符也采用"短路"策略。如果第一个操作数被求值为 True，那么整个 or 表达式的结果必定是 True，此时 Python 不会再求值第二个操作数。这同样有助于提高效率和避免不必要的计算或潜在错误。

3. not

not 运算符用于对单个布尔值进行取反操作。如果操作数为 True，则结果为 False；如果操作数为 False，则结果为 True。示例代码如下：

```
1    # 使用 not 运算符取反
2    is_raining = False
3    print(" 是否不下雨 : ", not is_raining)
```

运行结果如下：

```
是否不下雨 : True
```

4. 结合逻辑运算符与条件表达式

逻辑运算符常用于组合多个比较运算或其他布尔表达式，形成更复杂的判断条件。示例代码如下：

```
1    # 使用逻辑运算符构建复杂条件
2    age = 20
3    is_student = True
4    has_discount = age < 18 or is_student
5    print(" 是否享受折扣 : ", has_discount)
```

运行结果如下：

```
是否享受折扣 : True
```

2.4.5 位运算符

位运算符是 Python 中用于操作二进制位的运算符。它们以位为单位直接操作数值的二进制表示形式，通常用于底层开发、性能优化、加密算法以及位标记的管理。表 2.9 列出了位运算符及其功能描述。

表 2.9 位运算符及其功能描述

运算符	名称	功能描述	示例代码	结果
&	按位与	对每个位执行逻辑与运算	5&3	1
		按位或	对每个位执行逻辑或运算	5|3	7
^	按位异或	对每个位执行逻辑异或运算	5^3	6
~	按位取反	对操作数的每个位执行取反运算	~5	−6
<<	左移	将位向左移动指定的次数，右侧补零	5<<1	10
>>	右移	将位向右移动指定的次数，左侧补符号位 (0 或 1)	5>>1	2

上述位运算符提供了操作二进制位的高效手段，对于底层开发、算法设计和性能优化具有重要意义。通过掌握按位与、或、异或、取反以及位移运算符，开发者可以解决从奇偶性判断到位标记管理的各种实际问题。在实际应用中，需要注意符号位的处理以及操作数类型的限制，以确保结果的正确性和程序的稳定性。

2.4.6　成员运算符

成员运算符是 Python 提供的一种特殊运算符，用于判断一个元素是否属于某个序列 (如字符串、列表、元组等) 或集合等可迭代对象。成员运算符通过逻辑判断操作，返回布尔值 True 或 False，以指示元素是否为序列的成员。这种运算符在数据查找、集合操作以及条件判断中具有广泛的应用。

Python 提供了两种成员运算符：in 和 not in。in 用于判断元素是否存在于某个序列或集合等可迭代对象中。not in 用于判断元素是否不存在于某个序列或集合等可迭代对象中。表 2.10 列出了成员运算符及其功能描述 (假设 fruits = ['apple'，'banana'，'cherry'])。

表 2.10　成员运算符及其功能描述

运算符	描述	示例代码	结果	解释
in	成员运算符	"banana" in fruits	True 或 False	如果 "banana" 在列表 fruits 中，则返回 True，否则返回 False
not in	非成员运算符	"grape" not in fruits	True 或 False	如果 "grape" 不在列表 fruits 中，则返回 True，否则返回 False。

下面的代码展示了 in 和 not in 运算符如何应用于多种常见的 Python 数据结构：

```
1    #定义不同类型的可迭代对象
2    text = "Python Programming"                              #字符串
3    fruits_list = ['apple', 'banana', 'cherry']              #列表
4    numbers_tuple = (1, 2, 3, 4, 5)                          #元组
5    student_scores = {'Alice': 85, 'Bob': 92,  'Charlie': 78} #字典
6    primes_set = {2, 3, 5, 7, 11}                            #集合
7    print("--- 成员运算符 'in' 示例 ---")
8    print("'Pro' 是否在 text 字符串中 : ", 'Pro' in text)
9    print("'banana' 是否在 fruits_list 列表中 : ", 'banana' in fruits_list)
10   print("3 是否在 numbers_tuple 元组中 : ", 3 in numbers_tuple)
11   print("'Alice' 是否是 student_scores 字典的键 : ", 'Alice' in student_scores)
12   print("5 是否在 primes_set 集合中 : ", 5 in primes_set)
13   print("\n--- 成员运算符 'not in' 示例 ---")
14   print("'Java' 是否不在 text 字符串中 : ", 'Java' not in text)
15   print("'grape' 是否不在 fruits_list 列表中 : ", 'grape' not in fruits_list)
16   print("10 是否不在 numbers_tuple 元组中 : ", 10 not in numbers_tuple)
17   print("'David' 是否不是 student_scores 字典的键 : ", 'David' not in student_scores)
18   print("8 是否不在 primes_set 集合中 : ", 8 not in primes_set)
```

运行结果如下：

```
--- 成员运算符 'in' 示例 ---
'Pro' 是否在 text 字符串中 : True
'banana' 是否在 fruits_list 列表中 : True
3 是否在 numbers_tuple 元组中 : True
'Alice' 是否是 student_scores 字典的键 : True
5 是否在 primes_set 集合中 : True

--- 成员运算符 'not in' 示例 ---
'Java' 是否不在 text 字符串中 : True
'grape' 是否不在 fruits_list 列表中 : True
10 是否不在 numbers_tuple 元组中 : True
'David' 是否不是 student_scores 字典的键 : True
8 是否不在 primes_set 集合中 : True
```

2.4.7　一致性运算符

一致性运算符是 Python 中用于比较两个对象的内存地址而非其值的运算符。通过一致性运算符，开发者可以判断两个变量是否引用了同一个对象。Python 提供了两个一致性运算符：is 和 is not。is 用于判断两个变量是否引用同一个对象。is not 用于判断两个变量是否引用不同的对象。

一致性运算符的适用场景包括对象的唯一性判断、可变对象的处理等。表 2.11 列出了一致性运算符及其功能描述。

表 2.11　一致性运算符及其功能描述

运算符	描述	示例代码	结果	解释
is	一致性运算符	*a* is *b*	True 或 False	如果 *a* 和 *b* 引用同一个对象，则返回 True，否则返回 False
is not	非一致性运算符	*a* is not *b*	True 或 False	如果 *a* 和 *b* 不是引用同一个对象，则返回 True，否则返回 False

以下是一些示例代码，展示了如何使用上述一致性运算符：

```
1   #定义两个变量，指向同一个对象
2   a = [1, 2, 3]
3   b = a
4   #使用一致性运算符检查两个变量是否引用同一个对象
5   is_same_object = a is b
6   print(f"a is b: {is_same_object}")
7   #定义两个变量，指向不同的对象
8   c = [1, 2, 3]
9   d = [1, 2, 3]
10  #使用非一致性运算符检查两个变量是否不是同一个对象
11  is_not_same_object = c is not d
12  print(f"c is not d: {is_not_same_object}")
```

运行结果如下：

```
a is b: True
c is not d: True
```

在上述代码中，使用一致性运算符 is 检查变量 *a* 和 *b* 是否引用同一个对象，使用非一致性运算符 is not 检查变量 *c* 和 *d* 是否不是同一个对象，并输出检查结果。

上述一致性运算符 is 和 is not 提供了一种高效判断对象引用关系的方式。在需要确认两个变量是否指向同一对象时，一致性运算符是首选工具。通过掌握一致性运算符的用法，开发者能够更精准地处理对象间的关系，尤其是在引用类型和对象共享的场景下，同时理解其与值比较运算的区别将进一步提升代码的正确性。

2.4.8　运算符的优先级

在 Python 编程中，运算符优先级决定了表达式中各运算符的执行顺序。当一个表达式中包含多个运算符时，Python 会按照优先级规则决定先执行哪一个运算符，再依次计算剩余的部分。对运算符优先级的正确理解对于编写逻辑清晰且行为正确的代码至关重要。

运算符的优先级从高到低依次排列，如算术运算符中的 * 和 / 的优先级高于 + 和 −。若需要改变默认的计算顺序，可以通过 () 显式指定优先级。表 2.12 列出了运算符的优先级（从高到低排列）。

表 2.12　运算符的优先级

优先级	运算符	描述
1	()	圆括号
2	**	幂运算
3	+, −, ~	正负号、按位取反
4	*, /, //, %	乘法、除法、整除、取余
5	+, −	加法、减法
6	<<, >>	左移、右移
7	&	按位与
8	^	按位异或
9	|	按位或
10	in, not in, is, is not, <, <=, >, >=, !=, ==	成员运算符、一致性运算符、比较运算符
11	not	逻辑非
12	and	逻辑与
13	or	逻辑或
14	=	赋值运算符
15	+=, −=, *=, /=, //=, %=, **=	复合赋值运算符

注意:

(1) 括号的使用。为了提高代码的可读性和减少理解歧义,即使在优先级明确的情况下,也建议适当使用括号。

(2) 逻辑运算的短路特性。逻辑运算符 and 和 or 具有"短路"求值特性,可能导致部分表达式未被执行。

(3) 比较运算的链式结构。Python 支持链式比较,优先级规则会确保其正确执行,如 $a < b < c$。

2.5　常用的内置函数

内置函数是 Python 提供的一组功能强大且易于使用的工具,无须额外导入即可直接调用,为程序开发提供了极大的便利。通过内置函数,开发者可以快速完成类型检查、数据转换、序列生成以及其他常见任务。本节将介绍 Python 中几个尤其基础和常用的内置函数,掌握它们对理解和操作不同类型的数据至关重要。

2.5.1　类型检查与转换函数

Python 是动态类型语言,变量的类型可以在运行时改变。但许多操作(如算术运算、字符串拼接)要求操作数具有特定的数据类型,因此类型转换(把一个数据从一种类型转换为另一种类型)是编程中常见的操作。

Python 中的类型转换主要有两种形式。

(1) 隐式类型转换。在某些情况下，当不同类型的兼容数据 (主要是数字类型) 混合运算时，Python 解释器会自动进行转换以避免数据丢失。例如，整数和浮点数相加时，整数会自动提升为浮点数 (如 3 + 4.0 结果是 7.0)。这种转换由 Python 自动完成。

(2) 显式类型转换。当需要主动、强制地将一个数据转换为特定类型时，就需要使用相应的内置函数。这在处理用户输入 (input( ) 返回字符串) 或准备输出 (拼接字符串) 时尤其必要。

以下是用于类型检查和执行显式类型转换的关键内置函数。

1. type ( ) 函数

type( ) 函数用于获取一个变量或值的具体数据类型。type( ) 对调试或需要根据类型执行不同操作时非常有用。

type( ) 函数的基本语法如下：

```
type(object)
```

(1) 参数说明：object 为必选参数，需要检查类型的对象 (可以是变量、字面量或任何 Python 实体)。

(2) 返回值说明：返回 object 的类型对象。

示例代码如下：

```
1    num_int = 100
2    num_float = 3.14
3    text_str = " 你好 "
4    is_active_bool = True
5    print(" 变量 num_int 的类型是 : ", type(num_int))
6    print(" 变量 num_float 的类型是 : ", type(num_float))
7    print(" 变量 text_str 的类型是 : ", type(text_str))
8    print(" 变量 is_active_bool 的类型是 : ", type(is_active_bool))
```

运行结果如下：

```
变量 num_int 的类型是 : <class 'int'>
变量 num_float 的类型是 : <class 'float'>
变量 text_str 的类型是 : <class 'str'>
变量 is_active_bool 的类型是 : <class 'bool'>
```

2. int ( ) 函数

int( ) 函数尝试将一个值转换为整数。转换浮点数时，它会截断小数部分 (向零取整)，而不是四舍五入。转换字符串时，该字符串必须包含纯粹的整数表示，否则会引发 ValueError。该函数在处理 input( ) 函数返回的字符串时尤其常用 (见 2.1.5)。

int( ) 函数的基本语法如下：

```
int([x][, base])
```

(1) 参数说明：

① x 为可选参数，指需要转换为整数的对象 (可以是数字或字符串)，省略时默认返回 0。

② base 为可选参数，仅当 x 是字符串时有效，指定字符串表示数字的进制 (如 2, 8, 10, 16)。base 默认为十进制。

(2) 返回值说明：返回转换后的整数，转换失败 (如字符串格式无效或超出表示范围) 时引发 ValueError 或 OverflowError。

示例代码如下：

```
1    float_num = 9.8
2    str_num = "123"
3    #str_invalid = "12a"              # 这会导致 ValueError
4    int_from_float = int(float_num)
5    int_from_str = int(str_num)
6    print(" 浮点数 9.8 转换为整数 : ", int_from_float)
7    print(" 字符串 '123' 转换为整数 : ", int_from_str)
8    #print(int(str_invalid))# 取消注释此行会报错
```

运行结果如下：

```
浮点数 9.8 转换为整数 : 9
字符串 '123' 转换为整数 : 123
```

3. float()函数

float() 函数尝试将一个值转换为浮点数。它可以将整数直接转换为对应的浮点数。转换字符串时，该字符串必须能表示有效的数字 (整数或小数)，否则会引发 ValueError。

float() 函数的基本语法如下：

```
float([x])
```

(1) 参数说明：x 为可选参数，指需要转换为浮点数的对象 (可以是数字或字符串，字符串支持科学计数法)，省略时，默认返回 0.0。

(2) 返回值说明：返回转换后的浮点数，转换失败 (如字符串格式无效) 时引发 ValueError。

示例代码如下：

```
1     int_num = 100
2     str_num = "3.14159"
3     str_int = "42"
4     #str_invalid = "3.a"                              # 这会导致 ValueError
5     float_from_int = float(int_num)
6     float_from_str = float(str_num)
7     float_from_str_int = float(str_int)
8     print(" 整数 100 转换为浮点数 : ", float_from_int)
9     print(" 字符串 "3.14159' 转换为浮点数 : ", float_from_str)
10    print(" 字符串 '42' 转换为浮点数 : ", float_from_str_int)
```

运行结果如下：

```
整数 100 转换为浮点数 : 100.0
字符串 '3.14159' 转换为浮点数 : 3.14159
字符串 '42' 转换为浮点数 : 42.0
```

4. str()函数

str() 函数可以将几乎任何 Python 对象转换为其字符串表示形式。这在需要将非字符串类型的数据 (如数字、布尔值) 与其他字符串拼接或进行输出时非常关键。

str() 函数的基本语法如下：

```
str([object])
```

(1) 参数说明：object 为可选参数，指需要转换为字符串的对象 (几乎所有 Python 对象都可被转换)，省略时默认返回一个空字符串。

(2) 返回值说明：返回 object 的字符串表示，对于内置类型，通常为其字面量形式或人类可读的描述。

示例代码如下：

```
1     num_value = 42
```

```
2     pi_value = 3.14
3     bool_value = True
4     list_value = [1, 'a']
5     str_from_num = str(num_value)
6     str_from_pi = str(pi_value)
7     str_from_bool = str(bool_value)
8     str_from_list = str(list_value)
9     print(" 整数 42 转换为字符串 : ", str_from_num)
10    print(" 浮点数 3.14 转换为字符串 : ", str_from_pi)
11    print(" 布尔值 True 转换为字符串 : ", str_from_bool)
12    print(" 列表［1, 'a'］转换为字符串 : ", str_from_list)
13    # 拼接示例
14    age = 25
15    message = " 他的年龄是 "+ str(age)+" 岁。"                    # 必须先用 str ( ) 转换 age
16    print(message)
```

运行结果如下：

```
整数 42 转换为字符串 : 42
浮点数 3.14 转换为字符串 : 3.14
布尔值 True 转换为字符串 : True
列表 [1, 'a'] 转换为字符串 : [1,  'a']
他的年龄是 25 岁。
```

2.5.2 eval() 函数

eval() 是一个内置函数，可将字符串解析并当作有效的 Python 表达式来执行。通过 eval() 函数，开发者可以动态执行代码，实现灵活的逻辑处理和动态计算功能。该函数的主要特点是接收一个字符串形式的表达式，解析后返回其计算结果。

虽然 eval() 函数功能强大，但在使用过程中需特别注意安全性问题，尤其是在处理用户输入时，需避免潜在的代码注入风险。

1. 函数定义与参数

eval() 函数的基本语法如下：

```
eval(expression[, globals=None][, locals=None])
```

(1) 参数说明：

① expression 为必选参数，表示需要解析并执行的字符串形式的 Python 表达式。

② globals 为可选参数，定义全局命名空间，默认为当前全局命名空间。

③ locals 为可选参数，定义局部命名空间，默认为当前局部命名空间。

(2) 返回值说明：返回 expression 表达式的计算结果。

2. 基本用法

(1) 计算简单表达式。eval() 函数可以计算简单的数学表达式。示例代码如下：

```
1     # 使用 eval ( ) 计算简单表达式
2     expression = "2 + 3*4"
3     result = eval(expression)
4     # 输出计算结果
5     print(f" 表达式 '{expression}' 的结果是 : {result}")
```

运行结果如下：

```
表达式 '2 + 3 * 4' 的结果是 : 14
```

在上述代码中，eval() 函数计算字符串形式的数学表达式 "2+3*4"，并返回计算结果 14。

(2) 访问变量和函数。eval() 函数可以访问当前作用域中的变量和函数。示例代码如下：

```
1   #定义变量和函数
2   x = 10
3   def add(a, b):
4       return a + b
5   #使用 eval() 访问变量和函数
6   expression = "add(x, 5)"
7   result = eval(expression)
8   #输出计算结果
9   print(f" 表达式 '{expression}' 的结果是：{result}")
```

运行结果如下：

```
表达式 'add(x, 5)' 的结果是：15
```

在上述代码中，eval() 函数计算表达式 "add(x, 5)"，并访问当前作用域中的变量 x 和函数 add，返回计算结果 15。

(3) 使用命名空间。eval() 函数可以使用指定的全局和局部命名空间。示例代码如下：

```
1   #定义全局和局部命名空间
2   global_namespace = {"x": 10, "y": 20}
3   local_namespace = {"z": 5}
4   #使用 eval() 计算表达式，并指定命名空间
5   expression = "x+y+z"
6   result = eval(expression, global_namespace, local_namespace)
7   #输出计算结果
8   print(f" 表达式 '{expression}' 的结果是：{result}")
```

运行结果如下：

```
表达式 'x+y+z' 的结果是：35
```

在上述代码中，eval() 函数计算表达式 "x+y+z"，并使用指定的全局命名空间 global_namespace 和局部命名空间 local_namespace，返回计算结果 35。

3. 安全性注意事项

由于 eval() 函数可执行任意代码，因此在使用时需要特别注意安全性，避免执行不被信任的代码。以下是一些安全性注意事项。

(1) 避免执行不被信任的代码。不要对来自不被信任来源的输入使用 eval() 函数。示例代码如下：

```
1   #不安全的 eval() 使用示例
2   user_input = input(" 请输入一个表达式：")
3   result = eval(user_input)                    # 避免这样做
4   #输出计算结果
5   print(f" 表达式的结果是：{result}")
```

运行结果如下：

```
请输入一个表达式：3.14*20**2[ 此处按下 Enter 键 ]
表达式的结果是：1256.0
```

在上述代码中，eval() 函数对用户输入的表达式进行计算，这可能会导致执行恶意代码，存在安全风险。

(2) 使用字典限制命名空间。使用字典限制 eval() 函数的全局和局部命名空间，防止访问不必要的变量和函数。示例代码如下：

```
1   #安全的 eval() 使用示例
2   user_input = input(" 请输入一个表达式：")
```

```
3    safe_globals ={"__builtins__": None}
4    safe_locals = {"x": 10, "y": 20}
5    # 使用限制命名空间的 eval()
6    result = eval(user_input, safe_globals, safe_locals)
7    # 输出计算结果
8    print(f" 表达式的结果是 : {result}")
```

运行结果如下：

```
请输入一个表达式 : 3.14*20**2
表达式的结果是 : 1256.0
```

在上述代码中，使用字典 safe_globals 和 safe_locals 限制 eval() 函数的命名空间，防止访问不必要的变量和函数，提高安全性。

通过深入理解 eval() 函数的原理与应用，读者应能体会到 eval() 函数动态解析与执行表达式的能力，这极大地增强了 Python 语言的灵活性。然而，由于其潜在的安全风险，在使用时应采取适当的防范措施，如限制命名空间或使用替代方法。

2.5.3 range() 函数

range() 函数是用于生成指定范围内的整数序列的内置函数。它常与 for 循环配合使用，为开发者提供简洁高效的数字序列迭代方式。range() 的生成序列是惰性计算的，这意味着它不会直接创建一个完整的列表，而是以迭代器的形式按需生成序列元素，从而在处理大范围的数字时具有较高的内存效率。

1. 函数定义与参数

range() 函数的基本语法如下：

```
range([start, ]stop[, step])
```

(1) 参数说明：

① start 为可选参数，表示序列的起始值，默认为 0。

② stop 为必选参数，表示序列的结束值 (不包含该值)。

③ step 为可选参数，表示序列的步长，默认为 1。

(2) 返回值说明：返回一个 range 对象，该对象为一个迭代器，按指定规则生成整数序列。

2. 基本用法

(1) 生成从 0 开始的整数序列。range(stop) 生成从 0 开始到 stop(不包含 stop) 的整数序列。示例代码如下：

```
1    # 使用 range() 生成从 0 到 4 的整数序列
2    sequence = range(5)
3    # 将结果转换为列表并输出
4    print(list(sequence))
```

运行结果如下：

```
[0, 1, 2, 3, 4]
```

在上述代码中，range(5) 生成一个从 0 到 4 的整数序列，并返回一个 range 对象。通过将 range 对象转换为列表，可以输出生成的整数序列。

(2) 生成指定范围的整数序列。range(start，stop) 生成从 start 开始到 stop(不包含 stop) 的整数序列。示例代码如下：

```
1    # 使用 range() 生成从 2 到 6 的整数序列
2    sequence = range(2, 7)
3    # 将结果转换为列表并输出
4    print(list(sequence))
```

运行结果如下：

```
[2, 3, 4, 5, 6]
```

在上述代码中，range(2, 7) 生成一个从 2 到 6 的整数序列，并返回一个 range 对象。通过将 range 对象转换为列表，可以输出生成的整数序列。

(3) 生成具有指定步长的整数序列。range(start,stop,step) 生成从 start 开始到 stop(不包含 stop) 的，步长为 step 的整数序列。示例代码如下：

```
1    # 使用 range() 生成从 1 到 10，步长为 2 的整数序列
2    sequence = range(1, 11, 2)
3    # 将结果转换为列表并输出
4    print(list(sequence))
```

运行结果如下：

```
[1, 3, 5, 7, 9]
```

在上述代码中，range(1,11,2) 生成一个从 1 到 10 的整数序列，步长为 2，并返回一个 range 对象。通过将 range 对象转换为列表，可以输出生成的整数序列。

3. range() 函数的应用

range() 函数在循环控制结构中广泛应用，它通过生成整数序列控制循环的执行。以下是一些常见的应用示例。

(1) 在 for 循环中使用 range()。使用 range() 函数生成整数序列，控制 for 循环的迭代次数。示例代码如下：

```
1    # 使用 range() 生成从 0 到 4 的整数序列，控制 for 循环的迭代次数
2    for i in range(5):
3        print(f" 当前数字是 : {i}")                 # 输出当前数字
```

运行结果如下：

```
当前数字是 : 0
当前数字是 : 1
当前数字是 : 2
当前数字是 : 3
当前数字是 : 4
```

在上述代码中，range(5) 生成一个从 0 到 4 的整数序列，for 循环遍历该序列，并输出当前的数字。

(2) 在 while 循环中使用 range()。使用 range() 函数生成整数序列，结合 iter() 和 next() 函数控制 while 循环的迭代次数。示例代码如下：

```
1    # 使用 range() 生成从 0 到 4 的整数序列
2    sequence = range(5)
3    iterator = iter(sequence)
4    # 使用 while 循环遍历整数序列
5    while True:
6        try:
7            # 获取下一个元素
8            i = next(iterator)
9            print(f" 当前数字是 : {i}")
10       except StopIteration:
11           # 迭代结束
12           break
```

运行结果如下：

```
当前数字是：0
当前数字是：1
当前数字是：2
当前数字是：3
当前数字是：4
```

在上述代码中，range(5) 生成一个从 0 到 4 的整数序列，并返回一个 range 对象。通过 iter( ) 函数生成迭代器，结合 next( ) 函数和 while 循环遍历整数序列，并输出当前的数字。

(3) 生成偶数序列。使用 range( ) 函数生成一个指定范围内的偶数序列。示例代码如下：

```
1    # 使用 range( ) 生成从 0 到 10 的偶数序列
2    even_numbers = range(0, 11, 2)
3    # 将结果转换为列表并输出
4    print(list(even_numbers))
```

运行结果如下：

```
[0, 2, 4, 6, 8, 10]
```

在上述代码中，range(0,11,2) 生成一个从 0 到 10 的偶数序列，并返回一个 range 对象。通过将 range 对象转换为列表，可以输出生成的偶数序列。

(4) 生成递减序列。使用 range( ) 函数生成一个指定范围内的递减整数序列。示例代码如下：

```
1    # 使用 range( ) 生成从 10 到 1 的递减整数序列
2    decreasing_numbers = range(10, 0, –1)
3    # 将结果转换为列表并输出
4    print(list(decreasing_numbers))
```

运行结果如下：

```
[10, 9, 8, 7, 6, 5, 4, 3, 2, 1]
```

在上述代码中，range(10, 0, –1) 生成一个从 10 到 1 的递减整数序列，并返回一个 range 对象。通过将 range 对象转换为列表，可以输出生成的递减整数序列。

2.5.4　zip( ) 函数

zip( ) 函数是用于将多个可迭代对象打包为一个迭代器的内置函数。通过将对应位置的元素组合成元组，zip( ) 函数能够高效地处理并行数据操作。该函数返回惰性生成的 zip 对象，可通过循环迭代或显式转换为列表、元组等容器进行操作。zip( ) 函数在数据配对、结构转换和序列化处理等场景中具有广泛的应用。

1. 函数定义与参数

zip( ) 函数的基本语法如下：

```
zip(*iterables)
```

(1) 参数说明：iterables 为一个或多个可迭代对象（如列表、元组、字符串等）。

(2) 返回值说明：返回 zip 对象（元组的迭代器），每个元组包含来自各可迭代对象的对应元素。

2. 基本用法

(1) 将两个或多个列表打包成元组。zip( ) 函数可将两个列表中的元素配对，并打包成元组。示例代码如下：

```
1    # 定义两个列表
```

```
2    names = ["Alice", "Bob", "Charlie"]
3    ages = [25, 30, 35]
4    # 使用 zip() 函数将两个列表打包成元组
5    combined = zip(names, ages)
6    # 将结果转换为列表并输出
7    print(list(combined))
```

运行结果如下：

```
[('Alice', 25), ('Bob', 30), ('Charlie', 35)]
```

zip( ) 函数还可将多个列表中的元素配对，并打包成元组。示例代码如下：

```
1    # 定义三个列表
2    names = ["Alice", "Bob", "Charlie"]
3    ages = [25, 30, 35]
4    cities = ["New York", "Los Angeles", "Chicago"]
5    # 使用 zip() 函数将三个列表打包成元组
6    combined = zip(names, ages, cities)
7    # 将结果转换为列表并输出
8    print(list(combined))
```

运行结果如下：

```
[('Alice', 25, 'New York'), ('Bob', 30, 'Los Angeles'), ('Charlie', 35, 'Chicago')]
```

上述第一段代码中，zip( ) 函数将列表 names 和 ages 中的元素配对，并打包成元组，返回一个包含这些元组的迭代器，并将迭代器转换为列表。上述第二段代码中，zip( ) 函数将列表 names、ages 和 cities 中的元素配对，并打包成元组，返回一个包含这些元组的迭代器。通过将迭代器转换为列表，最后输出元素为多个元组的列表。

(2) 处理长度不等的可迭代对象。zip( ) 函数在处理长度不等的可迭代对象时，以最短的可迭代对象为准。示例代码如下：

```
1    # 定义两个长度不等的列表
2    names = ["Alice", "Bob"]
3    ages = [25, 30, 35]
4    # 使用 zip() 函数将两个列表打包成元组
5    combined = zip(names, ages)
6    # 将结果转换为列表并输出
7    print(list(combined))
```

运行结果如下：

```
[('Alice', 25), ('Bob', 30)]
```

在上述代码中，zip( ) 函数将长度不等的列表 names 和 ages 中的元素配对，并打包成元组，以最短的可迭代对象为准，返回一个包含这些元组的迭代器。通过将迭代器转换为列表，最后输出列表结果。

3. zip( ) 函数的应用

zip( ) 函数通常被广泛应用在数据处理、组合和迭代操作中。以下是一些常见的应用示例。

(1) 并行迭代。使用 zip( ) 函数实现多个可迭代对象的并行迭代。示例代码如下：

```
1    # 定义两个列表
2    names = ["Alice", "Bob", "Charlie"]
3    ages = [25, 30, 35]
4    # 使用 zip() 函数实现并行迭代
5    for name, age in zip(names, ages):
6        print(f"{name} is {age} years old")
```

运行结果如下：

```
Alice is 25 years old
```

```
Bob is 30 years old
Charlie is 35 years old
```

在上述代码中，zip() 函数将列表 names 和 ages 中的元素配对，并打包成元组，通过 for 循环实现并行迭代，并输出每个人的名字和年龄。

(2) 创建字典。使用 zip() 函数将两个列表打包成键值对，创建字典。示例代码如下：

```
1   #定义两个列表
2   keys = ["name", "age", "city"]
3   values = ["Alice", 25, "New York"]
4   #使用 zip() 函数将两个列表打包成键值对，创建字典
5   dictionary = dict(zip(keys, values))
6   #输出创建的字典
7   print(dictionary)
```

运行结果如下：

```
{'name': 'Alice', 'age': 25, 'city': 'New York'}
```

在上述代码中，zip() 函数将列表 keys 和 values 中的元素配对，并打包成键值对，通过 dict() 函数创建字典，并输出创建的字典。

(3) 解压缩序列。使用 zip() 函数结合解包操作，实现序列的解压缩。示例代码如下：

```
1   #定义一个包含元组的列表
2   combined = [("Alice", 25), ("Bob", 30), ("Charlie", 35)]
3   #使用 zip() 函数结合解包操作，实现序列的解压缩
4   names, ages = zip(*combined)
5   #输出解压缩后的结果
6   print(names)
7   print(ages)
```

运行结果如下：

```
('Alice', 'Bob', 'Charlie')
(25, 30, 35)
```

在上述代码中，zip(*combined) 结合解包操作，将包含元组的列表 combined 解压缩为两个独立的元组，并输出解压缩后的结果。

(4) zip() 函数与列表推导式的结合。zip() 函数可以与列表推导式结合使用，实现更高效的数据处理和转换。示例代码如下：

```
1   #定义两个列表
2   names = ["Alice", "Bob", "Charlie"]
3   ages = [25, 30, 35]
4   #使用 zip() 函数与列表推导式结合，生成描述字符串列表
5   descriptions = [f"{name}is{age}years old"for name, age in zip(names, ages)]
6   #输出生成的描述字符串列表
7   print(descriptions)
```

运行结果如下：

```
['Alice is 25 years old', 'Bob is 30 years old', 'Charlie is 35 years old']
```

在上述代码中，zip() 函数将列表 names 和 ages 中的元素配对，并打包成元组，通过列表推导式生成描述字符串列表，并输出生成的结果。

通过上述 zip() 函数工作机制及其应用场景的展示，读者可以看到 zip() 函数为 Python 提供了一种简洁优雅的方式来实现多个序列的并行处理和组合操作。无论是简单的打包、解压，还是复杂的数据结构转换与矩阵运算，zip() 函数都表现出强大的功能和良好的可读性。

2.6 模块与包

模块与包是 Python 提供的代码组织和管理机制，旨在提升代码的可维护性、可复用性以及逻辑结构的清晰性。在实际开发中，模块与包是实现大型项目分层开发的重要基础，也是 Python 提供丰富标准库和第三方库的关键机制。通过模块和包的使用，开发者可以将代码划分为独立的部分，避免重复代码、提高协作效率，并实现功能的轻松复用和分享。

2.6.1 模块

模块是包含 Python 代码的文件，以 .py 为扩展名。模块可以定义函数、类和变量，也可以包含可执行代码。通过导入模块，可以在一个程序中重用模块中的代码。

1. 创建模块

创建一个包含 Python 代码的文件即创建模块。示例代码 (my_module.py) 如下：

```
1   #定义一个函数
2   def greet(name):
3       return f"Hello, {name}!"
4   #定义一个变量
5   PI = 3.14159
6   #可执行代码
7   if __name__ == "__main__":
8       print(greet("World"))
9       print(f"The value of PI is{PI}")
```

上述代码创建了一个名为 my_module.py 的模块，定义了一个函数 greet 和一个变量 PI，并包含了一段可执行代码。

2. 导入模块

使用 import 语句导入模块，并访问模块中的函数和变量。示例代码如下：

```
1   # 导入自定义模块
2   import my_module
3   #使用模块中的函数和变量
4   message = my_module.greet("Alice")
5   pi_value = my_module.PI
6   # 输出结果
7   print(message)
8   print(f"The value of PI is{pi_value}")
```

运行结果如下：

```
Hello, Alice!
The value of PI is 3.14159
```

上述代码使用 import 语句导入自定义模块 my_module，并访问模块中的函数 greet 和变量 PI，输出结果。

3. 从模块中导入特定成员

使用 from...import... 语句从模块中导入特定的函数或变量。示例代码如下：

```
1   #从模块中导入特定函数和变量
2   from my_module import greet, PI
```

```
3        #使用导入的函数和变量
4        message = greet("Bob")
5        pi_value = PI
6        #输出结果
7        print(message)
8        print(f"The value of PI is{pi_value}")
```

运行结果如下:

```
Hello, Bob!
The value of PI is 3.14159
```

上述代码使用 from...import... 语句从模块 my_module 中导入特定的函数 greet 和变量 PI,并使用导入的函数和变量,输出结果。

2.6.2 包

包是包含多个模块的目录,通常包含 __init__.py 文件,用于标识该目录为包。包可嵌套子包和模块,通过层次结构组织代码。

1. 创建包

创建包含多个模块的目录,并包含 __init__.py 文件。

目录结构如下:

```
my_package/
│
├────── __init__.py          # 包的初始化文件
├────── module1.py           # 模块 1
└────── module2.py           # 模块 2
```

示例代码 (module1.py) 如下:

```
1        #定义一个函数
2        def func1():
3            return"Function 1 from module 1"
```

示例代码 (module2.py) 如下:

```
1        #定义一个函数
2        def func2():
3            return"Function 2 from module 2"
```

示例代码 (__init__.py) 如下:

```
1        #导入包中的模块
2        from.module1 import func1
3        from.module2 import func2
```

上述代码创建了一个名为 my_package 的包,包中包含 module1.py 和 module2.py 两个模块,以及一个 __init__.py 文件,用于导入包中的模块。

2. 导入包

使用 import 语句导入包,并通过包名访问包中的模块和函数。示例代码如下:

```
1        #导入自定义包
2        import my_package
3        #使用包中的函数
4        result1 = my_package.func1()
5        result2 = my_package.func2()
6        #输出结果
7        print(result1)
```

```
8    print(result2)
```

运行结果如下：

```
Function 1 from module 1
Function 2 from module 2
```

上述代码使用 import 语句导入自定义包 my_package，并访问包中的函数 func1 和 func2，输出结果。

3. 从包中导入特定模块和函数

使用 from-import 语句从包中导入特定的模块和函数。示例代码如下：

```
1    # 从包中导入特定模块和函数
2    from my_package.module1 import func1
3    from my_package.module2 import func2
4    # 使用导入的函数
5    result1 = func1()
6    result2 = func2()
7    # 输出结果
8    print(result1)
9    print(result2)
```

运行结果如下：

```
Function 1 from module 1
Function 2 from module 2
```

上述代码使用 from-import 语句从包 my_package 中导入特定的模块和函数，并使用导入的函数，输出结果。

2.7　标准模块 sys 和 os 的使用

Python 的标准库提供了大量内置模块，用于简化程序开发中的常见任务。sys 和 os 是 Python 标准库中两个功能强大的模块，分别用于与 Python 解释器和操作系统交互。通过 sys 模块，开发者可以访问和控制与 Python 运行环境相关的信息，如命令行参数、路径配置等；通过 os 模块，开发者可以对操作系统级别的文件和目录进行管理，如文件的创建、删除以及环境变量的访问等。掌握 sys 和 os 模块的使用方法，可以更高效地管理程序的执行环境和文件系统操作。

2.7.1　sys 模块

sys 模块提供了一系列与 Python 解释器进行交互的函数和变量。表 2.13 中列出了 sys 模块的常用函数。

表 2.13　sys 模块的常用函数

函数 / 变量	描述	示例代码	结果 / 解释
sys.argv	命令行参数列表	print(sys.argv)	输出命令行参数列表
sys.exit([arg])	退出程序，并选择性地返回一个状态码	sys.exit(0)	退出程序，返回状态码 0
sys.version	获取 Python 解释器的版本信息	print(sys.version)	输出 Python 版本信息

（续表）

函数 / 变量	描述	示例代码	结果 / 解释
sys.path	模块搜索路径列表	print(sys.path)	输出当前模块搜索路径
sys.platform	获取运行 Python 的操作系统平台信息	print(sys.platform)	输出操作系统平台信息
sys.stdin	输入流对象	data = sys.stdin.read( )	从标准输入读取数据
sys.stdout	输出流对象	sys.stdout.write("Hello，World!\n")	向标准输出写入数据
sys.stderr	错误流对象	sys.stderr.write("An error occurred!\n")	向标准错误输出写入数据
sys.modules	已加载的模块字典	print(sys.modules)	输出已加载的模块列表
sys.maxsize	Python 整数的最大值	print(sys.maxsize)	输出 Python 整数的最大值
sys.getsizeof(object)	返回对象的内存大小（以字节为单位）	print(sys.getsizeof(42))	输出对象的内存大小
sys.getrecursionlimit( )	获取当前的递归限制	print(sys.getrecursionlimit( ))	输出当前的递归限制
sys.setrecursionlimit(limit)	设置新的递归限制	sys.setrecursionlimit(2000)	设置新的递归限制为 2000
sys.exc_info( )	获取当前处理的异常信息	try:...except：print(sys.exc_info( ))	输出当前处理的异常信息

以下将展示如何使用上述 sys 模块的常用函数。

1. 访问命令行参数

在程序开发中，有时需要在启动 Python 脚本时从外部环境（通常是命令行）向脚本传递一些初始信息或配置指令。这些从命令行传入的信息或配置指令被称为命令行参数 (command-line arguments)。Python 的内置 sys 模块提供了一个名为 argv 的属性，它是一个列表，专门用于捕获和存储这些命令行参数。

sys.argv 的主要特点如下：

(1) 它是一个包含字符串 (string) 元素的列表 (list)。

(2) 列表的第一个元素 (sys.argv[0]) 始终是正在执行的脚本文件的名称（可能包含其路径）。

(3) 如果用户在命令行中在脚本名称之后提供了额外的参数（通常用空格分隔），这些参数会按顺序作为字符串存储在 sys.argv 列表的后续位置 (sys.argv[1]，sys.argv[2]，...)。

理解 sys.argv 的关键在于列表中的内容完全由执行脚本时的命令行输入决定。下面的示例代码展示了如何访问并查看 sys.argv 列表的内容：

```
1    # 导入 sys 模块
2    import sys
3    # 直接打印命令行参数列表
4    print("sys.argv 列表内容：", sys.argv)
```

运行结果如下：

```
sys.argv 列表内容：['D: \\chapter2\\show_argv.py']
```

上述代码首先导入了必要的 sys 模块，然后直接使用 print( ) 函数输出了 sys.argv 这个列表的完整内容。这个示例的核心目的在于演示运行方式如何影响 sys.argv 的值。

2. 退出程序

使用 sys.exit( ) 退出程序，并返回状态码。示例代码如下：

```
1    # 导入 sys 模块
2    import sys
3    # 退出程序并返回状态码 0
4    sys.exit(0)
```

在上述代码中，sys.exit(0) 用于退出程序，并返回状态码 0，表示程序正常退出。

3. 获取 Python 版本信息

使用 sys.version 获取 Python 解释器的版本信息，并输出版本信息。示例代码如下：

```
1    # 导入 sys 模块
2    import sys
3    # 输出 Python 版本信息
4    print("Python 版本信息：", sys.version)
```

运行结果如下：

```
Python 版本信息：3.10.11(tags/v3.10.11: 7d4cc5a, Apr   5 2023, 00: 38: 17)[MSC v.192964 bit(AMD64)]
```

在上述代码中，sys.version 用于获取并输出 Python 解释器的版本信息。

4. 修改模块搜索路径

使用 sys.path 修改模块搜索路径，并输出修改后的路径。示例代码如下：

```
1    # 导入 sys 模块
2    import sys
3    # 输出当前模块搜索路径
4    print(" 当前模块搜索路径：", sys.path)
5    # 添加新的模块搜索路径
6    sys.path.append("/path/to/my/modules")
7    # 输出修改后的模块搜索路径
8    print(" 修改后的模块搜索路径：", sys.path)
```

在上述代码中，sys.path 包含 Python 解释器的模块搜索路径，通过修改 sys.path 可以添加新的模块搜索路径。

5. 获取和设置递归限制

使用 sys.getrecursionlimit( ) 获取当前的递归限制，使用 sys.setrecursionlimit(limit) 设置新的递归限制。示例代码如下：

```
1    # 导入 sys 模块
2    import sys
3    # 获取当前的递归限制
4    current_limit = sys.getrecursionlimit( )
5    print(" 当前的递归限制：", current_limit)
6    # 设置新的递归限制
7    sys.setrecursionlimit(2000)
8    print(" 新的递归限制：", sys.getrecursionlimit())
```

运行结果如下：

```
当前的递归限制：1000
新的递归限制：2000
```

在上述代码中，sys.getrecursionlimit( ) 用于获取当前的递归限制，sys.setrecursionlimit(2000) 用于设置新的递归限制，并输出新的递归限制。

2.7.2　os 模块

os 模块提供了一系列与操作系统相关的函数和变量。表 2.14 中列出了 os 模块的常用函数。

表 2.14　os 模块的常用函数

函数 / 变量	描述	示例代码	结果 / 解释
os.getcwd( )	获取当前工作目录	print(os.getcwd( ))	输出当前工作目录
os.chdir(path)	改变当前工作目录	os.chdir("/path/to/new/directory")	改变当前工作目录
os.listdir(path)	列出指定目录中的文件和子目录	print(os.listdir("."))	输出当前目录中的文件和子目录
os.mkdir(path)	创建目录	os.mkdir("new_directory")	创建名为 new_directory 的目录
os.rmdir(path)	删除目录	os.rmdir("new_directory")	删除名为 new_directory 的目录
os.remove(path)	删除文件	os.remove("example.txt")	删除名为 example.txt 的文件
os.rename(src，dst)	将文件或目录重命名	os.rename("old_name.txt"，"new_name.txt")	将文件 old_name.txt 重命名为 new_name.txt
os.path.exists(path)	检查文件或目录是否存在	print(os.path.exists("example.txt"))	输出文件 example.txt 是否存在
os.path.isfile(path)	检查路径是否为文件	print(os.path.isfile("example.txt"))	输出路径 example.txt 是否为文件
os.path.isdir(path)	检查路径是否为目录	print(os.path.isdir("new_directory"))	输出路径 new_directory 是否为目录
os.path.getsize(path)	获取文件大小 (以字节为单位)	print(os.path.getsize("example.txt"))	输出文件 example.txt 的大小
os.path.getmtime(path)	获取文件的最后修改时间	print(os.path.getmtime("example.txt"))	输出文件 example.txt 的最后修改时间
os.environ	获取环境变量	print(os.environ["PATH"])	输出环境变量 PATH 的值
os.getenv(key，default)	获取环境变量的值	print(os.getenv("HOME"，"/default/path"))	输出环境变量 HOME 的值或默认值
os.putenv(key，value)	设置环境变量	os.putenv("MY_ENV_VAR"，"my_value")	设置环境变量 MY_ENV_VAR 的值
os.system(command)	运行系统命令	os.system("ls−l")	运行系统命令 ls−l 并输出结果

以下将展示如何使用上述 os 模块的常用函数。

1. 获取和改变当前工作目录

使用 os.getcwd( ) 获取当前工作目录，使用 os.chdir(path) 改变当前工作目录。示例代码如下：

```
1    # 导入 os 模块
2    import os
3    import pathlib# 导入 pathlib 以更健壮地获取父目录
4    # 获取并打印初始的当前工作目录
5    initial_directory = os.getcwd()
6    print(f" 初始工作目录 : {initial_directory}")
7    #--- 尝试改变工作目录 ---
8    # 为了确保示例的可运行性, 尝试切换到当前目录的父目录
9    # 使用 pathlib 获取父目录路径, 更安全可靠
10   parent_directory = pathlib.Path(initial_directory).parent
11   # 或者, 可以直接使用相对路径 "..", 但这在某些边缘情况下可能行为不一致
12   #parent_directory_relative =".."
13   try:
14       print(f"\n 尝试切换到父目录 : {parent_directory}")
15       os.chdir(parent_directory)# 切换到获取到的父目录
16       # 获取并打印改变后的当前工作目录
17       new_directory = os.getcwd()
18       print(f" 切换后的工作目录 : {new_directory}")
19       #( 可选 ) 切换回原始目录, 以便后续代码不受影响
20       os.chdir(initial_directory)
21       print(f"\n 已切换回初始目录 : {os.getcwd()}")
22   except FileNotFoundError:
23       print(f" 错误 : 无法切换目录, 路径 '{parent_directory}' 可能不存在或无权限访问。")
24   except Exception as e:
25       print(f" 发生其他错误 : {e}")
```

运行结果如下 :

```
初始工作目录 : D: \chapter2
尝试切换到父目录 : D: \
切换后的工作目录 : D: \
已切换回初始目录 : D: \chapter2
```

上述代码首先导入了 os 模块以及用于更可靠路径操作的 pathlib 模块。

第 5 行, 使用 os.getcwd() 获取程序启动时的初始工作目录, 并将其存储在 initial_directory 变量中, 然后打印出来。

接下来, 为了演示 os.chdir(), 代码选择了一个通常存在的目录——当前工作目录的父目录。第 10 行使用 pathlib.Path().parent 来获取这个父目录的路径 (这是比直接使用 ".." 更健壮的方式), 并存储在 parent_directory 中。

第 15 行, 在 try-except 块中调用 os.chdir(parent_directory), 尝试将当前工作目录切换到这个父目录。

如果切换成功 (父目录存在且可访问), 第 17 行会再次调用 os.getcwd() 获取切换后的当前工作目录, 并打印出来。通过对比初始目录和新目录的路径, 可以清晰地看到工作目录发生了改变。

为了不影响后续代码的执行 (如果脚本后面还有其他操作), 第 20 行使用 os.chdir(initial_directory) 将工作目录切换回原来的初始目录。

try-except 块用于捕获可能发生的错误, 例如, 如果脚本恰好在根目录下运行 (没有父目录可切换), 或者由于权限问题无法切换, 程序会打印错误信息而不是直接崩溃。

2. 创建和删除目录

使用 os.mkdir(path) 创建目录, 使用 os.rmdir(path) 删除目录。示例代码如下 :

```
1    # 导入 os 模块
2    import os
3    # 创建新目录
4    os.mkdir("new_directory")
```

```
5    print(" 创建目录后 : ", os.listdir("."))
6    # 删除新目录
7    os.rmdir("new_directory")
8    print(" 删除目录后 : ", os.listdir("."))
```

运行结果如下：

```
创建目录后 : ['new_directory', 'mkdir_rmdir.py']
删除目录后 : ['mkdir_rmdir.py']
```

在上述代码中，os.mkdir("new_directory") 用于创建新目录 new_directory，os.rmdir("new_directory") 用于删除该目录，并输出当前目录中的内容以显示变化。

3. 检查文件和目录的存在性

使用 os.path.exists(path) 检查文件或目录是否存在。示例代码如下：

```
1    # 导入 os 模块
2    import os
3    # 检查文件或目录是否存在
4    file_exists = os.path.exists("example.txt")
5    directory_exists = os.path.exists("new_directory")
6    # 输出检查结果
7    print(" 文件存在 : ", file_exists)
8    print(" 目录存在 : ", directory_exists)
```

运行结果如下：

```
文件存在 : True
目录存在 : False
```

在上述代码中，os.path.exists("example.txt") 用于检查文件 example.txt 是否存在，os.path.exists("new_directory") 用于检查目录 new_directory 是否存在，并输出检查结果。

4. 获取文件大小和修改时间

使用 os.path.getsize(path) 获取文件大小，使用 os.path.getmtime(path) 获取文件的最后修改时间。示例代码如下：

```
1    # 导入 os 模块
2    import os
3    # 获取文件大小
4    file_size = os.path.getsize("example.txt")
5    # 获取文件的最后修改时间
6    file_mtime = os.path.getmtime("example.txt")
7    # 输出文件信息
8    print(" 文件大小 : ", file_size, " 字节 ")
9    print(" 文件最后修改时间 : ", file_mtime)
```

运行结果如下：

```
文件大小 : 39 字节
文件最后修改时间 : 1743676258.6396346
```

在上述代码中，os.path.getsize("example.txt") 用于获取文件 example.txt 的大小，os.path.getmtime ("example.txt") 用于获取文件的最后修改时间，并输出文件信息。需要特别注意的是，os.path.getmtime() 返回的时间格式是一个浮点数，代表的是从 Unix 纪元 (1970 年 1 月 1 日 00：00：00 UTC) 到文件最后修改时刻所经过的总秒数，即 Unix 时间戳。这个原始的时间戳通常需要进一步转换才能以人类可读的日期和时间格式显示。

2.8 习题与实验

一、填空题

1. 在 Python 中，多行注释可以使用三个连续的 _____ 或三个连续的 _____ 来创建。

2. 在书写 Python 代码时，变量名必须由 _____ 或 _____ 开头。

3. print() 函数用于 _____，而 input() 函数用于 _____。

4. 在 Python 中，常量通常使用 _____ 的命名规则来表示。

5. 变量可以存储不同的数据类型，其值 _____（可以更改 / 不可更改）。

6. 使用 type() 函数可以检查变量的 _____。

7. 在 Python 中，整数类型用 _____ 表示，浮点数类型用 _____ 表示。

8. 布尔类型的两个关键字是 _____ 和 _____。

9. 字符串是 _____（可变 / 不可变）的数据类型。

10. 在 Python 中，True 的值为 _____，False 的值为 _____。

11. 比较运算符 != 表示 _____。

12. 逻辑运算符 and 的结果为 True 当且仅当 _____。

13. 成员运算符 in 的作用是检查一个值是否在 _____ 中。

14. 使用 import 语句可以导入 _____（模块 / 包 / 两者都可）。

15. range(1, 5) 生成的整数序列为 _____。

二、选择题

1. 在 Python 中，单行注释的语法是（　　）。
   A. //　　　　　　　　B. #　　　　　　　　C. /*　　　　　　　　D. —

2. 符合 Python 书写规范的说法是（　　）。
   A. 变量名可以以数字开头　　　　　　B. 关键字可以作为变量名使用
   C. 代码块通过缩进表示层次结构　　　D. 变量名区分大小写但不能包含下划线

3. 在 Python 中，（　　）用于输出内容到屏幕。
   A. output()　　　B. write()　　　C. print()　　　D. display()

4. 在 Python 中，命名符合常量的约定的是（　　）。
   A. Max_Value　　　　　　　　　　B. maxValue
   C. MAX_VALUE　　　　　　　　　　D. Maxvalue

5. 在 Python 中，要将用户通过 input() 获取的字符串 "25" 转换为整数 25，应使用（　　）函数。
   A. str(25)　　　B. convert("25")　　　C. int("25")　　　D. to_int("25")

6. 在 Python 中，布尔类型的值为（　　）。
   A. Yes 和 No　　　B. True 和 False　　　C. 0 和 1　　　D. On 和 Off

7. （　　）不是 Python 的算术运算符。

    A. +　　　　　　　　B. −　　　　　　　　C. **　　　　　　　　D. %%

8. 使用 += 运算符时，说法正确的是（　　）。

    A. $a += b$ 等价于 $a = a + b$　　　　　　B. $a += b$ 等价于 $b = a + b$

    C. $a += b$ 将会新建一个变量 a　　　　　D. $a += b$ 不会更改变量 a 的值

9. 运算符的优先级从高到低排列正确的是（　　）。

    A. 算术运算符 > 比较运算符 > 逻辑运算符

    B. 逻辑运算符 > 比较运算符 > 算术运算符

    C. 比较运算符 > 算术运算符 > 逻辑运算符

    D. 运算符的优先级是固定的，不会变化

10. （　　）函数可以动态执行一个字符串形式的表达式。

    A. eval()　　　　　B. exec()　　　　　C. map()　　　　　D. zip()

11. 关于 range() 函数，以下描述正确的是（　　）。

    A. range(1,5) 生成的序列是 [1,2,3,4,5]

    B. range() 可以指定起始值、终止值和步长

    C. range() 返回的是一个列表

    D. range(1,10,2) 的步长是 1

12. 在 Python 中，模块是以（　　）为单位组织的。

    A. 函数　　　　　　B. 类　　　　　　C. 文件　　　　　　D. 变量

13. 下列关于包的描述正确的是（　　）。

    A. 包是一个文件夹，内部可以不包含 __init__.py 文件

    B. 包不可以嵌套包

    C. 包和模块的导入方式略有差异

    D. 包只能由 Python 内置模块组成

14. （　　）代码可以获取命令行参数。

    A. sys.path　　　　B. sys.argv　　　　C. os.environ　　　　D. os.listdir

15. 利用（　　）os 模块内置方法可以创建路径中不存在的中间目录。

    A. os.mkdir()　　　B. os.makedirs()　　　C. os.rmdir()　　　D. os.remove()

三、思考题

1. 在 Python 中，为何推荐使用清晰的注释和一致的代码书写规范？如何通过注释提升代码的可读性？

2. 如果在两个不同的模块中定义了同名变量，Python 如何区分它们？如何通过书写规范避免变量命名冲突？

3. 为什么 Python 强调通过缩进来标识代码块？与使用方括号标识代码块的语言相比，缩进有哪些优劣势？

4. 为什么 Python 中没有严格意义上的常量机制？在实际开发中如何模拟常量的效果？

5. 在动态类型语言中，变量可以随时改变类型。动态类型与静态类型的语言机制相比，有哪些优势和劣势？

6. Python 中的数字类型支持无限精度的整数和有限精度的浮点数。试分析这两种设计的优缺点。

7. Python 的字符串是不可变类型，为什么会有这种设计？不可变性对性能和安全性有何影响？

8. 布尔类型是一种特殊的整数类型，结合实例，分析布尔类型与整数类型的异同及使用场景。

9. 在 Python 中，is 和 == 的区别是什么？如何选择合适的运算符来比较变量？

10. 成员运算符和一致性运算符的使用场景有哪些不同？如何有效利用它们简化代码逻辑？

四、实验题

1. 编写一个 Python 程序，使用单行注释和多行注释分别解释程序的功能。要求程序输出一段欢迎语，并计算两个数的乘积。

2. 编写一个符合 Python 代码书写规范的程序，计算圆的周长和面积。

3. 编写一个 Python 程序，要求用户输入两个数字，分别计算它们的和、差、积、商及幂。结果需要按照一定的格式输出，如"两个数的和是：x"。

4. 编写一个程序，分别定义一个整数、一个浮点数、一个布尔值和一个字符串变量，然后使用 type() 函数打印出每个变量的数据类型。

5. 编写一个 Python 程序，输入一个字符串，输出该字符串的倒序版本，并验证是否是回文字符串。

6. 使用 Python 的布尔逻辑运算符 and、or 和 not，编写程序验证若干逻辑表达式的结果。要求用户输入逻辑表达式的参数。

7. 编写一个 Python 程序，验证 is 和 == 运算符的区别。要求定义两个相同内容但不同引用的列表，分别使用两个运算符进行比较，并输出结果。

8. 使用 Python 的算术运算符，编写代码计算复杂数学表达式的值。要求验证运算符优先级，并添加注释解释计算顺序。

9. 编写一个 Python 程序，使用成员运算符 in 和 not in 验证某个元素是否存在于列表、字符串和元组中，并输出验证结果。

10. 编写一个 Python 程序，验证 Python 中变量作用域的规则。要求程序包含全局变量和局部变量，并尝试在函数内修改全局变量。

第 3 章 程序控制结构

> 祖冲之智探圆周，匠心独运映华夏。
>
> ——致敬古代科学巨匠

回望历史，南北朝时期的祖冲之是杰出的数学家与天文学家，他出生于建康（今南京），祖籍范阳郡遒县（今河北涞水县），毕生钻研数学、天文历法及机械制造，为科学进步作出卓越贡献。他在数学领域的成就尤为突出，精算圆周率至小数点后第七位，即 3.1415926 至 3.1415927 之间，此成就被誉为"祖率"，对数学研究影响深远，直至 16 世纪才被超越。祖冲之的智慧与贡献，永载科学史册。

本章主要介绍结构化程序设计中顺序结构、选择结构和循环结构三类语句。通过本章的学习，读者可以掌握程序控制结构的基本概念和技能，用循环结构编写计算圆周率程序，体会数学之美与编程之美，为后续编写复杂程序、解决实际问题打下坚实基础。

学习目标

(1) 理解程序控制结构的基本概念。

(2) 熟练掌握条件判断语句。

(3) 熟练掌握循环控制语句，并能进行程序设计。

思维导图

3.1 顺序结构

计算思维要求用计算机解决实际问题时，首先对问题进行抽象，忽略非本质的内容，然后将问题转化为计算机语言能描述的解题步骤（算法）。计算机程序是对算法的一种详细描述，并在计算机上运行，实现自动化处理，达到模拟系统及理解人类行为的目的。

程序中语句的执行顺序称为程序结构。为了使程序像搭建积木游戏一样，提出了顺序结构、分支结构和循环结构三种基本结构来组成任意复杂的程序，进而解决实际问题。

顺序结构是程序按照代码的书写顺序依次执行的结构。顺序结构的每一条语句都被执行一次且只能被执行一次。顺序结构流程图如图 3.1 所示，依次执行语句 PA 和语句 PB。代码从上到下逐行执行，如：

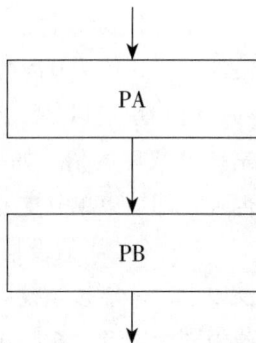

图 3.1 顺序结构流程图

```
1    a = " 国泰民安 "
2    b = " 国强民富 "
3    print(a+"，"+b+"!")
```

运行结果如下：

```
国泰民安，国强民富！
```

【例 3-1】输入球体的半径 $r(r \geqslant 0)$，计算其球体的表面积和体积（保留小数点后两位）。

> **分析**：球体的表面积为 $S = 4\pi r^2$ 和体积 $V = 4/3\pi r^3$。
>
> 在编程实现时，可以选择使用具体的数值来表示 π，如使用 3.1415926，或者使用编程语言提供的数学常量，如 Python 中的 math.pi。这样可以确保计算的准确性。

```
1    import math
2    r = float(input(" 请输入球的半径： "))        # 将输入的数据强制转换成浮点数
3    s_area = 4 * math.pi * r ** 2
4    v = (4 / 3) * math.pi * r ** 3
5    print(" 球的表面积为： %0.2f"%s_area)           # 结果保留两位小数
6    print(" 球的体积为： %0.2f"%v)
```

运行结果如下：

```
请输入球的半径：2.5
球的表面积为：78.54
球的体积为：65.45
```

3.2 分支结构

分支结构根据条件的真假来选择不同的执行路径，即根据关系运算或逻辑运算的条件表达式来判断程序执行的流程。根据分支的数量，分支结构分为单分支结构、双分支结构和多分支结构。

3.2.1　单分支结构

单分支结构用 if 语句实现，其语法格式如下：

```
if 条件：
    语句块
```

条件即为条件表达式，可以是 1、1.5、x、3>2、$x+y$、a and b 等形式。条件表达式值为 0 时代表 False，为非 0 的数字时代表 True。

语句块可以是一条或多条语句。语句块必须相对于 if 语句整体缩进。首先计算条件的值，如果条件的值为真，则执行语句块后结束单分支 if 语句，否则立即结束单分支 if 语句，如图 3.2 所示。

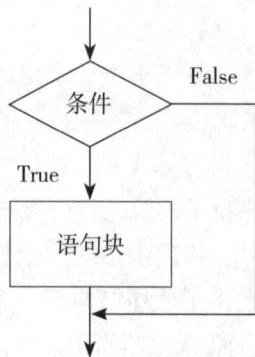

图 3.2　单分支结构流程图

【例 3-2】假设某高校专用设备价格为 800 元及以上，且使用年限在一年及以上，才能按学校固定资产登记。请编程实现：输入设备价格和使用年限，若为固定资产，输出相应信息。

分析： 高校专用设备要成为学校固定资产，必须同时满足两个条件：一是设备价格 (price) 为 800 元及以上，二是使用期限 (year) 为一年及以上。条件可以表示为 price>=800 and year>=1。

程序代码如下：

```
1    price = float(input(" 请输入专业设备价格： "))
2    year = float(input(" 请输入该设备使用年限： "))
3    if price>=800 and year>=1:
4        print(" 固定资产 ")
```

运行结果如下：

```
请输入专业设备价格：1200
请输入该设备使用年限：2.5
固定资产
```

【例 3-3】输入 3 个整数 a、b、c，按从小到大的升序输出。

分析： 先找出最小的数赋给 a，然后把次小的数赋给 b，把最大数赋给 c。

用两次 if 语句找到最小数并赋给 a，再用一次 if 语句找出次最小数赋给 b，最大数赋给 c。图 3.3 给出了 3 个整数升序排序流程图。

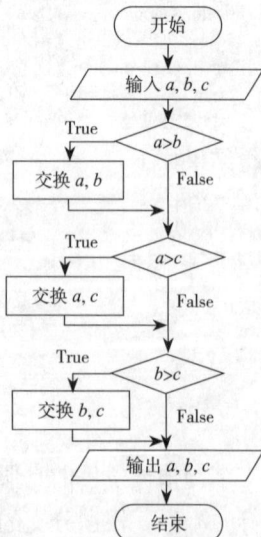

图 3.3　3 个整数升序排序流程图

示例代码如下：

```
1    a = int(input(" 请输入 a: "))
2    b = int(input(" 请输入 b: "))
3    c = int(input(" 请输入 c: "))
4    print(" 排序前： ", a, b, c)
5    if a>b:
6        a, b=b, a
7    if a>c:
8        a, c=c, a
9    if b>c:
10       b, c=c, b
11   print(" 排序后： ", a, b, c)
```

运行结果如下：

```
请输入 a: 21
请输入 b: 11
请输入 c: 2
排序前: 21 11 2
排序后: 2 11 21
```

3.2.2　双分支结构

双分支结构用 if-else 语句实现，其语法格式如下：

```
if 条件:
    语句块 A
else:
    语句块 B
```

语句块相对于 if、else 要整体缩进。首先计算条件的值，如果条件的值为 True，则执行语句块 A，否则执行语句块 B；语句块 A 或语句块 B 执行后，if-else 语句执行结束，继续往下执行程序，图 3.4 所示。

【例 3-4】判断输入的年份是否为闰年。

> **分析：** 判定闰年的条件是输入的年份能被 4 整除且不能被 100 整除，或者能被 400 整除。能否整除可以使用求余 % 运算。逻辑与比逻辑或优先级要高。

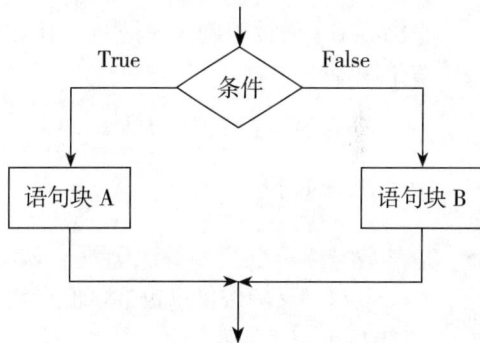

图 3.4　双分支结构流程图

示例代码如下：

```
1    year = int(input(" 请输入年份: "))
2    if year % 4 == 0 and year % 100! = 0 or year % 400 == 0:
3        print(f"{year} 年是闰年 ")
4    else:
5        print(f"{year} 年不是闰年 ")
```

运行结果如下：

```
请输入年份: 2026
2026 年不是闰年
```

【例 3-5】输入三角形三条边长，利用海伦公式 area=sqrt($s \cdot (s-a)(s-b)(s-c)$) 计算三角形的面积。当边长不能构成三角形时，输出 "数据错误" 的信息。其中 s 为半周长 (周长的一半)，即 $s = (a+b+c)/2$。要求：输出结果保留 2 位小数。

> **分析：** 判断三条边是否构成三角形的条件是：任意两条边之和大于第三条边，即 $a+b>c$，$a+c>b$ 和 $b+c>a$。如果满足条件，则根据海伦公式计算面积并输出，否则输出"数据错误"。

程序代码如下：

```
1    a=float(input(" 请输入三角形的边长 a："))
2    b=float(input(" 请输入三角形的边长 b："))
3    c=float(input(" 请输入三角形的边长 c："))
4    if a+b>c and a+c>b and b+c>a:
5        s=(a+b+c)/2
6        area=(s*(s-a)*(s-b)*(s-c))**0.5
7        print(" 三角形的面积为：%0.2f"%area)
8    else:
9        print(" 数据错误 ")
```

运行结果如下：

```
请输入三角形的边长 a：3
请输入三角形的边长 b：4
请输入三角形的边长 c：5
三角形的面积为：6.00
```

如果语句块只有一条语句，可以将语句与 if-else 写在同一行。这种单行形式的 if 语句称为条件表达式，其语法格式如下：

```
<语句 1>  if  <条件>  else  <语句 2>
```

其中，语句 1 和语句 2 可以是任何有效的语句，作为条件表达式的值。如果条件的值为 True，执行语句 1；如果为 Fales，执行语句 2。

【例 3-6】假设正确成绩是 96，用户输入所猜成绩，判断并输出用户是否猜对了。

示例代码如下：

```
1    score_guess = eval(input())
2    print(" 猜对了 ") if score_guess == 96 else print(" 猜错了 ")
```

运行结果如下：

```
77
猜错了
```

if-else 双分支结构可以包含赋值语句，而单行形式的 if 语句则不能。

不能写成：

```
a = eval(input())
a = 1 if a>=0 else a = -1
```

但可以写成：

```
a = eval(input())
a = 1 if a>=0 else -1
print(a)
```

3.2.3 多分支结构

多分支结构用 if-elif-else 语句实现，其语法格式如下：

```
if 条件 1：
    语句块 1
elif 条件 2：
    语句块 2
......
```

```
elif 条件 n:
    语句块 n
[else:
    语句块 n+1]
```

每个语句块的缩进必须一致。else 语句块是可选项。

其执行过程如下：依次检查每个条件，一旦某个条件为 True，对应的语句块就会执行，并且后续的条件不会再被检查，if-elif-else 语句执行结束。如果所有条件都为 False，则执行 else 语句块 (如果有 else 语句块)。多分支结构流程图如图 3.5 所示。

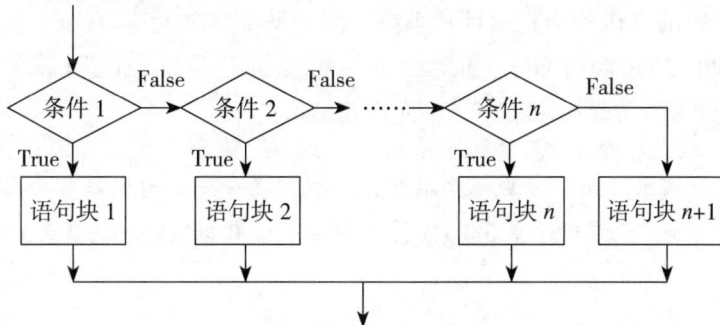

图 3.5　多分支结构流程图

【例 3-7】按照成绩、等级和绩点对照表 (表 3.1)，编写程序实现：输入某门课的成绩，输出相应的等级和对应的绩点。

表 3.1　成绩、等级和绩点对照表

成绩 (分)	等级	绩点	成绩 (分)	等级	绩点
90~100	A	4.0	72~74	C$^+$	2.3
85~89	A$^-$	3.7	68~71	C	2.0
82~84	B$^+$	3.3	64~67	C$^-$	1.5
78~81	B	3.0	60~63	D	4.0
75~77	B$^-$	2.7	60 以下	E	0

> **分析**：将成绩按表 3.1 分成 10 个分数段，利用多分支语句根据各分数段的成绩输出不同绩点和等级。

示例代码如下：

```
1    score = eval(input(' 请输入成绩 (0~100 范围内的整数 )：'))
2    if 90 <= score <= 100:
3        a = 4.0; grade = 'A'                    #一行可以写多条语句，用分号 (;) 隔开
4    elif score >= 85:                           #注意 elif 后也要写上 ":"
5        a = 3.7; grade = 'A⁻'
6    elif score >= 82:
7        a = 3.3; grade = 'B⁺'
8    elif score >= 78:
9        a = 3.0; grade = 'B'
10   elif score >= 75:
11       a = 2.7; grade = 'B⁻'
12   elif score >= 72:
13       a = 2.3; grade = 'C⁺'
14   elif score >= 68:
15       a = 2.0; grade = 'C'
```

```
16      elif score >= 64:
17          a = 1.5; grade = 'C⁻'
18      elif score >= 60:
19          a = 1.3; grade = 'D'
20      else:
21          a = 0; grade = 'E'
22      print(' 等级: ', grade,' 绩点: ', a)
```

运行结果如下：

请输入成绩 (0~100 范围内的整数): 66
等级: C⁻ 绩点: 1.5

【例 3-8】设计简单的飞机行李托运计费系统。假设飞机上个人托运行李的条件是：行李重量在 20kg 以下免费托运，20~30kg 超出部分 5 元 /kg；30~40kg(不包含 30kg) 超出部分 10 元 /kg；40~50kg (不包含 40kg) 超出部分 15 元 /kg；50kg 以上不允许登机。

分析：将行李重量按上述条件分成五个数据段，利用多分支语句根据各分段行李重量输出相应要缴纳的托运费用。例如，假设行李重 33kg，属于 30~40kg 数据段，托运费为 (33-29)×10=40 元。

示例代码如下：

```
1      weight = int(input(" 请输入行李重量: "))
2      if (weight < 20):
3           print(" 免费托运 ")
4      elif (weight < 30):
5           money = (weight-19)*5
6           print(f" 你本次需要付费 {money} 元 ")
7      elif (weight < 40):
8           money=(weight-29)*10
9           print(f" 你本次需要付费 {money} 元 ")
10     elif (weight<=50):
11          money=(weight-39)*15
12          print(f" 你本次需要付费 {money} 元 ")
13     elif (weight>50):
14          print(" 超过 50kg 的行李不允许登机 !")
```

运行结果：

请输入行李重量: 33
你本次需要付费 40 元

【例 3-9】编写程序计算身体质量指数 (body mass index，BMI)，输出不同的胖瘦程度。[BMI= 体重 / 身高 ^{2}(单位：kg/m^2)]

BMI 用来衡量人体胖瘦程度，中国成年人 BMI 如表 3.2 所示。

表 3.2　中国成年人 BMI

BMI 标准	小于 18.5	18.5~22.9	23~24.9	25~29.9	30 以上
肥胖度	偏瘦	正常	偏胖	肥胖	重度肥胖

分析：将 BMI 按表 3.2 分成五个分段，利用多分支语句根据各分段的 BMI 输出不同的胖瘦程度。

示例代码如下：

```
1      height，weight = eval(input(" 请输入身高 (m) 和体重 (kg)[ 逗号隔开 ]: "))
2      bmi = weight/height**2
```

```
3        print("BMI 数值为：{: .2f}".format(bmi))
4        res=""
5        if bmi < 18.5:
6            res = " 偏瘦 "
7        elif bmi < 22.9:
8            res = " 正常 "
9        elif bmi < 24.9:
10            res = " 偏胖 "
11        elif bmi< 29.9:
12            res = " 肥胖 "
13        else:
14            res = " 重度肥胖 "
15        print("BMI 指标为：{0}".format(res))
```

运行结果如下：

```
请输入身高 (m) 和体重 (kg)[ 逗号隔开 ]：1.7，83
BMI 数值为：28.72
BMI 指标为：肥胖
```

3.2.4 分支嵌套

分支嵌套是指在 if 或 else 分支语句中再次使用 if 语句或 if-else 语句或 if-elif-else 语句。嵌套的语法格式有多种，以下给出两种供读者参考。

格式 1：

```
if 条件 1：
    语句块 1
    if 条件 2：
    语句块 2
else：
    语句块 3
```

格式 2：

```
if 条件 1：
    语句块 1
    if 条件 2：
    语句块 2
else：
    语句块 3
```

> **注意**：if 语句嵌套时，要注意与 else 语句匹配问题，else 与和它在同一列上对齐的 if 语句相匹配。

例如，对以下分段函数

$$y = \begin{cases} 1 & (x>0) \\ 0 & (x=0) \\ -1 & (x<0) \end{cases}$$

可以用 if 语句的嵌套来实现。

方法 1：

```
if x >= 0:
    if x > 0:
        y = 1
    else:
        y = 0
else:
    y = -1
```

方法 2：

```
if x > 0:
    y = 1
else:
    if x < 0:
        y = -1
    else:
        y = 0
```

方法 3：

```
if x > 0:
    y = 1
elif x < 0:
    y = -1
else:
    y = 0
```

方法 1 是在外层 if 语句中嵌入了一个内层 if-else 语句。方法 2 是在外层 else 语句中嵌入了一个内层 if-else 语句。方法 3 是多分支结构。

【例3-10】使用分支嵌套来判断学生的成绩等级。示例代码如下：

```
1      score=eval(input(' 请输入成绩：'))
2      if score >= 90：
3          print(" 优秀 ")
4      else：
5          if score >= 80：
6              print(" 良好 ")
7          else：
8              if score >= 70：
9                  print(" 中等 ")
10             else：
11                 if score >= 60：
12                     print(" 及格 ")
13                 else：
14                     print(" 不及格 ")
```

运行结果如下：

```
请输入成绩：87
良好
```

虽然分支嵌套可以处理复杂的逻辑，但过多的嵌套会使代码难以阅读和维护，应尽量避免过多的嵌套。可以考虑使用 elif 语句来简化代码结构，例 3-10 程序可修改如下：

```
1      score = eval(input(' 请输入成绩：'))
2      if score >= 90：
3          print(" 优秀 ")
4      elif score >= 80：
5          print(" 良好 ")
6      elif score >= 70：
7          print(" 中等 ")
8      elif score >= 60：
9          print(" 及格 ")
10     else：
11         print(" 不及格 ")
```

3.2.5 match-case 多分支语句

传统的 if-elif-else 语句在处理多种模式匹配时往往需要大量的嵌套和重复的条件判断，使得代码难以阅读和维护。Python 3.10+ 版本引入的 match-case 语句能够更加直观和简洁地处理多种模式匹配，提高代码的可读性和可维护性。

match-case 语句的语法格式如下：

```
match < 表达式 >：
    case < 值 1>：
        < 语句块 1>
    case < 值 2>|< 值 3>|< 值 4>：
        < 语句块 2>
    case _：
        < 语句块 3>
```

> **注意**：case 后必须跟"值"，不能是表达式。对多个值执行同一个语句块时，可用"|"将这些值合并为一个，视为"或"关系。"case"_ 必须放在整个 match 语句的最后，下划线"_"代表匿名变量，可以匹配任何值。

其执行过程是：计算表达式的值，依次与 case 后的值进行匹配，匹配成功就执行对应的语句块，

match 语句执行结束；如果所有 case 后的值都不匹配，就执行最后的 case_ 对应的语句块，match 语句结束。

【例 3-11】编写程序，求某年的某个月有多少天。

分析： 利用 match-case 多分支语句，分成三个分支：第一个分支针对 2 月是否是 29 天进行判断，第二个分支是含 30 天且月份较少的 4 月、6 月、9 月、11 月；第三个分支是含 31 天的月份，用 case_ 分支来进行判断。

示例代码如下：

```
1    year = eval(input(" 请输入年份： "))
2    month = eval(input(" 请输入月份 (1—12)： "))
3    match month:
4        case 2:
5            if(year%4 == 0 and year%100!= 0)or(year%400 == 0):
6                days = 29
7            else:
8                days = 28
9        case 4 | 6 | 9 | 11:
10            days = 30
11        case_:
12            days = 31
13    print(f"This month has{days}days.")
```

运行结果如下：

```
请输入年份： 2024
请输入月份 (1—12)： 2
This month has 29 days.
```

如果 case 中有变量，匹配时不关心变量的取值，只匹配常量的值。

【例 3-12】编写程序，求二维平面上某坐标点到原点的距离。

分析： 二维坐标可以用 match x，y 语句进行匹配，匹配上常量的值就算匹配成功。abs( ) 函数可以求点到原点的距离。

示例代码如下：

```
1    x, y = eval(input(" 请输入坐标 x, y: "))
2    match x, y:
3        case 0, 0:
4            print(f"{x, y} 是原点 ")
5        case 0, y:
6            print(f"{x, y} 在 y 轴上，距原点 {abs(y)}")
7        case x, 0:
8            print(f"{x, y} 在 x 轴上，距离原点 {abs(x)}")
9        case x, y:
10            print(f"{x, y} 距离原点 {abs(x+y*1j): .2f}")
```

运行结果如下：

```
请输入坐标 x, y: 1, 2
(1,2) 距离原点 2.24
```

使用 match-case 语句可以避免漏写条件或者默认情况，从而提高代码的健壮性和容错性。对于后面讲到的序列、字典还可以进行"模式匹配"。

3.3 循环结构

现实世界存在许许多多循环，如太阳东升西落、春夏秋冬四季变化等。在 Python 程序设计中，根据需要对一组语句块进行给定次数或设定条件的重复，就形成了循环结构。计算机最早用于科学计算，这种计算需要不断重复，这种单调冗长的重复性任务一般用循环来完成。

3.3.1 循环算法

循环是一种重要的编程结构，它的基本思想是反复执行某个或某些代码块直到满足特定条件为止。循环是编程中不可或缺的一部分，它允许编写出能够自动执行重复任务的代码。合理地使用循环，可以大大减少手动重复劳动，提高编程效率。同时，循环是理解复杂算法和数据结构的基础，因此掌握循环的使用是成为合格程序员的第一步。

循环结构是在给定的判断条件为 True（包括非零、非空）时，重复执行某些操作；判断条件为 False（包括零、空）时，结束循环，如图 3.6 所示。

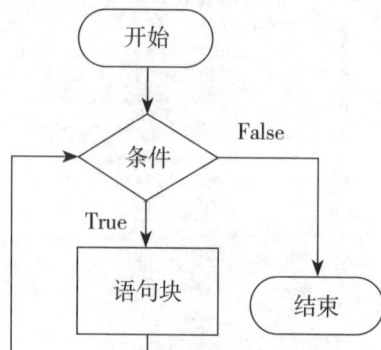

图 3.6 循环结构流程图

有两种常用的循环算法：一种是迭代法，另一种是穷举法。

1. 迭代法

迭代法也称辗转法，是一种不断用变量的旧值递推新值的过程，如：

$$s \quad = \quad s \quad + \quad i$$

$$\text{新值} \qquad \text{旧值}$$

当一个问题的求解过程能够由一个初值使用一个迭代表达式进行反复的迭代时，便可以用效率极高的重复程序描述，所以迭代也是用循环结构实现的，只不过要重复的操作是不断从一个变量的旧值出发计算它的新值。四则运算问题大多用迭代方法来解决。

利用迭代法解决问题，需要满足三要素：

(1) 迭代变量及初值：确定迭代变量。可以用迭代算法解决的问题中，至少存在一个直接或间接的不断由旧值递推出新值的变量，这个变量就是迭代变量。

(2) 迭代公式：从变量的旧值推出其下一个新值的公式。迭代公式是解决迭代问题的关键。

(3) 迭代终止条件：在什么时候结束迭代过程？这是编写迭代程序必须考虑的问题。不能让迭代过程无休止地重复执行下去。迭代过程的控制通常可分为两种情况：一种是所需的迭代次数是个确定的值，可以计算出来；另一种是所需的迭代次数无法确定。对于前一种情况，可以构建一个固定次数的循环来实现对迭代过程的控制；对于后一种情况，需要进一步分析出用来结束迭代过程的条件。

2. 穷举法

穷举法是编程中常用到的一种方法，它对问题的所有可能状态——测试，直到找到解或全部可能状态都测试过为止。穷举是一种重复型算法，重复操作的核心是一次条件语句测试。穷举问题的经典结构就是循环内嵌套一个 if 条件语句。如果用穷举法时耗时过长，则不可取。

求素数、水仙花数、搬砖、排序等问题，通常用穷举法来解决。

3.3.2　while 循环结构

Python 语言中包含两种循环语句，分别是 for 语句和 while 语句。for 语句一般用于实现遍历循环，遍历循环通常用于可迭代对象，循环过程中，遍历循环会遍历可迭代对象中的每个元素，且循环次数确定；while 语句一般用于实现条件循环，且循环次数不确定。

while 循环的语法格式与单分支结构中的 if 语句类似，都需要检查是否满足条件。只不过 if 语句只判断一次，满足判断条件时就执行下面的代码块。而 while 语句在满足循环条件并执行下面的代码块后，会再次返回条件判断语句所在的位置进行条件判断，满足条件则再次执行下面的代码块，如此循环往复，直到不满足条件时才结束循环。

while 语句的语法格式如下：

```
while 条件表达式:
    循环体
```

条件表达式两边不用圆括号，冒号是 while 语句的组成部分。

循环体由一条或多条语句构成，必须是相同的缩进。

如果循环体中只有一条语句，该语句可以与 while 语句写在同一行。

while 语句的执行过程如下。

(1) 计算 while 关键词后面的条件表达式值。如果其值为 True (包括非零、非空)，则转至步骤 (2)，否则转至步骤 (3)。

(2) 执行完循环体，返回步骤 (1)。

(3) 循环结束。循环控制变量是指在循环结构中用来控制循环条件和循环次数的变量。循环体中要有语句改变循环控制变量的值，使得条件表达式因为该循环控制变量值的改变而可能出现结果为 False (包括零、空)，从而能够终止循环，否则会造成死循环。循环控制变量不仅控制循环，还可用于迭代表达式，或作为序列的索引来使用等。

【例 3-13】利用循环计算 $s = \sum_{i=1}^{10} i$。

分析：四则运算问题大多属于迭代问题，给出迭代的三要素即可。i 是循环控制变量，既控制循环次数又用于迭代公式。s 存放累加和，每循环一次累加一个整数值。

示例代码如下：

```
1    s = 0                        # 赋初值
2    i = 1                        # 赋初值
3    while i <= 10:
4        s = s + i                # 迭代公式
5        i = i + 1                # 循环控制变量
6    print("s=", s)
```

运行结果如下：

```
s = 55
```

【例 3-14】某高校 2024 年获三项国家级教学项目立项，费用如表 3.3 所示，请计算项目运行各阶段可报销的费用。各阶段经费报销比例分配如表 3.4 所示。

表 3.3　2024 年某高校国家级教学项目立项费用（万元）

教学立项项目	项目 1	项目 2	项目 3
经费	30	20	50

表 3.4　2024 年某高校国家级教学项目各阶段报销费用比例 (%)

教学项目运行阶段	立项后	中期检查合格	验收或结项
经费	30	40	30

> **分析**：分别用 cost、ratio 两个列表来存储项目经费和报销比例，循环控制变量 i 既控制循环次数，又作为选取经费 cost[i] 的索引。

示例代码如下：

```
1    cost = [30, 20, 50]                              # 项目经费列表
2    ratio = [0.3, 0.4, 0.3]                          # 报销比例列表
3    i = 0
4    while i < 3:
5        print(' 项目 ', i+1, ': 总费用 : ', cost[i], ' 万元 ')
6        print(' 立项后可报销费用 : ', cost[i]*ratio[0], ' 万元 ')
7        print(' 中期合格可报销费用 : ', cost[i]*ratio[1], ' 万元 ')
8        print(' 验收结项可报销费用 : ', cost[i]*ratio[2], ' 万元 ')
9        i = i + 1                                     # 循环控制变量项目
```

运行结果如下：

```
项目 1: 总费用 : 30.0 万元
 立项后可报销费用 : 9.0 万元
 中期合格可报销费用 : 12.0 万元
 验收结项可报销费用 : 9.0 万元
项目 2: 总费用 : 20.0 万元
 立项后可报销费用 : 6.0 万元
 中期合格可报销费用 : 8.0 万元
 验收结项可报销费用 : 6.0 万元
项目 3: 总费用 : 50.0 万元
 立项后可报销费用 : 15.0 万元
 中期合格可报销费用 : 20.0 万元
 验收结项可报销费用 : 15.0 万元
```

【例 3-15】利用下面的公式计算圆周率的近似值，要求累加到最后一项小于 10^{-6} 为止。

$$\frac{\pi}{4} \approx 1 - \frac{1}{3} + \frac{1}{5} - \frac{1}{7} + \cdots$$

> **分析**：此问题中每一项与循环控制变量 i 的关系为 $\pm 1/i$，i 的初值为 1，i 的步长为 2，$i=i+2$；± 号问题可以用一个变量 t 来解决（技巧），初值 $t=1$，每迭代一次修改一次 t，即 $t=-t$，则迭代求和表达式为 $s=s+t/i$。

示例代码如下：

```
1    import math
2    s = 0                              # 迭代初值
3    i = 1                              # 循环控制变量
4    t = 1                              # 正负号标记
5    while math.fabs(t/i)>1e-6:         #fabs() 浮点型或整型取绝对值
6        s = s + t/i
7        i = i + 2
8        t = -t
9    print("pi=", 4*s)
10   print("pi=", math.pi)              #math.pi 是圆周率 π 的值
```

运行结果如下：

```
pi= 3.141590653589692
pi= 3.141592653589793
```

【例 3-16】利用下面的公式计算圆周率的近似值，要求累加到最后一项小于 10^{-16} 为止。

$$\pi = 2 \times (1 + \frac{1}{3} + \frac{1}{3} \times \frac{2}{5} + \frac{1}{3} \times \frac{2}{5} \times \frac{3}{7} + \frac{1}{3} \times \frac{2}{5} \times \frac{3}{7} \times \frac{4}{9} + \cdots)$$

> **分析：** 计算过程可以视为两个主要的迭代步骤。一个迭代用于更新当前项 p 的值，从 $i=1$ 开始（表示项数），每一项 p 的值通过前一项乘以 $i/(2 \times i+1)$ 来更新，即 $p=p \times i/(2 \times i+1)$，$p$ 的初值为 1。另一个迭代步骤是将当前项 p 累加到总和 s 中，即 $s=s+p$，s 的初值为 1。通过这两个迭代步骤，逐步逼近圆周率 π 的近似值。

示例代码如下：

```
1    import math
2    s = 1
3    i = 1
4    p = 1
5    while p >= 1e-16:
6        p = p*i/(2*i+1)
7        s += p
8        i += 1
9    print("pi=", 2*s)
10   print("pi=", math.pi)
```

运行结果如下：

```
pi= 3.1415926535897922
pi= 3.141592653589793
```

【例 3-17】用蒙特卡洛方法求 π。

> **分析：** 蒙特卡洛方法使用随机数来解决很多领域的计算问题，将所求得的问题同一定的概率模型相联系，用计算机实现统计模拟或抽样，以获得问题的近似解。蒙特卡洛方法计算圆周率的原理是通过大量随机样本，去了解一个系统，进而得到所要计算的值。
>
> 在小正方形内随机撒沙子，用圆内沙子的数量除以整个沙子的数量就是面积的比，它等于 π/4，如图 3.7 所示。

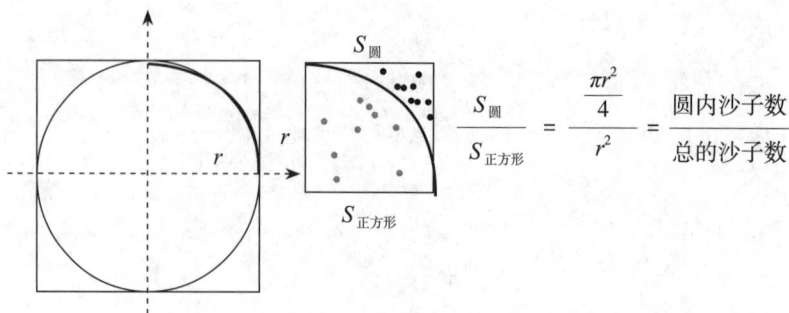

图 3.7　蒙特卡洛求解 π 的原理示意

$$\frac{S_{\text{圆}}}{S_{\text{正方形}}} = \frac{\frac{\pi r^2}{4}}{r^2} = \frac{\text{圆内沙子数}}{\text{总的沙子数}}$$

用两次 random( ) 函数产生 (0,1) 之间的小数，作为沙子 (x,y) 的坐标，如果 $x^2+y^2<=1$，就认为沙子落在四分之一圆内。

示例代码如下：

```
1    import math
2    from random import random        # 调用 random 模块中的 random( ) 函数
3    s = 1000*10000                    #沙子数量
4    s0 = 0                            # 落在四分之一圆内沙子数量
5    i = 1
6    while i <= s:
7        x, y = random( ), random( )
8        dist = pow(x ** 2+y ** 2, 0.5)
9        if dist <= 1.0:
10           s0 += 1
11       i += 1
12   print("pi=", 4*s0/s)
13   print("pi=", math.pi)
```

运行结果如下：

```
pi=3.141574
pi=3.141592653589793
```

运行结果表明蒙特卡洛方法是通过大量随机抽样来模拟现实系统，进而获得问题的近似解的，直观且简单。

【例 3-18】举一反三，与上题类似，用蒙特卡洛方法求定积分 $x^2 \mathrm{d}x$，如图 3.8 所示。定积分的几何意义是求曲线与 x 轴所包含的区间面积，因此需取曲线外 $(x^2>y)$ 沙子的数量。示例

```
1    from random import random
2    s = 1000*10000
3    s0 = 0
4    i = 1
5    while i <= s:
6        x，y = random( ), random( )
7        if x*x > y;
8            s0 += 1
9        i += 1
10   print("res=", s0/s)
```

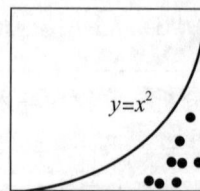

图 3.8　蒙特卡罗求定积分示意图

运行结果如下：

```
res = 0.3332507
```

【例 3-19】正弦函数的泰勒级数 $\sin(x) = x - \dfrac{x^3}{3!} + \dfrac{x^5}{5!} - \dfrac{x^7}{7!} + \cdots$，编写计算机 $\sin(x)$ 的值。要求最后一项的绝对值小于 10^{-15}，其中 x 表示弧度。

> **分析**：计算过程可以看成两个迭代步骤，第一个迭代是公式中（除了 x）的每一项都是其前一项的 $-x^2/((2i)*(2i+1))$ 倍，即 $p=-pxx/((2i)*(2i+1))$，p 的初值为 x；另一个迭代为 $s=s+p$；s 的初值为 0。

```
1    import math
2    x = eval(input("x="))
3    a = x
4    x = x*math.pi/180              #角度转成弧度
5    p = x
6    s = 0
7    i = 1
8    while math.fabs(p) >= 1e-15:
9        s = s + p
10       p = -p * x * x/((2 * i) * (2 * i+1))
11       i = i + 1
12   print("sin(", a, "°)=", s)
13   print("sin(", a, "°)=", math.sin(x))
```

运行结果如下：

```
x = 45
sin(45°)= 0.7071067811865475
sin(45°)= 0.7071067811865476
```

迭代表达式分为直接表示和间接表示。在直接表示中，迭代变量的更新是通过显式的公式来完成的，即新的迭代变量值是通过对当前值进行修正得到的。例如 $s=s+p$，赋值号右边的 s 是当前值，而赋值号左边的 s 是新的迭代变量值。

在间接表示中，迭代变量的更新是通过隐式的规则或步骤来完成的，即迭代变量的值是通过一系列操作或计算间接得到的。在这种情况下，迭代表达式可能并不直接显示迭代变量的更新方式，而是通过描述迭代过程中的中间步骤或辅助变量来实现迭代，如 $c=a+b$，$a=b$，$b=c$。

【例 3-20】辗转相除求两个正整数的最大公约数。

> **分析**：输入 m、n 两个正整数（大小任意）相除求余，得出余数 $r=m\%n$。如果 r 不为 0，则拿较小的整数 m 与余数 r 继续相除，判断新的 r 是否为 0；如果 r 为 0，则最大公约数就是本次相除中较小的数 n。辗转相除求最大公约数算法流程如图 3.9 所示。

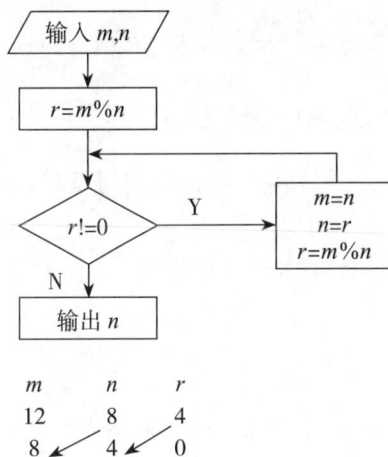

图 3.9　辗转相除求最大公约数算法流程

示例代码如下：

```
1    m, n=eval(input("m, n="))
2    r=m%n
3    while r!=0:
4        m=n
5        n=r
6        r=m%n
7    print(n)
```

运行结果如下：

```
m, n=12, 8
4
```

【例 3-21】用牛顿迭代法求方程 $f(x)=2x^3-4x^2+5x-18=0$ 在 $x=3$ 附近的根，要求精度为 10^{-10}。

分析：牛顿迭代法通过线性直线逼近曲线，逐步迭代求出 $f(x)=0$ 的根。计算增量 $f(x_0)/f'(x_0)$；计算下一个 $x_1=x_0-f(x_0)/f'(x_0)$；新产生的 x_1 替换 x_0，循环到条件不满足为止。牛顿迭代法求方程的根如图 3.10 所示。

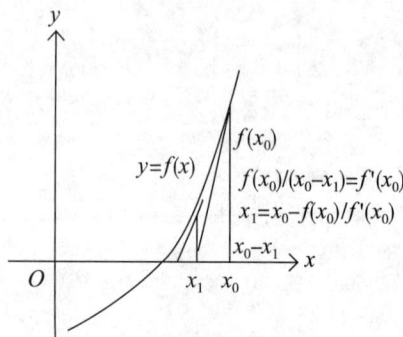

图 3.10　牛顿迭代法求方程的根

```
1    x=eval(input("x="))
2    f = 2 * x ** 3 - 4 * x ** 2 + 5 * x - 18
3    while f >= 1e-10:
4        f1 = 6 * x ** 2 - 8 * x + 5          #f1 是 f 的导数
5        x = x - f / f1
6        f = 2 * x ** 3 - 4 * x ** 2 + 5 * x - 18
7    print("x=%.2f, f=%.2f"%(x, abs(f)))
```

运行结果如下：

```
x=3
x=2.47, f=0.00
```

3.3.3　for 循环结构

for 循环可以遍历任何可迭代对象，如一个列表或者一个字符串。当需要把可迭代对象当中的每一个元素提取出来，做一些运算或处理时，就选择 for 循环。for 语句一般用于实现遍历循环。遍历是指逐一访问目标对象中的数据，如逐个访问字符串中的字符；遍历循环指在循环中完成对目标对象的遍历。

for 语句的语法格式如下：

```
for 变量 in 序列：
    语句块
```

变量用于保存每次循环访问的序列中的元素。序列中的元素个数决定了循环的次数，序列中的元素被访问完之后循环结束。

【例 3-22】求 $S=1!+2!+3!+\cdots+10!$ 的值。

分析：这个问题可以通过两个迭代解决。第一个迭代是求阶乘，由于连续求阶乘，上一次的阶乘迭代可以作为下一个阶乘迭代的一部分，即 $p=p*i$；另一个迭代是求和，将每次阶乘迭代的结果进行累加，即 $s=s+p$。

示例代码如下：

```
1    s = 0
2    p = 1
3    for i in range(1, 11):
4        p = p * i
5        s = s + p
6    print("s=1!+2!+3!+…+10!=", s)
```

运行结果如下：

```
s=1!+2!+3!+…+10! = 4037913
```

for 语句常与 range( ) 函数搭配使用，以控制循环中代码段的执行次数。

【例 3-23】有一分数数列 2/1，3/2，5/3，8/5，13/8，21/13，…，求出这个数列前 20 项之和。

分析：这是一个迭代求解问题。用 a 表示分子，b 表示分母，则迭代公式为 $s=s+a/b$。分子与分母变化有规律，即后一项分母为前一项分子，后一项分子为前一项分子与分母之和。引入一个变量 c 存储分子与分母之和，或者存储分子。

方法一：$c=a+b$，$b=a$，$a=c$。

示例代码如下：

```
1    s = 0
2    n = 20
3    a = 2          #用 a 表示分子
4    b = 1          #用 b 表示分母
5    for i in range(1, n + 1):
6        s = s + a / b
7        c = a + b
8        b = a
9        a = c
10   print(f"{s:.2f}")
```

方法二：$c=a$，$a=a+b$，$b=c$。

示例代码如下：

```
1    s=0
2    n=20
3    a=2
4    b=1
5    for i in range(1, n+1):
6        s=s+a/b
7        c=a
8        a=a+b
9        b=c
10   print(f"{s:.2f}")
```

方法一运行结果如下：

```
32.66
```

方法二运行结果如下：

```
32.66
```

3.3.4　break 与 continue 语句

当循环满足一定条件时，可以提前终止循环或进入下一轮循环，可以使用跳转语句。while 循环或 for 循环中有两个常用的跳转语句，分别是 break 语句和 continue 语句。

1. break 语句

break 语句可以在执行循环的过程中直接终止所包含的循环，哪怕循环条件为 True 或序列还没有被完全遍历完。

在循环结构中，break 语句通常与 if 语句一起使用，在满足条件时跳出循环，去执行循环下面的语句。

【例 3-24】求 $1^2+2^2+3^2+\cdots+n^2 \leqslant 10000$ 的最大的整数 n。

分析：这是一个迭代问题 $s=s+n \times n$，先设计成一个死循环，当求和大于 10000 时，用 break 退出死循环。由于退出时 n 已加 1，因此应减 1。

示例代码如下：

```
1    n=1
2    s=0
3    while True:
4        s+=n*n
5        if s > 10000:
6            break
7        n+=1
8    print("最大整数 n 为 ", n-1, "时使得 1²+2²+3²+···+n²<=10000。")
```

运行结果如下：

最大整数 n 为 30 时使得 12+22+32+···+n²<=10000。

2. continue 语句

continue 语句的作用是跳过当前循环体中的剩余语句，然后继续进行下一轮循环，而不是结束循环。

【例 3-25】从 1 到 10 的数字中，打印输出不是 3 的倍数的数字。

分析：3 的倍数用取余来实现。

示例代码如下：

```
1    for i in range(1, 10):
2        if i%3==0:
3            continue
4        print(i, end=" ")
```

运行结果如下：

1 2 4 5 7 8

【例 3-26】编写程序：边录入学生成绩边输出，输入"#"字符退出，若输入为负数，则不输出成绩。示例代码如下：

```
1    i=1
2    while True:
3        s = input("请输入学生成绩（按#字符结束）: ")
4        if s == '#':
5            print("录入完成，退出")
6            break
7        if float(s)< 0:
8            print("成绩不能是负数，请重新输入")
9            continue
10       print(i, ": ", float(s))
11       i += 1
```

运行结果如下：

请输入学生成绩（按 # 字符结束）: 88
1 : 88.0
请输入学生成绩（按 # 字符结束）: 66
2 : 66.0
请输入学生成绩（按 # 字符结束）: 77

```
3 : 77.0
请输入学生成绩 ( 按 # 字符结束 ) : –12
成绩不能是负数，请重新输入
请输入学生成绩 ( 按 # 字符结束 ) : 89
4 : 89.0
请输入学生成绩 ( 按 # 字符结束 ) : #
录入完成，退出
```

break 语句、continue 语句是 Python 实现流程控制的重要语句，可以用于改变原有循环的流程。通常情况下，循环遍历要执行到循环条件为 False 时才终止。通过 break 语句、continue 语句与 while 和 for 循环的组合，可以构造更加灵活的循环程序。

在 Python 中，for 和 while 循环可以与 else 语句搭配使用。

```
for 变量 in 序列:                          while 条件表达式:
    语句块 A                                  语句块 A
else:                                     else:
    语句块 B                                  语句块 B
```

当 for 和 while 循环正常结束时 (没有被 break 语句中断)，else 后面的语句块 B 将会被执行。示例代码如下：

```
1    for i in range(3):
2        print(i, end="")
3    else:
4        print(" 循环正常结束 ")
```

运行结果如下：

```
0 1 2 循环正常结束
```

如果在循环中使用了 break 语句，else 后面的语句块 B 将不会被执行：

```
1    for i in range(10):
2        print(i, end=" ")
3        if i == 2:
4            break
5    else:
6        print('else 块 : ', i)
```

运行结果如下：

```
0 1 2
```

【例 3-27】编写程序，求一个正整数 m 是否为素数。

分析：素数 (质数) 只能被 1 和自身整除，这个问题可以利用穷举法来解决。

示例代码如下：

```
1    m=eval(input("m="))
2    for i in range(2, m):              #i 取 2
3        if m%i==0:
4            print(m, " 不是素数 ")
5            break
6    else:
7        print(m, " 是素数 ")
```

运行结果如下：

```
m=13
13 是素数
```

使用循环并不要求必须有 else 语句。else 子句是可选的，它的存在与否并不影响循环的基本功能和执行流程。

3.3.5 pass 语句

pass 表示一个空操作，只起占位作用，表示什么都不做，目的是维护程序结构的完整性。例如：

```
1    score=80
2    if score<60:
3        print(' 不及格 ')
4    else:
5        pass
```

若第 2 行的条件不成立，else 分支不执行任何操作，pass 语句确保了代码的语法正确性。

再如：

```
1    for i in range(10):
2        pass
```

此例中的 for 循环不执行任何操作，pass 语句确保了循环结构的完整性。

pass 语句还可用在函数定义、类定义中。总之，pass 语句的主要作用就是占位，维持代码结构的完整性，防止因缺少代码块而产生语法错误。

3.3.6 循环嵌套

一个循环语句的循环体内包含另一个完整的循环结构就是循环嵌套。嵌在循环体内的循环称为内循环；嵌有内循环的循环称为外循环；内嵌的循环中还可以嵌套循环，称为多重循环。while 语句和 for 语句既可相互嵌套，也可以自己嵌套。

以下是双重循环的部分语法格式：

格式一：　　　　　　　　　　　　　　　　格式二：

```
for 变量 1 in 序列 1：            for 变量 in 序列：
    ......                          ......
    for 变量 2 in 序列 2：            while 条件表达式：
        语句块                           循环体
    ......                          ......
```

循环嵌套的注意事项如下。

(1) while 语句与 for 语句可以相互嵌套，自由组合。

(2) 外层循环体中可以包含一个或多个内层循环结构，但要注意的是，各循环必须完整包含，相互之间不允许有交叉现象。

(3) 各层循环之间要缩进，每一个判断条件后面都有冒号，不要遗漏。

(4) 如果正在使用嵌套循环，break 语句可以用于停止最内层循环的执行，去执行外循环的下一行代码。

【例 3-28】使用循环嵌套输出以下乘法口诀表。

$1 \times 1=1$

$1 \times 2=2$　　$2 \times 2=4$

$1 \times 3=3$　　$2 \times 3=6$　　$3 \times 3=9$

$1 \times 4=4$　　$2 \times 4=8$　　$3 \times 4=12$　　$4 \times 4=16$

$1 \times 5=5$　　$2 \times 5=10$　　$3 \times 5=15$　　$4 \times 5=20$　　$5 \times 5=25$

$1 \times 6=6$	$2 \times 6=12$	$3 \times 6=18$	$4 \times 6=24$	$5 \times 6=30$	$6 \times 6=36$		
$1 \times 7=7$	$2 \times 7=14$	$3 \times 7=21$	$4 \times 7=28$	$5 \times 7=35$	$6 \times 7=42$	$7 \times 7=49$	
$1 \times 8=8$	$2 \times 8=16$	$3 \times 8=24$	$4 \times 8=32$	$5 \times 8=40$	$6 \times 8=48$	$7 \times 8=56$	$8 \times 8=64$
$1 \times 9=9$	$2 \times 9=18$	$3 \times 9=27$	$4 \times 9=36$	$5 \times 9=45$	$6 \times 9=54$	$7 \times 9=63$	$8 \times 9=72$ $9 \times 9=81$

分析： 用双重循环来实现，外循环控制打印行数，内循环控制打印列数。

方法一示例代码如下：

```
1    for i in range(1, 10):
2        for j in range(1, i+1):
3            print(f"{j}x{i}={i*j}", end="\t")
4    print()
```

第 3 行输出语句也可以写成：

```
print(str(j)+"x"+str(i)+"="+str(i*j), end="\t")
```

方法二：这是一个穷举问题，穷举问题的经典结构就是循环内嵌套一个 if 条件语句。示例代码如下：

```
1    for i in range(1, 10):
2        for j in range(1, 10):
3            if i >= j:
4                print(f"{j}x{i}={i*j}", end="\t")
5        print()
```

【例 3-29】 将例 3-22 求 $S=1!+2!+3!+\cdots+10!$ 的值，用双重循环来实现。

分析： 内循环求阶乘，外循环求阶乘的和。注意内循环使用的变量要在内循环之外（外循环之内）赋初值，如本程序中 p=1 语句的位置；而外循环中使用的变量要在外循环之外赋初值，如本程序中 s=0 语句的位置。

示例代码如下：

```
1    s = 0
2    for i in range(1, 11):
3        p = 1
4        for j in range(1, i+1):
5            p = p*j
6        s = s+p
7    print("s=1!+2!+3!+...+10!=", s)
```

运行结果如下：

```
s=1!+2!+3!+...+10!= 4037913
```

【例 3-30】 编写程序，求 10~20 范围内的素数。

分析： 利用例 3-28 的解决方法，在外面包含一层外循环即可。

示例代码如下：

```
1    for j in range(10, 20):
2        for i in range(2, j):
3            if j%i == 0:
4                break                    # 退出内循环
5            else:
6                print(j, end=" ")
```

运行结果如下：

```
11 13 17 19
```

【例 3-31】我国古代数学家张丘建在他的《算经》中提出了一个著名的"百钱买百鸡问题"：鸡翁一，值钱五；鸡母一，值钱三；鸡雏三，值钱一。百钱买百鸡，问：翁、母、雏各几何？编写程序，实现将所有可能的方案输出。

> **分析**：用三个变量分别表示鸡翁 (cook)、鸡母 (hen) 和鸡雏 (biddy)。可以用穷举法来枚举所有的可能。求三个变量的穷举问题需要两重循环就可以了，当然也可以用三重循环，尽量考虑降低算法的时间复杂度。设 cock 从 0(或 1) 开始，最大不超过 20(全买成 cook)；hen 从 0(或 1) 开始，最大不超过 33(全买成 hen)；biddy 取值直接用 100 减去 cock 和 hen 的数量，再用 if 语句给出购买条件的判断。

示例代码如下：

```
1    for cock in range(0, 20):
2        for hen in range(0, 33):
3            biddy=100–cock–hen
4            if(5*cock+3*hen+biddy/3) ==100:
5                print(" 鸡翁 : ", cock, " 鸡母 : ", hen, " 鸡雏 : ", biddy)
```

运行结果如下：

```
鸡翁 : 0 鸡母 : 25 鸡雏 : 75
鸡翁 : 4 鸡母 : 18 鸡雏 : 78
鸡翁 : 8 鸡母 : 11 鸡雏 : 81
鸡翁 : 12 鸡母 : 4 鸡雏 : 84
```

【例 3-32】编写程序，求四位数的水仙花数。

> **分析**：四位数的水仙花数是指一个四位整数的每个位上的数字的四次方之和等于该四位数本身。

方法一：首先使用求余、整除等函数求出四位数千位、百位、十位和个位的数字 a、b、c、d，然后用 if 语句给出判断四位数是水仙花数的条件即可。示例代码如下：

```
1    for i in range(1000, 10000):
2        a=i//1000                              # 求千位数字
3        b=i//100%10                            # 求百位数字，也可以用 b=i%1000//100
4        c=i//10%10                             # 求十位数字，也可以用 c=i%100//10
5        d=i%10                                 # 求个位数字
6        if a*a*a*a+b*b*b*b+c*c*c*c+d*d*d*d==i:
7            print(i, end=" ")
```

运行结果如下：

```
1634   8208   9474
```

方法二：利用多重循环，每一位一个循环，算法的时间较长，但清晰明了。示例代码如下：

```
1    for a in range(1, 10):                     # 千位数字取 1~9
2        for b in range(0, 10):                 # 百位数字取 0~9
3            for c in range(0, 10):             # 十位数字取 0~9
4                for d in range(0, 10):         # 个位数字取 0~9
5                    if a**4 +b**4 +c**4 +d**4 ==a*1000+b*100+c*10+d:
6                        print(a*1000+b*100+c*10+d, end=" ")
```

运行结果如下：

```
1634   8208   9474
```

上面用到的求余、整除等函数还可以应用到取反、回文等问题的求解中。

【例 3-33】从键盘上任意输入一个整数 n，编程计算 n 的每一位数字相加之和（忽略整数前的正负号）。例如，输入 n 为 12345，则由 12345 分离出 1、2、3、4、5 五个数字，然后计算 1+2+3+4+5=15，并输出 15。

分析：从个位数开始，一边与 10 求余，一边整除 10，得到一位累加一位，直到商为 0。

示例代码如下：

```
1    n=int(input("n="))
2    k=0
3    s=0
4    while n! = 0:
5        s+= n%10
6        n//=10
7    print(f" 数字之和：{s}")
```

运行结果如下：

```
n=12345
数字之和：15
```

思考：能否统计该数的位数；或者能否将该整数逆序输出 ($s=s \times 10+n\%10$)，并判断是否为回文数。

【例 3-34】编写程序，找出 1000 之内的所有完数，并按下面格式输出其因数：6=1+2+3。

分析：如果一个数恰好等于它的因数之和，这个数就称为"完数"。例如，6 的因数为 1、2、3，而 6=1+2+3，因此 6 是"完数"。该算法使用了双循环，外循环用来控制 1000 之内的数据，内循环用来判断是否为完数，若是再用一次循环按格式输出其因数。

示例代码如下：

```
1    for i in range(1, 1000):
2        s=0
3        for j in range(1, i):
4            if i%j==0:
5                s+=j
6        if s==i:                        # 是完数，输出
7            print("%d="%i, end="")
8            for j in range(1, i):
9                if i%j==0:
10                    print(j, end="+")
11            print("\b")                # 退格符，将最后一个 "+" 删除
```

运行结果如下：

```
6=1+2+3
28=1+2+4+7+14
496=1+2+4+8+16+31+62+124+248
```

条件表达式是实现程序流程控制的重要手段之一。Python 支持多种类型的逻辑运算符和比较运算符，这些表达式在编写控制流语句（如 if、else 和 while）时起关键作用。

【例 3-35】谁是小偷？警察局抓了 A、B、C、D 四名偷窃犯罪嫌疑人，其中有一个是小偷。审问时，A 说："我不是小偷。"B 说："C 是小偷。"C 说："小偷肯定是 D。"D 说："C 在冤枉人。"现在已经知道四个人中三人说的是真话，一人说的是假话，问到底谁是小偷？

方法一：将 A、B、C、D 四人编号，分别为 1，2，3，4。用 x 存放小偷的编号，则 x 的取值范围为 1~4。四个人所说的话可以分别写成：

A 说："我不是小偷。" $x \ne 1$

B 说："A 是小偷。" $x == 3$

C 说："小偷肯定是 D。" $x == 4$

D 说："C 在冤枉人。" $x \ne 4$

四个人中三人说的是真话，一人说的是假话，四个逻辑值相加应为 3：$((x\ne1)+(x==3)+(x==4)+(x\ne4))==3$。

示例代码如下：

```
1    for x in range(1, 5):
2        if(((x!=1)+(x==3)+(x==4)+(x!=4))==3):
3            print(" 小偷是： ", x, " 号 ")
```

运行结果如下：

```
小偷是：3 号
```

方法二：对 A、B、C、D 进行编号，其值取 0 或 1，0 表示不是小偷，1 表示是小偷，四个人所说的话可以分别写成：

A 说："我不是小偷。" $A==0$

B 说："C 是小偷。" $C==1$

C 说："小偷肯定是 D。" $D==1$

D 说："C 在冤枉人。" $D==0$

四个人中三人说的是真话：$((A==0)+(C==1)+(D==1)+(D==0))==3$

一人说的是假话：$(A+B+C+D==1)$。示例代码如下：

```
1    for A in range(2):                #取 0、1
2        for B in range(2):
3            for C in range(2):
4                for D in range(2):
5                    if((A==0)+(C==1)+(D==1)+(D==0))==3 and(A+B+C+D)==1:
6                        print(A, B, C, D)
```

运行结果如下：

```
0 0 1 0
```

【例 3-36】 编写程序，找出 15 个由 1、2、3、4 四个数字组成的各位不相同的三位数（如 123、124，不能是 122、331、222），要求用 break 语句。

示例代码如下：

```
1    count=0
2    for i in range(1, 5):
3      for j in range(1, 5):
4        for k in range(1, 5):
5          if i!= j and i!=k and j!=k and count!=10:
6            print(f"{i}{j}{k}", end="")
7            count=count+1
8            if count==10:
9              break
```

运行结果如下：

123 124 132 134 142 143 213 214 231 234 241 243 312 314 321

3.4　标准模块 math 的使用

在 Python 中，标准库是 Python 自带的一系列模块和包，这些模块和包提供了大量常用的功能，可以让我们更方便地进行编程。math 模块提供了许多数学运算的函数，包括基本的算术运算、三角函数、对数运算等。它是 Python 内置的标准库，能够让我们轻松地完成复杂的数学运算。

在 Python 中，用 import math 语句来引入 math 模块（从磁盘装入内存）。dir() 函数可以用来获取一个模块的所有属性和方法列表。具体代码如下：

```
import math
print(dir(math))
```

3.4.1　math 模块数学常数

在很多表达式中会用到一些特别的常数，如圆周率 π、自然对数 e 等。math 模块提供了一些数学常数，如表 3.5 所示。

表 3.5　math 模块常用数学常数

常数	说明
math.pi	
math.e	自然常数 e
math.tau	常数 2π
math.inf	正无穷大 ∞
math.nan	非浮点标记数，NaN(Not a Number)

例如：

```
1    import math
2    print(math.e)
3    print(math.tau)
```

运行结果如下：

2.718281828459045
6.283185307179586

3.4.2 math 模块常用函数

math 模块中包含许多对浮点数进行数学运算的函数，如表 3.6 所示。

表 3.6　math 模块常用函数

函数	功能描述
math.sqrt(x)	计算 x 的平方根
math.pow(x, y)	返回 x 的 y 次方
math.sin(x)、math.cos(x)、math.tan(x)	计算 x(弧度制)的正弦、余弦、正切
math.asin(x)、math.acos(x)、math.atan(x)	计算 x(弧度制)的反正弦、反余弦、反正切
math.log(x, base)	计算 x 以 base 为底的对数
math.log10(x)	返回以 10 为底的对数
math.round(x, [n])	将 x 四舍五入到小数点 n 位
math.fabs(x)	返回浮点数 x 的绝对值
math.exp(x)	返回 e 的 x 次方
math.ceil(x)	返回不小于 x 的整数
math.floor(x)	返回不大于 x 的整数
math.trunc(x)	返回 x 的整数部分

例如：

```
1    import math
2    print(math.sqrt(2))
3    print(math.ceil(3.78))
4    print(math.floor(3.78))
5    print(math.trunc(3.78))
```

运行结果如下：

```
1.4142135623730951
4
3
3
```

【例 3-37】编写程序，验证"三天打鱼、两天晒网，不如每天努力一点点！"这句话。

分析：假设基础值为 1，每天努力或不努力为 ±1%。每天努力一点点可以表示成 (1+0.01)，三天打鱼可表示成 $(1+0.01)^3$，两天晒网可以表示成 $(1-0.01)^2$。

示例代码如下：

```
1    import math
2    print("三天打鱼、两天晒网的结果：", math.pow(1+0.01, 3)*math.pow(1-0.01, 2))
3    print("每天努力一点点的结果：", 1+0.01)
4    print(math.pow(1+0.01,3)*math.pow(1-0.01,2)<(1+0.01))
```

运行结果如下：

```
三天打鱼、两天晒网的结果：1.0097980101000001
每天努力一点点的结果：1.01
True
```

运行结果说明了持之以恒、日积月累的重要性。

【例3-38】利用 math 模块函数，使用马青公式计算 π 的值。马青公式如下：

$$\frac{\pi}{4} = 4\arctan\left(\frac{1}{5}\right) - \arctan\left(\frac{1}{239}\right)$$

```
1    import math
2    s=4*math.atan(1/5)-math.atan(1/239)
3    print("pi=", 4*s)
4    print("pi=", math.pi)
```

运行结果如下：

```
pi=3.1415926535897936
pi=3.141592653589793
```

【例3-39】输入一个 n 表示项数，使用以下公式求圆周率 π 的估算值：

$$\pi = \sqrt{12}\left(1 - \frac{1}{3\times 3} + \frac{1}{5\times 3^2} - \frac{1}{7\times 3^3} + \cdots\right)$$

分析：这是一个循环迭代问题，s 初值为 1，正负号用标签 $t=-t$ 来实现，t 的初值为 -1，迭代公式为 $s+=t/((2\times i+1)\times math.pow(3,i))$，3 的幂函数用 math.pow(3,i)，开平方用 math.sqrt() 函数。

```
1    import math
2    n = int(input())
3    s = 1
4    t = -1
5    for i in range(1, n+1):
6        s += t /((2 * i + 1) * math.pow(3, i))
7        t = -t
8    s = math.sqrt(12) * s
9    print("pi=", s)
10   print("pi=", math.pi)
```

运行结果如下：

```
30
pi= 3.141592653589794
pi= 3.141592653589793
```

3.5　习题与实验

一、填空题

1. 执行循环语句 for i in range(1, 5): pass 后，变量 i 的值是 _____ 。

2. 循环语句 for i in range(-3, 21, 4) 的循环次数为 _____ 。

3. Python 包含了数量众多的模块，通过 _____ 语句，可以导入模块，并使用其定义的功能。

4. 表达式 'ab' in 'acbed' 的值为 _____ 。

5. 对于带有 else 子句的 for 循环和 while 循环，当循环因循环条件不成立而自然结束时，_____ 执行 else 中的代码。

二、选择题

1. 下面程序的输出结果是 (   )。

```
m=7
while(m==0):
m-=1
print(m)
```

    A. 0   B. 6   C. 7   D. −10

2. 用于跳出循环的命令是 (   )。

    A. break   B. continue   C. else   D. pass

3. 下列说法正确的是 (   )。

    A. break 语句用在 for 语句中，continue 语句用在 while 语句中

    B. break 语句能退出所有循环，而 continue 语句只能结束本轮循环

    C. continue 语句能退出所有循环，而 break 语句只能结束本轮循环

    D. continue 语句只能结束本轮循环，而 break 语句只能从所包含的循环中退出

4. 在 Python 中，实现多分支选择结构时，最好使用 (   ) 方式。

    A. if−else   B. if−elif−else   C. if 嵌套   D. if

5. 下列语句中，在 Python 中非法的是 (   )。

    A. x, $y=y$, x B. $x+=y$ C. $x=y=z=1$ D. $x=(y=z+1)$

三、判断题

1. 如果仅仅是用于控制循环次数，那么使用 for i in range(20) 和 for i in range(20,40) 的作用是等价的。   (   )

2. 在循环中，continue 语句的作用是跳出当前循环。   (   )

3. 在编写多层循环时，为了提高运行效率，应尽量减少内循环中不必要的计算。   (   )

4. 在循环语句中，如果没有 else 语句，也能同样完成程序的功能。   (   )

5. 在 Python 中可以使用 for 作为变量名。   (   )

四、代码阅读

阅读程序代码，写出运行结果。

1. 程序执行的结果为 _____ 。

```
sum=0
for i in range(10):
    if i//4 == 2:
        continue
    sum =sum + i
print(sum)
```

2. 阅读下列程序代码，该程序执行的结果为 _____ 。

```
i=1
while i<7:
    i=i+1
```

```
else：
    i=i*3
print(i)
```

五、实验题

1. 编写程序，通过键盘输入 x，求如下分段函数 y 的值（保留两位小数）。

$$y = \begin{cases} 4x^3+3x^2 & (x<0) \\ 3+\sqrt{x} & (0<=x<10) \\ x-10 & (x>=10) \end{cases}$$

2. 编写程序，计算一元二次方程 $ax^2+bx+c=0$ 的根，系数 a、b、c 由 float 构成，通过键盘输入（要求：$a=0$ 报错，给出相等的根、实数根、虚数根）。

3. 某市白天出租车收费标准如下：① 3km 内，收费 10 元；② 超过 3km（含 3km），但未超过 10km 部分按 1.4 元 /km 收费；③ 超过 10km（含 10km）部分按 2.1 元 /km 收费。根据此标准，设计程序实现：输入出租车行驶的距离，计算并输出顾客需付金额。

4. 编写程序，计算 $e=1+\dfrac{1}{1!}+\dfrac{1}{2!}+\dfrac{1}{3!}+\cdots$，直到最后一项小于 10^{-6} 为止。

5. 编写程序，计算 $s=A+AA+\cdots+AAA\cdots A$，如 $2+22+\cdots+222\cdots2$，A 及长度 n 由用户输入。

6. 编写程序，计算 $S=1+(1+2)+(1+2+3)+\cdots+(1+2+3+\cdots+10)$ 的和。

7. 编写程序，统计一元人民币换成一分、两分和五分的所有兑换方案数。

8. 编写程序，用穷举法求最大公约数。（提示：用小的整数减 1，去除这两个整数，除尽，该数为最大公约数，否则减 1，继续除这两个整数）

9. 期末考试，某专业考试 3 门课程为 A、B、C，考试安排在周一到周六，安排考试的顺序规则为：先考 A，后考 B，最后考 C；为了减轻学生负担，一天只安排一门课程考试；为防止学生过早离校，最后一门课程安排在周五或周六。请列出安排考试的所有方案。

10. 古希腊数学家丢番图的墓志铭是这样写的：他的生命的六分之一是幸福的童年。再活十二分之一，颊上长出细细须。又过了生命的七分之一才结婚。再过 5 年他感到很幸福，得了一个儿子。可是这孩子光辉灿烂的生命只有他父亲的一半。儿子死后，老人在悲痛中活了 4 年，结束了尘世的生涯。请编写程序求出丢番图去世时的年龄。

第4章 组合数据类型

> 工欲善其事，必先利其器。
>
> ——《论语·卫灵公》

在 Python 编程的广袤天地里，组合数据类型是不可或缺的得力工具。它们就像一个个功能强大的收纳盒，能将多个数据值巧妙地组织在一起，赋予用户更高效、更灵活处理数据的能力。掌握了这些组合数据类型，用户将能够更优雅、高效地编写 Python 程序，无论是处理简单的数据集合，还是应对复杂的数据处理任务，都能游刃有余。

本章主要介绍组合数据类型中的列表、元组、字典和集合的基本使用方法，以及标准模块 random 的使用。

学习目标

(1) 掌握列表的创建以及常用方法和函数。

(2) 掌握元组的创建以及常用方法和函数。

(3) 掌握字典的创建以及常用方法和函数。

(4) 掌握集合的创建以及常用方法和函数。

(5) 掌握元组与列表、字典与列表的转换。

(6) 掌握标准模块 random 的基本用法。

思维导图

4.1　列表

Python 中的基本数据类型主要处理简单的数据计算，但对于复杂的数据，就需要多个数据 (可以是不同类型) 组合成一个整体的数据集合 (称为组合数据类型) 进行处理。组合数据类型分为有序类型和无序类型，如表 4.1 所示。

表 4.1　组合数据类型

组合数据类型	有序类型	列表 (list——[ ])，可变
		元组 (tuple——())，不可变
		字符串 (str——" ")，不可变
	无序类型	字典 (dict——{key：value}) 可变
		集合 (set——{ }) 可变

组合数据类型的两个重要特性如下。

(1) 存储是否有序。如果存储有序则可以利用索引编号来获得其中的数据。例如，字符串是有序的，设字符串 s=Python，利用 s[2] 就可以获得字符 "t"；而对于无序数据，要获得数据，只能通过数据标识的关键值 (key) 以字典实现，或者通过循环迭代的方式逐一随机获得 (如集合)。

(2) 值是否可变。值是否可变，即其中的值是否可以被修改，如字符串是一个不可修改的数据类型，列表是可修改的数据类型。

在组合数据类型中，列表是由 0 个或多个对象引用组成的有序序列，属于序列类型。列表元素可以进行增加、删除、替换、查找等操作。列表没有长度限制，元素类型可以不同，不需要预定义长度。

4.1.1　列表的创建

1. 列表的定义与元素访问

列表类型用中括号 ([]) 表示，也可以通过 list( ) 函数将集合或字符串类型转换成列表类型。列表的基本形式为：

[<元素 1>,<元素 2>,……,<元素 n>] 或 [ ]

多个元素之间用逗号分隔，元素个数无限制。

可以通过索引编号访问元素，语法格式为：

<列表名>[索引编号]

例如，列表 x=["BIT",3.1415,1024,(2,3),[" 中国 ",9]]，其中元素的索引编号如图 4.1 所示。

反向递减索引				
−5	−4	−3	−2	−1
"BIT"	3.1415	1024	(2,3)	[" 中国 "], 9
0	1	2	3	4

正向递增索引

图 4.1　列表元素的索引编号

列表的定义与元素的访问具体示例如下：

```
>>> list1 = []                                          # 建立一个空的 list
>>> list2 = [1,2,3,4,5]
>>> print(list2[4])                                     # 访问 list2 的索引为 4 的元素
5
>>> list3 = ["Python","Java","c"]
>>> print(list3[0])
Python
>>> ls = [1010, '1010', [1010, '1010'], 1010]
>>> print(ls[2])
[1010, '1010']
>>> list4 = list(" 列表可以由字符串生成 ")
>>> print(list4)
列表可以由字符串生成
```

当列表元素为序列数据时，可以通过多级索引编号访问元素，语法格式为：

```
< 列表名 > [ 一级索引编号 ] [ 二级索引编号 ]
```

具体示例如下：

```
>>> list5 = [" 财经大学 ",730101," 李平 "," 金融学院 "]
>>> print(list5[0][0])                                  # 列表的多级索引
财
>>> print(list5[1][0])                                  # list5[1] 是整数, 不是序列数据, 故不能多级索引
Traceback (most recent call last):
  File "<pyshell#2>", line 1, in <module>
    print(list5[1][0])
TypeError: 'int' object is not subscriptable
```

2. 使用循环遍历 list 中的元素

可以使用遍历循环对列表类型的元素进行遍历操作，基本使用方式如下：

```
for < 循环变量 > in < 列表变量 >:
    < 语句块 >
```

【例 4-1】计算列表 list2 中所有元素的和。示例代码如下：

```
1    list2 = [1,2,3,4,5]
2    sum = 0
3    for j in list2:
4        sum = sum + j
5    print(sum)
```

运行结果如下：

```
15
```

【例 4-2】依次输出列表 list3 中的所有元素。示例代码如下：

```
1    list3 = ["Python","Java","c"]
2    for i in list3:
3        print(i)
```

运行结果如下：

```
Python
Java
c
```

【例 4-3】将列表 ls 中每个元素进行 ×2 运算并输出。示例代码如下：

```
1    ls = [1010, '1010', [1010, '1010'], 1010]
2    for k in ls:
3        print(k*2)
```

运行结果如下：

```
2020
10101010
[1010, '1010', 1010, '1010']
2020
```

3. 使用列表为多个变量赋值

可以使用列表同时为多个变量赋值，通常使用 input( ) 函数配合 split( ) 函数等方法创建列表，从而实现同时为多个变量赋值。

使用 input( ) 函数输入的数据都被视为字符串，split( ) 函数将字符串分割后生成列表，列表中每个元素还都是字符串。若要获得数字类型，可以使用 map( ) 函数来配合实现。具体示例如下：

```
>>> x,y,z = [1,2,3]
>>> print(x,y,z)
1 2 3
>>> a,b,c = input(" 请输入数据： ").split()
请输入数据： 11 22 33
>>> a
'11'
>>> b
'22'
>>> c
'33'
>>> a,b,c = input(" 请输入数据： ").split(",")
请输入数据： 11,22,33
>>> a
'11'
>>> b
'22'
>>> c
'33'
>>> x,y,z = map(int,input(" 请输入数据： ").split())
请输入数据： 11 22 33
>>> x
11
>>> y
22
>>> z
33
```

4. 修改列表

列表的元素个数和内容都是可变的。具体示例如下：

```
>>> a = 3
>>> id(a)                                    # 获取变量 a 的内存地址
1922990256
>>> a = a+1
>>> id(a)                                    # 变量 a 的值变化，内存地址也变化
1922990288
>>> x = [1,2,[3,4],5]
>>> id(x)
1905953032264
>>> x[1] = 7                                 # 列表元素 x[1] 赋值为 7
>>> x
[1, 7, [3, 4], 5]
>>> id(x)                                    # 列表 x 的值变化，内存地址没变
1905953032264
>>> x[2]                                     # x[2] 为一个列表元素
[3, 4]
```

```
>>> x[2][0]                                        # x[2] 中的第 0 个元素
3
>>> x[2][1] = 9                                    # x[2] 中的第 1 个元素赋值为 9
>>> x
[1, 7, [3, 9], 5]
```

4.1.2　列表的基本操作

列表的基本操作与字符串的基本操作类似。列表的基本操作符如表 4.2 所示。假设 *s*=[1,2,3,4,5]，*t*=['*a*','*b*']，*x*=3。

表 4.2　列表的基本操作符

操作符	功能说明	示例	结果
+	列表连接	*s*+t	[1,2,3,4,5,'*a*','*b*']
*	列表重复	*t**2	['*a*','*b*','*a*','*b*']
[*N*]	索引，返回列表的第 *N* 个元素	*t*[0]	'*a*'
[*M*:*N*]	切片，返回列表中第 *M* 到 *N* 个元素之间的子序列，不包含第 *N* 个元素	*s*[1:4]	[2,3,4]
[*M*:*N*:*K*]	步骤切片，返回列表中第 *M* 到 *N* 个元素之间且以 *K* 为步长的子序列，*K* 为正负整数	*s*[1:4:2] *s*[4:1:−2]	[2,4] [5,3]
in	元素是否在列表中，是则返回 True，否则返回 False	*x* in *s*	True
not in	元素不在列表中，是则返回 True，否则返回 False	*x* not in *s*	False
del	删除列表中的元素	del *t*[0]	['*b*']　#*t* 的值

切片是列表的基本操作，用于获得列表的一个片段，即获得一个或多个元素。切片后的结果也是列表类型。切片有两种使用方式：

```
< 列表或列表变量 >[N:M]
< 列表或列表变量 >[N:M:K]
```

具体示例如下：

```
>>> ls = [1010, "1010", [1010, "1010"], 1010]
>>> print(" 列表 ls={}".format(ls))
列表 ls=[1010, '1010', [1010, '1010'], 1010]
>>> print(ls[1:4])
['1010', [1010, '1010'], 1010]
>>> print("ls[1:4] 的结果：{}".format(ls[1:4]))
ls[1:4] 的结果：['1010', [1010, '1010'], 1010]
>>> print(ls[-1:-3])
[]
>>> print(ls[-3:-1])
['1010', [1010, '1010']]
>>> print(ls[0:4:2])
[1010, [1010, '1010']]
>>> print(ls[::-1])
[1010, [1010, '1010'], '1010', 1010]
>>> ls[1]="10.10"
>>> print(ls)
[1010, '10.10', [1010, '1010'], 1010]
>>> ls[1:3]=["python",2000]
>>> print(ls)
[1010, 'python', 2000, 1010]
```

```
>>> ls[1:4]=[3000]
>>> print(ls)
[1010, 3000]
```

4.1.3　列表的常用方法

列表的常用内置方法如表 4.3 所示。假设 s=[1,2,3,4,5], t=['a', 'b'], x=3。

表 4.3　列表的常用内置方法

方法	功能说明	示例	结果
count(x)	返回 x 在列表中的出现次数	s.count(2)	1
index(x,[M,[N]])	返回列表中第一个值为 x 的元素的索引，若不存在，则抛出异常	s.index(5)	4
append(x)	将 x 追加到表尾部	s.append(x)	[1,2,3,4,5,3]
extend(t)	将列表 t 所有元素追加至列表尾部	s.extend(t)	[1,2,3,4,5, 'a', 'b']
insert(i,x)	在列表第 i 位置前插入 x	s.insert(1,7)	[1,7,2,3,4,5]
remove(x)	在列表中删除第一个值为 x 的元素	s.remove(2)	[1,3,4,5]
pop([i])	删除并返回列表中下标为 i 的元素，若省略 i，则 i 默认为 –1，弹出最后一个元素	s.pop(2)	3
clear()	清空列表，删除列表中所有元素，保留列表对象	s.clear()	[ ]
reverse()	列表翻转	s.reverse()	[5,4,3,2,1]
sort([key=None, reverse=False])	列表排序，key 用来指定排序规则，reverse 为 False 则升序，True 则降序	s=[1,3,5,4,2] s.sort()	[1,2,3,4,5]
copy()	列表浅复制	$s1$=s.copy()	[1,2,3,4,5]

1. count 方法

返回某个元素在列表中的出现次数。具体示例如下：

```
>>> s = [1,3,2,3,4,5]
>>> s.count(3)
2                          # 列表中 3 出现次数为 2
>>> s.count(7)             # 列表中 7 出现次数为 0
0
```

2. index 方法

在列表第 M 到 N 个元素内查找第一个值为 x 的元素，返回其索引，不包括第 N 个元素。若不指定 M 和 N，则在整个列表中查找。若不指定 N，则从第 M 个到最后查找。若不存在 x，则抛出异常。具体示例如下：

```
>>> s = [1,3,2,3,4,5]
>>> s.index(3)
1                          # 第 1 个 3 的索引为 1
>>> s.index(3,2)           # 省略 N，则从第 2 个到最后查找 3 的索引
3
>>> s.index(3,2,4)
3
```

```
>>> s.index(3,2,3)                                    # 在索引 2 至索引 3( 不包括索引 3) 范围内查找
Traceback (most recent call last):
  File "<pyshell#3>", line 1, in <module>
    s.index(3,2,3)
ValueError: 3 is not in list
>>> s.index(6)                                        # 6 不存在，报错
Traceback (most recent call last):
  File "<pyshell#4>", line 1, in <module>
    s.index(6)
ValueError: 6 is not in list
```

3. insert 方法

在列表第 i 位置前插入 x，该位置后面的所有元素后移并且在列表中的索引加 1。如果 i 为正数且大于列表长度，则在列表尾部追加 x；如果 i 为负数且小于列表长度的相反数，则在列表头部插入元素 x。具体示例如下：

```
>>> s = [1,2,3,4,5]
>>> s.insert(0, 7)
>>> s
[7, 1, 2, 3, 4, 5]
>>> s.insert(6, 8)
>>> s
[7, 1, 2, 3, 4, 5, 8]
>>> s.insert(-1, 9)
>>> s
[7, 1, 2, 3, 4, 5, 9, 8]
>>> s.insert(-8, 0)
>>> s
[0, 7, 1, 2, 3, 4, 5, 9, 8]
```

4. remove 方法

在列表中删除第一个值为 x 的元素，该元素之后所有元素前移并且索引减 1。如果列表中不存在 x，则抛出异常。具体示例如下：

```
>>> s=[1,3,2,3,4,5]
>>> s.remove(3)                                       # 删除第一个 3
>>> s
[1, 2, 3, 4, 5]
>>> s.remove(7)                                       # 删除 7，提示错误
Traceback (most recent call last):
  File "<pyshell#45>", line 1, in <module>
    s.remove(7)
ValueError: list.remove(x): x not in list
```

5. pop 方法

删除并返回列表中下标为 i 的元素。若省略 i，则 i 默认为 -1，弹出最后一个元素。如果弹出中间位置的元素，则后面的元素索引减 1。如果 i 不是索引范围内的整数，则抛出异常。具体示例如下：

```
>>> s = [1,2,3,4,5]
>>> s.pop()
5
>>> s
[1, 2, 3, 4]
>>> s.pop(-2)
3
>>> s
[1, 2, 4]
```

```
>>> s.pop(3)                              # 超出范围，报错
Traceback (most recent call last):
    File "<pyshell#80>", lisortne 1, in <module>
        s.pop(3)
IndexError: pop index out of range
```

6. sort 方法

key 用来指定排序规则，默认按照数值排序。reverse 默认值为 False，表示升序。两个参数可以省略一个，也可以都省略。具体示例如下：

```
>>> s = [1,3,0,5,12,4,2]
>>> s.sort(key=str, reverse=True)         # 按照字符串类型，降序排列
>>> s
[5, 4, 3, 2, 12, 1, 0]
>>> s.sort(key=str)                       # 按照字符串类型，升序排列
>>> s
[0, 1, 12, 2, 3, 4, 5]
>>> s.sort(reverse=True)                   # 按照数值类型，降序排列
>>> s
[12, 5, 4, 3, 2, 1, 0]
>>> s.sort()                              # 按照数值类型，升序排列
>>> s
[0, 1, 2, 3, 4, 5, 12]
```

7. copy 方法

Python 程序设计中的拷贝（复制）分为浅拷贝和深拷贝。浅拷贝是将原列表的引用复制到一个新列表中。原列表与新列表中的不可变类型数据变化时，互不影响。若是可变类型数据变化，则互相影响。深拷贝是将原列表的数值复制到一个新的列表中，两个列表互相独立，互不影响。可以使用标准模块 copy 中的 deepcopy() 函数来实现深拷贝。

赋值 =、copy()、deepcopy() 三者之间的区别如表 4.4 所示。

表 4.4　赋值 =、copy()、deepcopy() 三者之间的区别

方法	区别
赋值 =	只复制了引用
浅拷贝 copy()	只复制顶层对象
深拷贝 deepcopy()	不管有多少层对象，全部复制一份副本

具体示例如下：

```
>>> s = [1,2,[3,4],5]
>>> s1 = s.copy()
>>> s1
[1, 2, [3, 4], 5]
>>> id(s)
2223554802312
>>> id(s1)
2223554802824
>>> s[0]=0                                # s[0]、s[1] 为整型，修改后不会相互影响
>>> s1[1]=7
>>> s
[0, 2, [3, 4], 5]
>>> s1
[1, 7, [3, 4], 5]
>>> s[2][0]=0                             # s[2] 为列表类型，修改后会相互影响
```

```
>>> s1[2][1]=9
>>> s
[0, 2, [0, 9], 5]
>>> s1
[1, 7, [0, 9], 5]
>>> s2=s1                                    # 赋值语句，s1 和 s2 指向同一个列表对象
>>> s2
[1, 7, [0, 9], 5]
>>> id(s1)                                   # 内存地址相同，s1 和 s2 所有修改互相影响
2223554802824
>>> id(s2)
2223554802824
```

4.1.4 列表的常用函数

列表的常用函数如表 4.5 所示。

表 4.5 列表的常用函数

函数	功能说明	实例	结果
list([x])	将字符串或元组 x 转换为列表，若省略 x，则创建空列表	list("Python") list((1,2,3))	['P', 'y', 't', 'h', 'o', 'n'] [1, 2, 3]
len(s)	列表 s 的元素个数（长度）	len([1,2,3,4,5])	5
min(s)	列表 s 中的最小元素	min([1,2,3,4,5])	1
max(s)	列表 s 中的最大元素	max("Python")	y
sum(s[,start])	列表 s 中元素求和，可设起始值 start，若省略，start 默认为 0	sum([1,2,3,4,5])	15
sorted(s[,key=None, reverse=False])	列表排序，参数含义同 sort( ) 方法	s=[1,3,5,4,2] sorted(s)	排序结果为 [1, 2, 3, 4, 5]
map(fun,iterable)	函数 fun 依次作用在 iterable 的每个元素上，得到一个新的迭代对象并返回	x, y=map(int,['1','2'])	x 的值为 1 y 的值为 2

部分函数的具体示例如下：

```
>>> s = list()                              # 创建一个空列表
>>> s
[]
>>> s = [1,2,[3,4],5]
>>> len(s)
4
>>> s = [1,2,3,4,5]
>>> sum(s,10)                               # 相当于 10+sum(s)
25
>>> x,y,z = map(int,input(" 请输入数据：").split( ))
请输入数据：1 2 3                            # 看似整数，实际被视为 '1 2 3'
>>> x
1
>>> y
2
>>> z
3
>>> '1 2 3'.split( )                         # 相当于 input(" 请输入数据：").split( )
['1', '2', '3']
```

```
>>> type(map(int,['1', '2', '3']))          #map 类型
<class 'map'>
>>> x,y,z = map(int,['1', '2', '3'])         # 对 ['1', '2', '3'] 中每个元素都调用 int 函数
>>> x                                        # 转换为整型后，分别赋值给 x, y, z
1
>>> y
2
>>> z
3
```

【例 4-4】 求斐波那契数列的前 20 项。

> **分析：** 斐波那契数列指的是这样一个数列：0，1，1，2，3，5，8，13，21，…这个数列从第 3 项开始，每一项都等于前两项之和。用数学的递推公式表示为
>
> $$F(0)=0,\ F(1)=1,\ F(i)=F(i-1)+F(i-2)(i \geq 2,\ i \in \mathbf{N}^*)$$

示例代码如下：

```
1    f = [0]*20                    # 生成一个元素都是 0 的列表，列表一共有 20 个 0
2    f[0],f[1]=0,1                 # 给前两项元素赋值
3    for i in range(2,20):         # 从第 3 项开始，利用循环给每一项赋值
4        f[i]=f[i-1]+f[i-2]
5    print(f)
```

运行结果如下：

```
[0, 1, 1, 2, 3, 5, 8, 13, 21, 34, 55, 89, 144, 233, 377, 610, 987, 1597, 2584, 4181]
```

4.1.5　列表推导

列表推导的目的是快速产生一个有规律的列表。列表推导的语法形式如下：

```
[ 表达式 for 表达式 1 in 序列 1
for 表达式 2 in 序列 2
……
for 表达式 n in 序列 n
if 条件表达式 ]
```

列表解析中的多个 for 语句相当于 for 结构中的嵌套使用。方括号不能省略。

具体示例如下：

```
>>> list1 = [x*x for x in range(5)]          #快速产生一个列表，存放 0-4 的平方
>>> print(list1)
[0, 1, 4, 9, 16]
>>> list2 = [x for x in range(10)]           #快速产生一个列表，存放 0~9
>>> print(list2)
[0, 1, 2, 3, 4, 5, 6, 7, 8, 9]
>>> list3 = [x**3 for x in range(10)]        #快速产生一个列表，存放 0~9 的立方
>>> print(list3)                             #快速产生一个列表，存放 1 和 2 组成的所有元组对
[0, 1, 8, 27, 64, 125, 216, 343, 512, 729]
>>> list4 = [(x+1,y+1) for x in range(2) for y in range(2)]
>>> print(list4)
[(1, 1), (1, 2), (2, 1), (2, 2)]
```

【例 4-5】 用三种方法快速产生一个列表，列表内容是 1~50 中的所有奇数。示例代码如下：

```
1    list5 = list(range(1,50,2))             #最简单，效率最高
2    print(list5)
3    list6 = [2*i-1 for i in range(1,26)]
4    print(list6)
```

```
5       list7 = [i for i in range(1,51) if i%2!=0 ]
6       print(list7)
```

运行结果如下：

```
[1, 3, 5, 7, 9, 11, 13, 15, 17, 19, 21, 23, 25, 27, 29, 31, 33, 35, 37, 39, 41, 43, 45, 47, 49]
[1, 3, 5, 7, 9, 11, 13, 15, 17, 19, 21, 23, 25, 27, 29, 31, 33, 35, 37, 39, 41, 43, 45, 47, 49]
[1, 3, 5, 7, 9, 11, 13, 15, 17, 19, 21, 23, 25, 27, 29, 31, 33, 35, 37, 39, 41, 43, 45, 47, 49]
```

【例 4-6】用四种方法快速产生一个列表，列表内容是 1~30 范围内偶数的平方。示例代码如下：

```
1       list8 = [i**2 for i in range(2,31,2)]
2       print(list8)
3       list9 = [i*i for i in range(2,31,2)]
4       print(list9)
5       list10 = [i**2 for i in range(1,31) if i%2==0]
6       print(list10)
7       list11 = [(2*i)**2 for i in range(1,16)]         #效率最高
8       print(list11)
```

运行结果如下：

```
[4, 16, 36, 64, 100, 144, 196, 256, 324, 400, 484, 576, 676, 784, 900]
[4, 16, 36, 64, 100, 144, 196, 256, 324, 400, 484, 576, 676, 784, 900]
[4, 16, 36, 64, 100, 144, 196, 256, 324, 400, 484, 576, 676, 784, 900]
[4, 16, 36, 64, 100, 144, 196, 256, 324, 400, 484, 576, 676, 784, 900]
```

4.2   元组

元组和列表非常类似，但是元组一旦初始化就不能修改。元组可以看作只读版的列表。元组的基本形式为：

```
(<元素 1>,<元素 2>,……,<元素 n>) 或 ()
```

其中，小括号可以省略。当元组只有一个元素时，逗号不能省略。

4.2.1   元组的创建

创建元组可以使用 tuple() 函数，它与 list() 函数类似，可以转换或创建成一个元组。具体示例如下：

```
>>> s = (1,2,3,4,5)
>>> s
(1, 2, 3, 4, 5)
>>> type(s)
<class 'tuple'>
>>> s = tuple("Python 程序 ")
>>> s
('P', 'y', 't', 'h', 'o', 'n', ' 程 ', ' 序 ')
>>> s = tuple([1,2,3])
>>> s
(1, 2, 3)
```

不可变的 tuple 有什么意义？因为 tuple 不可变，所以代码更安全。如果可能，能用 tuple 代替 list 就尽量用 tuple。

如果要定义一个空的 tuple，可以写成 ()。具体示例如下：

```
>>> t = ()
>>> t
()
```

但是，要定义一个只有 1 个元素的 tuple，如果这样定义：

```
>>> t = (1)
>>> t
1
>>> type(t)
<class 'int'>
```

那么，定义的不是 tuple，是 1 这个数！这是因为括号既可以表示 tuple，又可以表示数学公式中的小括号，这就产生了歧义。因此，Python 规定，这种情况下，按小括号进行计算，计算结果自然是 1。

所以，只有 1 个元素的 tuple 定义时必须加一个逗号来消除歧义，具体示例如下：

```
>>> t=(1,)
>>> t
(1,)
>>> type(t)
<class 'tuple'>
```

Python 在显示只有 1 个元素的 tuple 时，也会加一个逗号，以免误解成数学计算意义上的括号。

最后来看一个"可变的"tuple。具体示例如下：

```
>>> t = ('a', 'b', ['A', 'B'])
>>> t[2][0] = 'X'
>>> t[2][1] = 'Y'
>>> t
('a', 'b', ['X', 'Y'])
```

元组 t 定义的时候有三个元素，分别是 a，b 和一个 list。不是说 tuple 一旦定义后就不可变了吗？怎么后来又变了？

请看图 4.2，先看看定义的时候 tuple 包含的三个元素：

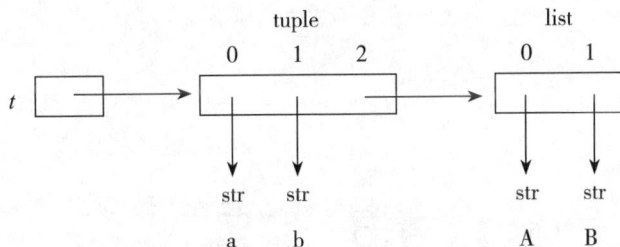

图 4.2　元组 t = ('a', 'b', ['A', 'B']) 的存储

把 list 的元素 A 和 B 修改为 X 和 Y 后，tuple 变为 t=('a', 'b', ['X', 'Y'])，如图 4.3 所示。

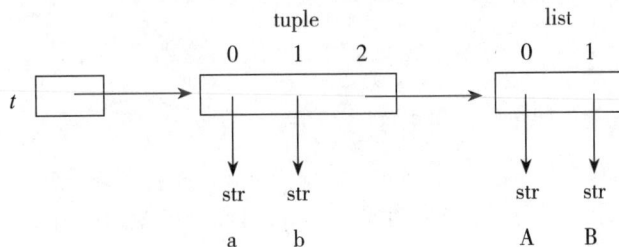

图 4.3　元组 t = ('a', 'b', ['X', 'Y']) 的存储

表面上看，tuple 的元素确实变了，但其实变的不是 tuple 的元素，而是 list 的元素。tuple 一开始指向的 list 并没有改成别的 list，所以，所谓的 tuple "不变"是指，tuple 的每个元素指向永远不变，即指

向 a，就不能改成指向 b；指向一个 list，就不能改成指向其他对象，但指向的这个 list 本身是可变的。

理解了"指向不变"后，要创建一个内容也不变的 tuple 怎么做？那就必须保证 tuple 的每一个元素本身也不能变。

4.2.2　元组的基本操作

在列表的基本操作、内置方法和内置函数中，那些不会改变元素值的基本都适用于元组，在此不再累述。元组不可用的方法和函数有 append()、extend()、insert()、remove()、pop()、index() 等。

元组就是不变的列表。很多内置函数和序列类型方法的返回值为元组类型。元组可以用作字典的键，也可以作为集合的元素，而列表则不可以。元组比列表的访问和处理速度更快，因此不需要修改元素的操作时，建议使用元组。

4.2.3　元组与列表的转换

元组与列表的区别在于：元组比列表的运算速度快，而且元组的数据比较安全。元组是不可改变的，为了保护其内容不被外部接口修改，不具有 append，extend，remove，pop，index 这些功能；而列表是可更改的。

所以，有些时候需要两者相互转换，tuple() 函数相当于冻结一个列表，而 list() 函数相当于解冻一个元组。具体示例如下：

```
>>> #list 转换为 tuple
>>> list1=[1,2,3]
>>> t=tuple(list1)
>>> t
(1, 2, 3)
>>> #tuple 转换为 list
>>> list(t)                        # 接收一个元组并返回一个列表
[1, 2, 3]
```

4.3　字典

字典 dict 全称 dictionary，在其他语言中也称为 map，使用键 – 值 (key-value) 存储，具有极快的查找速度。

4.3.1　字典的创建

字典的基本形式为：

```
{< 键 1>:< 值 1>,< 键 2>:< 值 2>,…,< 键 n>:< 值 n>} 或 { }
```

字典的键 (key) 只能使用不可变的类型，但值 (value) 可以是可变的或者不可变的类型。键是唯一的，不能重复，值可以重复。字典的多个键值对之间是无序的，所以打印输出的顺序与开始创建的顺序可能不同。创建字典的具体示例如下：

```
>>> x={' 书名 ':' 金融学 ',' 出版社 ':' 三联出版社 ',' 作者 ':' 王平 ',' 册数 ':1800}
>>> x
{' 书名 ':' 金融学 ',' 出版社 ':' 三联出版社 ',' 作者 ':' 王平 ',' 册数 ':1800}
```

```
>>> d1={}                          #空字典
>>> d1
{}
>>> type(d1)
<class 'dict'>
>>> d2 = dict()                    #空字典
>>> d2
{}
>>> d3 = dict(书名 ='金融学', 出版社 ='三联出版社', 作者 ='王平', 册数 =1800)
>>> d3
{'书名 ':'金融学','出版社 ':'三联出版社','作者 ':'王平','册数 ':1800}
```

4.3.2　字典的基本操作

可以通过键访问获得字典中该键对应的值, 语法格式为:

```
<字典名 >[<键 >]
```

也可以为键赋新的值, 来修改原有键对应的值。若键不存在, 则添加一个新元素。具体示例如下:

```
>>> x = {'书名 ':'金融学','出版社 ':'三联出版社','作者 ':'王平','册数 ':1800}
>>> x['出版社 ']                    #访问键 '出版社 '的值
'三联出版社 '
>>> x ['册数 ']=36000              #修改键 '册数 '的值
>>> x
{'书名 ':'金融学','出版社 ':'三联出版社','作者 ':'王平','册数 ':36000}
>>> x['作者电话 ']                  #访问不存在的键 '作者电话 ', 输出错误提示
Traceback (most recent call last):
File "<pyshell#5>", line 1, in <module>
        x['作者电话 ']
KeyError: '作者电话 '
>>> x['作者电话 ']='2846878'        #键 "作者电话 "不存在, 则添加键值对
>>> x
{'书名 ':'金融学','出版社 ':'三联出版社','作者 ':'王平','册数 ':1800,'作者电话 ':'2846878'}
```

要避免键不存在的错误, 有两种办法:

一是通过 in 判断键是否存在。具体示例如下:

```
>>> x= {'书名 ':'金融学','出版社 ':'三联出版社','作者 ':'王平','册数 ':1800}
>>>'作者 'in x
True
>>>'电话 'in x
False
```

二是通过字典提供的 get() 方法, 如果键不存在, 可以返回 None, 或者自己指定的值。具体示例如下:

```
>>> x= {'书名 ':'金融学','出版社 ':'三联出版社','作者 ':'王平','册数 ':1800}
>>> x.get('书名 ')
'金融学 '
>>> x.get('电话 ')
>>>
>>> x.get('电话 ', -1)
-1
```

注意: 返回 None 的时候, Python 的交互环境不显示结果。

由于一个 key 只能对应一个 value, 所以, 多次对一个 key 放入 value, 后面的值会把前面的值冲掉。具体示例如下:

```
>>> x= {'书名 ':'金融学','出版社 ':'三联出版社','作者 ':'王平','册数 ':1800}
>>> x['出版社 ']='北京大学出版社 '
>>> x
```

```
{' 书名 ':' 金融学 ',' 出版社 ':' 北京大学出版社 ',' 作者 ':' 王平 ',' 册数 ':1800}
>>> x[' 出版社 ']=' 清华大学出版社 '
>>> x
{' 书名 ':' 金融学 ',' 出版社 ':' 清华大学出版社 ',' 作者 ':' 王平 ',' 册数 ':1800}
```

请务必注意，字典内部存放的顺序和键放入的顺序是没有关系的。与列表相比，字典有以下几个特点。

(1) 查找和插入的速度极快，不会随着键的增加而变慢。

(2) 需要占用大量的内存，内存浪费多。

而列表相反，列表的特点如下。

(1) 查找和插入的时间随着元素的增加而增加。

(2) 占用空间小，浪费内存很少。

所以，字典是用空间来换取时间的一种方法。

字典可以用在需要高速查找的很多地方，在 Python 代码中几乎无处不在，正确使用字典非常重要，需要牢记的一条就是字典的键必须是不可变对象。最常用的键是字符串。

4.3.3 字典的常用方法

字典的常用方法如表 4.6 所示，这里假设 d = {' 书名 ':' 金融学 ',' 出版社 ':' 三联出版社 ',' 作者 ':' 王平 ',' 册数 ':1800}，t = {' 册数 ':36000}。

表 4.6 字典的常用方法

方法	功能说明	实例	结果
keys()	返回所有的键信息	d.keys()	dict_keys([' 书名 ',' 出版社 ',' 作者 ',' 册数 '])
values()	返回所有的值信息	d.values()	dict_values([' 金融学 ',' 三联出版社 ',' 王平 ', 1800])
items()	返回所有的键值对	d.items()	dict_items([(' 书名 ',' 金融学 '), (' 出版社 ',' 三联出版社 '), (' 作者 ',' 王平 '), (' 册数 ',1800)])
get(key[,default])	返回键对应的值，若键不存在，则返回默认值	d.get(' 书名 ')	' 金融学 '
setdefault(key[,default])	返回键对应的值，若键不存在，则添加该键值对	d.setdefault(' 书名 ')	' 金融学 '
pop(key[,default])	返回键对应的值，并删除该键值对，若键不存在，则返回默认值	d.pop(' 书名 ')	' 金融学 '
popitem()	随机返回一个键值对，并删除该键值对	d.popitem()	(' 册数 ', 1800)
clear()	清除所有的键值对	d.clear()	# 输出 d 结果 {}
update(t)	修改键对应的值，若键不存在，则添加该键值对	d.update(t)	# 输出 d 结果 {' 书名 ':' 金融学 ',' 出版社 ':' 三联出版社 ',' 作者 ':' 王平 ',' 册数 ':36000}
copy()	浅复制字典	s=d.copy()	# 输出 s 结果 {' 书名 ':' 金融学 ',' 出版社 ':' 三联出版社 ',' 作者 ':' 王平 ',' 册数 ':1800}

要删除一个键，用 pop 方法，对应的值也会从字典中删除。具体示例如下：

```
>>> x= {'书名':'金融学','出版社':'三联出版社','作者':'王平','册数':1800}
>>> x.pop('书名')
'金融学'
>>> x
{'出版社':'三联出版社','作者':'王平','册数':1800}
```

setdefault(key[,default]) 返回键对应的值，若键不存在，则添加该键值对。具体示例如下：

```
>>> d= {'书名':'金融学','出版社':'三联出版社','作者':'王平','册数':1800}
>>> d.setdefault('作者电话','2846878')
>>> d
{'书名':'金融学','出版社':'三联出版社','作者':'王平','册数':1800,'作者电话':'2846878'}
```

4.3.4　字典的常用函数

字典的常用函数如表 4.7 所示。这里假设 d={'书名':'金融学','出版社':'三联出版社','作者':'王平','册数':1800}，t={'册数':36000}。

表 4.7　字典的常用函数

函数	功能说明	实例	结果
keys()	返回所有的键信息	d.keys()	dict_keys(['书名','出版社','作者','册数'])
values()	返回所有的值信息	d.values()	dict_values(['金融学','三联出版社','王平',1800])
items()	返回所有的键值对	d.items()	dict_items([('书名','金融学'),('出版社','三联出版社'),('作者','王平'),('册数',1800)])
get(key[,default])	返回键对应的值，若键不存在，则返回默认值	d.get('书名')	'金融学'
popitem()	随机返回一个键值对，并删除该键值对	d.popitem()	('册数',1800)
clear()	清除所有的键值对	d.clear()	# 输出 d 结果 { }
update(t)	修改键对应的值，若键不存在，则添加该键值对	d.update(t)	# 输出 d 结果 {'书名':'金融学','出版社':'三联出版社','作者':'王平','册数':36000}
del	删除字典中指定的键值对	del d['书名']	# 输出 d 结果 {'出版社':'三联出版社','作者':'王平','册数':1800}
len(d)	返回字典的长度，即键值对个数。	len(d)	4

get(\<key\>[,\<default\>]) 函数返回键对应的值，若键不存在，则返回默认值，但不会将键和默认值添加到字典中。具体示例如下：

```
>>> d= {'书名':'金融学','出版社':'三联出版社','作者':'王平','册数':1800}
>>> d.get('电话','2846878')
'2846878'
```

popitem() 函数随机返回一个键值对，并删除该键值对。具体示例如下：

```
>>> d= {'书名':'金融学','出版社':'三联出版社','作者':'王平','册数':1800}
>>> d.popitem()
('作者','王平')
```

```
>>>d
{' 书名 ':' 金融学 ',' 出版社 ':' 三联出版社 ',' 册数 ':1800}
```

update( ) 函数修改键对应的值，若键不存在，则添加该键值对。具体示例如下：

```
>>>d= {' 书名 ':' 金融学 ',' 出版社 ':' 三联出版社 ',' 作者 ':' 王平 ',' 册数 ':1800}
>>> d1={' 册数 ':36000,' 作者电话 ':'2846878'}
>>> d.update(d1)
>>> d
{' 书名 ':' 金融学 ',' 出版社 ':' 三联出版社 ',' 作者 ':' 王平 ',' 册数 ':36000,' 作者电话 ':'2846878'}
```

del 的功能是删除指定的键值对，如果键值对不存在，则报错。具体示例如下：

```
>>> d= {' 书名 ':' 金融学 ',' 出版社 ':' 三联出版社 ',' 作者 ':' 王平 ',' 册数 ':1800}
>>> del d[' 电话 ']                          # 删除不存在的键 " 电话 "，输出错误提示
Traceback (most recent call last):
    File "<pyshell#100>", line 1, in <module>
        del d[" 电话 "]
KeyError: ' 电话 '
```

4.3.5 字典推导

字典推导式和列表推导式类似，也是与循环和条件判断表达式配合使用，不同的是字典推导式返回值是一个字典，所以整个表达式需要写在 {} 内部。

1. 字典推导语法 1

`new_dictionary = {key_exp:value_exp for key, value in dict.items( ) if condition}`

字典推导式说明：

(1) key：dict.items( ) 字典中的 key。

(2) value：dict.items( ) 字典中的 value。

(3) dict.items( )：序列。

(4) condition：if 条件表达式。

(5) key_exp：在 for 循环中，如果 if 条件表达式 condition 成立（条件表达式成立），返回对应的 key，value，当作 key_exp，value_exp 处理。

(6) value_exp：在 for 循环中，如果 if 条件表达式 condition 成立（条件表达式成立），返回对应的 key，value，当作 key_exp，value_exp 处理。

这样就返回一个新的字典。

2. 字典推导语法 2

`{key_exp:value_exp1 if condition else value_exp2 for key, value in dict.items( )}`

字典推导式说明：

(1) key：dict.items( ) 字典中的 key。

(2) value：dict.items( ) 字典中的 value。

(3) dict.items( )：序列。

(4) condition：if 条件表达式的判断内容。

(5) value_exp1：在 for 循环中，如果条件表达式 condition 成立（条件表达式成立），返回对应的 key，value，并当作 key_exp，value_exp1 处理。

(6) value_exp2：在 for 循环中，如果条件表达式 condition 不成立 (条件表达式不成立)，返回对应的 key，value，并当作 key_exp，value_exp2 处理。

【例 4-7】获取字典中 key 值是小写字母的键值对。

```
1    dictionary_1 = {'a': '1234', 'B': 'FFFF', 'c': ' 23432', 'D': '124fgr', 'e': 'eeeee'}
2    new_dict_1 = {key: value for key, value in dictionary_1.items() if key.islower()}
3    # 下面代码中的 g, h 只是一个变量，使用任意字母都可以，但是一定要前后保持一致
4    new_dict_2 = {g: h for g, h in dictionary_1.items() if g.islower()}
5    print(new_dict_1)
6    print(new_dict_2)
```

运行结果如下：

```
{'a': '1234', 'c': ' 23432', 'e': 'eeeee'}
{'a': '1234', 'c': ' 23432', 'e': 'eeeee'}
```

【例 4-8】将字典中的所有 key 设置为小写。

```
1    dictionary_1 = {'a': '1234', 'B': 'FFFF', 'c': ' 23432', 'D': '124fgr', 'e': 'eeeee'}
2    new_dict_3 = {key.lower(): value for key, value in dictionary_1.items()}
3    print(new_dict_3)
```

运行结果如下：

```
{'a': '1234', 'b': 'FFFF', 'c': ' 23432', 'd': '124fgr', 'e': 'eeeee'}
```

【例 4-9】将字典中的所有 key 值设置为小写，value 值设置为大写。

```
1    dictionary_1 = {'a': '1234', 'B': 'FFFF', 'c': ' 23432', 'D': '124fgr', 'e': 'eeeee'}
2    new_dict_4 = {key.lower(): value.upper() for key, value in dictionary_1.items()}
3    print(new_dict_4)
```

运行结果如下：

```
{'a': '1234', 'b': 'FFFF', 'c': ' 23432', 'd': '124FGR', 'e': 'EEEEE'}
```

【例 4-10】将字典中所有 key 是小写字母的，value 统一赋值为 "error"。

```
1    dictionary_1 = {'a': '1234', 'B': 'FFFF', 'c': ' 23432', 'D': '124fgr', 'e': 'eeeee', }
2    new_dict_5 = {key: value if not key.islower() else 'error' for key,\
                    value in dictionary_1.items()}          # if 条件表达式用到了 "非" 的逻辑
3    print(new_dict_5)
```

在例 4-10 中，第 2 行 not key.islower() 这一段代码的含义是：如果 key 值不是小写的。第 2 行 value if not key.islower() else 'error' 这一段代码的含义是：如果 key 值不是小写的，那么返回 if 前面的 value 值，否则就返回 else 后面的值。由于第 2 行代码太长，于是使用了续行符 (\)，分成两行书写。

运行结果如下：

```
{'a': 'error', 'B': 'FFFF', 'c': 'error', 'D': '124fgr', 'e': 'error'}
```

4.3.6 字典与列表的转换

1. 字典转列表

字典转列表的关键点是 key 和 value 的采集与转换，两者不能同时进行转换，只能一次转换一种。具体示例如下：

```
>>> d1 = {"1001":"wang01","1002":"wang02","1003":"wang03"}
>>> d2 = list(d1)
>>> d2
['1001', '1002', '1003']
>>> d3 = list(d1.keys())
>>> d3
```

```
['1001', '1002', '1003']
>>> d3 = list(d1.values())
>>> d3
['wang01', 'wang02', 'wang03']
```

2. 列表转字典

列表转字典的关键在于列表中哪些数据作为 key，哪些数据作为 value。直接转方式是实现不了的，需要借助 zip() 函数来实现。具体示例如下：

```
>>> y1 = ["a","b","c"]
>>> y2 = [1,2,3]
>>> y3 = zip(y1,y2)
>>> y3
<zip object at 0x0000015EB70F2648>
>>> type(y3)
<class 'zip'>                               #zip 类型
>>> y4 = dict(y3)
>>> y4
{'a': 1, 'b': 2, 'c': 3}
>>> y5 = dict(zip(y2,y1))
>>> y5
{1: 'a', 2: 'b', 3: 'c'}
```

zip(x, y) 函数对 x 和 y 中的数据重新进行打包组合，构成新的数据 zip 类型，利用 dict() 函数就可以把这个数据转换为字典了。

4.4 集合

集合 (set) 和字典类似，也是一组键的集合，但不存储 value。集合中元素不可重复，元素类型只能是不可变数据类型。集合的基本形式为：

{<元素 1>,<元素 2>,…,<元素 n>}

集合中元素是无序的，它没有索引和位置的概念，元素打印输出的顺序与开始创建的顺序可能不同。由于集合元素不可重复，使用集合类型能过滤掉重复元素。

4.4.1 集合的创建

可以使用花括号 ({}) 创建集合，元素之间用逗号分隔，或者可以使用 set() 函数创建集合。

> 注意：创建一个空集合必须用 set() 而不是 {}，因为 {} 用于创建一个空字典。

创建集合的几种方法具体示例如下：

```
>>> s = {1,2,3,4,5}
>>> s
{1, 2, 3, 4, 5}
>>> s[0]                                    # 集合不支持索引
Traceback (most recent call last):
  File "<pyshell#23>", line 1, in <module>
    s[0]
TypeError: 'set' object does not support indexing
>>> s = set()                               # 创建空集合
```

```
>>> s
set( )
>>> type(s)
<class 'set'>
>>> s={}                                        # 创建空字典，不是空集合
>>> type(s)
<class 'dict'>
>>> s = set([1,2,3,4,5])                         #set( ) 函数将列表转换成集合
>>> s
{1, 2, 3, 4, 5}
>>> s = set([1, 1, 2, 2, 3, 3])                  # 重复元素在 set 中自动被过滤
>>> s
{1, 2, 3}
```

创建集合可以提供一个可迭代的 (iterable) 对象作为输入集合，不仅仅是列表，字符串、map 等都可以。可迭代的对象都是可以遍历的，也就是说，凡是可以用 for 循环的，都是可迭代的。

4.4.2　集合的基本操作

集合中的元素不会重复，并且可以进行交集、并集、差集等常见的集合操作。可以直接使用 print( ) 函数来打印整个集合的内容。具体示例如下：

```
>>> my_set = {1, 2, 3, 4, 5}
>>> print(my_set)
{1, 2, 3, 4, 5}
```

【例 4–11】使用 for 循环遍历集合中的每个元素并输出。示例代码如下：

```
1    my_set = {1, 2, 3, 4, 5}
2    for element in my_set:
3        print(element,)
```

运行结果如下：

```
1
2
3
4
5
```

【例 4–12】使用 in 关键字检查集合中是否存在特定元素。示例代码如下：

```
1    my_set = {1, 2, 3, 4, 5}
2    if 3 in my_set:                         # 检查 3 是否存在于 set 中
3        print("3 存在于集合中 ")
4    else:
5        print("3 不存在于集合中 ")
```

运行结果如下：

```
3 存在于集合中
```

4.4.3　集合的常用方法

假设 s={1,2,3}，t={2,6}，集合的常用方法如表 4.8 所示。

表 4.8　集合的常用方法

方法	功能说明	实例	结果
add(x)	添加元素 x 到集合中	s.add(5)	{1,2,3,5,6}
union(t)	返回包含两个集合中所有唯一元素的集合	s.union(t)	{1,2,3,6}

（续表）

方法	功能说明	实例	结果
intersection(*t*)	返回两个集合中共同存在的元素组成的集合	*s*.intersection(*t*)	{2}
difference(*t*)	返回在第一个集合中但不在第二个集合中的元素组成的集合	*s*.difference(*t*)	{1,3}
symmetric_difference(*t*)	返回两个集合中不重复的元素组成的集合，即属于其中一个集合但不属于交集的元素	*s*.symmetric_difference(*t*)	{1,3,6}
discard(*x*)	删除元素 *x*，若不存在 *x*，不报错	*s*.discard(3)	{1, 2}
remove(*x*)	删除元素 *x*，若不存在 *x*，报错	*s*.remove(3)	{1, 2}
clear( )	清除集合中所有元素	*s*.clear( )	set( )
update(*t*)	合并集合 *t* 到原集合中，并自动过滤重复元素	*s*.update(*t*)	{1,2,3,6}
copy( )	复制集合	*t*=*s*.copy( )	输出 *t* {1, 2, 3}
isdisjoint(*t*)	若集合与 *t* 没有相同元素，返回 True，否则返回 False	*s*.isdisjoint(*t*)	False

4.4.4　集合的常用函数

假设 *s*={1,2,3}，*t*={2,6}，集合的常用函数如表 4.9 所示。

表 4.9　集合的常用函数

函数	功能说明	实例	结果
add(*x*)	添加元素 *x* 到集合中	*s*.add(4)	{1,2,3,4,6}
pop( )	随机返回一个元素，并删除该元素	*s*.pop( )	1
discard(*x*)	删除元素 *x*，若不存在 *x*，不报错	*s*.discard(3)	{1,2}
remove(*x*)	删除元素 *x*，若不存在 *x*，报错	*s*.remove(3)	{1,2}
clear( )	清除集合中所有元素	*s*.clear( )	set( )
update(*t*)	合并集合 *t* 到原集合中，并自动过滤重复元素	*s*.update(*t*)	{1,2,3,6}
copy( )	复制集合	*t*=*s*.copy( )	输出 *t* {1,2,3}
isdisjoint(*t*)	若集合与 *t* 没有相同元素，返回 True，否则返回 False	*s*.isdisjoint(*t*)	False
len(*s*)	返回集合元素个数	len(*s*)	3

部分函数的示例如下：

```
>>> s = {1,2,3,4,5}
>>> s.pop()                          # 弹出集合的第一个元素，并返回该元素的值
1
>>> s
{2, 3, 4, 5}
>>> s.discard(6)                     # 删除不存在的 6，不报错
>>> s.remove(6)                      # 删除不存在的 6，报错
Traceback (most recent call last):
```

```
File "<pyshell#58>", line 1, in <module>
    s.remove(6)
KeyError: 6
```

4.5　多重赋值

多重赋值指的是用赋值号一次给多个变量赋值，多重赋值有两种方式，具体如下。

4.5.1　利用赋值号

赋值号右边先完成计算，然后赋值给左边变量。具体示例如下：

```
>>> m,n = y,x+y
```

以上赋值等价于如下代码：

```
>>> m = y
>>> n = x+y
```

数据交换，即交换两个变量的值。具体示例如下：

```
>>> a,b=1,2
>>> a
1
>>> b
2
>>> a,b=b,a
>>> a
2
>>> b
1
```

4.5.2　利用组合数据类型

可以利用 list、tuple、dic 给多个变量赋值。

将列表内容赋值给多个变量，具体示例如下：

```
>>> ls = [1,2,'3','4']
>>> a,b,c,d = ls
>>> a
1
>>> b
2
>>> c
'3'
>>> d
'4'
```

注意：变量个数必须等于 list(tuple,dic) 的长度。

当变量个数与 list 长度不同时，可以考虑使用 "*"。具体示例如下：

```
>>> ls = [1,2,'3']
>>> a,*b = ls
>>> a
1
```

```
>>> b
[2, '3']
```

字典多重赋值时，赋予的是 key。具体示例如下：

```
>>> dic = {'name':'f','class':2}
>>> a,b = dic
>>> a
'name'
>>> b
'class'
>>> x=dic
>>> x
{'name': 'f', 'class': 2}
```

关于可变类型的嵌套多重赋值问题，举一个例子，如果想将列表 index=0 位置的元素 1，换到 index=1 的位置处，具体示例如下：

```
# 方法 1
>>> nums = [1,2,4,4,0]
>>> index = 0
>>> nums[nums[index]],nums[index] = nums[index],nums[nums[index]]
>>> nums
[2, 1, 4, 4, 0]
# 方法 2
>>> nums = [1,2,4,4,0]
>>> index = 0
>>> nums[index],nums[nums[index]] = nums[nums[index]],nums[index]
>>> nums
[2, 2, 1, 4, 0]
```

说明：方法 1 正确，方法 2 错误。主要是因为方法 2 的第 3 行代码中，先将 nums[index] 改变了，由于列表是可变类型，列表即刻就改变了。所以，编程中应尽量避免这种多重嵌套类型的赋值，以免出现错误。

4.6 标准模块 random 的使用

random 模块是 Python 标准库中用于生成伪随机数的模块，在一定范围内表现出随机性。这些数列虽然在一定程度上是可预测的，但对于大多数应用来说已经足够。

为什么称生成的数为伪随机数？人类使用算法等方式，以一个基准 (也叫作种子，最常用的就是时间戳) 来构造一系列数字，这些数字的特性符合人们所理解的随机数。但因为这些数字是通过算法得到的，所以一旦算法和种子都确定，那么产生的随机数序列也是确定的，所以叫伪随机数。

标准模块 random 中的常用函数如表 4.10 所示。(假设 s=[1,2,3,4,5])

表 4.10　标准模块 random 中的常用函数

函数	功能说明	实例
seed(N)	初始化随机数种子，若不指定 N，则 N 默认值为系统当前时间，N 一般为整数	seed(1)
random()	生成一个 [0.0,1.0) 区间内的随机小数	random()
uniform(M,N)	生成一个 [M,N] 区间内的随机小数	uniform(1,10)
randint(M,N)	生成一个 [M,N] 区间内的随机整数	randint(1,10)

(续表)

函数	功能说明	实例
randrange([M,]N[,K])	生成一个 [M,N) 区间内，以 K 为步长的随机整数。M 默认值为 0，K 默认值为 1	randrange(1,10,2)
getrandbits(K)	生成一个 K 比特长度的随机整数	getrandbits(3)
choice(s)	从序列 s 中随机返回一个元素	choice(s)
sample(pop,K)	从序列中无放回地随机抽取 K 个元素，用于无重复的随机抽样	sample(s,2)
shuffle(s)	将序列 s 中元素随机排列，返回打乱后的序列	shuffle(s)

1. random() 函数

random( ) 函数随机生成一个在 [0.0, 1.0) 区间内的浮点数 (左闭右开区间)。具体示例如下：

```
>>> from random import *
>>> number = random()
>>> print(number)                           # 输出的数据是随机的
0.2502455336435293
```

2. seed() 函数

seed( ) 函数初始化随机数种子，若不指定 N，则 N 默认值为系统当前时间，N 一般为整数。没有设定种子时，每次输出的随机数都是不一样的；显示设置种子时，每次输出的随机数都是一样的。

【例 4-13】seed( ) 函数的使用举例。

```
from random import *
print(" 没有设置种子时 ")
for i in range(10):
    ret = randint(1, 10)
    print(ret, end=" ")
print( )
print(" 设置种子时 ")
seed(1)
for i in range(10):
    ret = randint(1, 10)
    print(ret, end=" ")
```

第一次运行该程序的结果如下：

```
没有设置种子时
4 8 9 5 1 1 8 1 5 6
设置种子时
3 10 2 5 2 8 8 8 7 4
```

第二次运行该程序的结果如下：

```
没有设置种子时
1 1 0 2 7 5 2 8 6 3 9
设置种子时
3 10 2 5 2 8 8 8 7 4
```

3. randint() 函数

randint( ) 函数生成一个 [M,N] 区间内的随机整数。具体示例如下：

```
>>> from random import *
>>> print(randint(100, 200))               # 返回 100<=N<=200 范围内的随机整数
192
```

4. choice() 函数

choice() 函数从非空序列中返回一个随机元素。如果序列为空，则引发 IndexError。具体示例如下：

```
>>> from random import *
>>> a = ['alice', 'bob', 'helen', 'jack', 'sue']
>>> print(choice(a))                              # 从列表中随机选取一个元素
sue
>>> b = ('alice', 'bob', 'helen', 'jack', 'sue')
>>> print(choice(b))                              # 从元组中随机选取一个元素
helen
>>> c = {'alice', 'bob', 'helen', 'jack', 'sue'}
>>> print(choice(c))                              # 不支持从集合中随机选取，会报错
Traceback (most recent call last):
  File "<pyshell#7>", line 1, in <module>
    print(choice(c))
  File "C:\Program Files\Python312\Lib\random.py", line 348, in choice
    return seq[self._randbelow(len(seq))]
TypeError: 'set' object is not subscriptable
>>> d = {'alice': 16, 'bob': 18, 'helen': 19, 'jack': 20, 'sue': 22}
# 不支持从字典中随机选取，会报错，但可以使用 random.choice(list(d.items())) 实现
>>> print(random.choice(d))
Traceback (most recent call last):
  File "<pyshell#9>", line 1, in <module>
    print(random.choice(d))
AttributeError: 'builtin_function_or_method' object has no attribute 'choice'
>>> print(choice(list(d.items())))
('helen', 19)
>>> e = 'ABCDEFGHIJKLMNOPQRSTUVWXYZ'
>>> print(random.choice(e))                       # 从字符串中随机选取一个元素
C
```

5. shuffle() 函数

将序列 s 中的元素随机排列，返回打乱后的序列。具体示例如下：

```
>>> from random import *
>>> fruits = ['apple', 'banana', 'orange', 'grape', 'watermelon']
>>> shuffle(fruits)                               # 注意：改变的是原列表
>>> print(fruits)
['orange', 'watermelon', 'banana', 'grape', 'apple']
```

6. sample() 函数

从序列中无放回地随机抽取 K 个元素，用于无重复的随机抽样。具体示例如下：

```
>>> from random import *
>>> fruits = ['apple', 'banana', 'orange', 'grape', 'watermelon']
>>> print(sample(fruits,len(fruits)))             # 输出一个新的随机打乱序列，原列表没有变化
['watermelon', 'banana', 'orange', 'grape', 'apple']
>>> print(fruits)
['apple', 'banana', 'orange', 'grape', 'watermelon']
```

【例 4-14】编写一个随机课堂考勤程序。设学生序号和姓名已存入字典，请随机确定一个考勤学生，并输出学生序号和姓名。示例代码如下：

```
1    from random import *
2    data={1:" 张一 ",2:" 张二 ",3:" 张三 ",4:" 张四 "}
3    n=len(data)                    #n 为学生人数
4    x=randint(1,n)                 # 设学生的序号从 1 开始，且连续
5    print(" 随机选中的学生为：",x,data[x])
```

第一次运行结果如下:

随机选中的学生为: 3 张三

第二次运行结果如下:

随机选中的学生为: 1 张一

4.7　习题与实验

一、填空题

1. 设列表 x=[2, 5, 8, 9, 6, 1, 13, 15, 10], 则 x[2:5] 的值为 _____ 。

2. 设列表 x=[1, 2, 3, 4, 5, 6, 7], 那么 x.pop( ) 的结果是 _____ 。

3. 设列表 s=['1', '10', '3', '5'], 则表达式 max(s) 的值为 _____ 。

4. 表达式 [4]in[1, 2, 3, 4] 的值为 _____ 。

5. 字典的 _____ 方法, 返回所有的键值对。

6. 下面代码的输出结果是 _____ 。

```
x=list(range(10))
x[:8]=[ ]
print(x)
```

7. 下面代码的输出结果是 _____ 。

```
x=list(range(5))
x.remove(3)
print(x.index(4))
```

8. 下面代码的输出结果是 _____ 。

```
x,y=map(int,['1','2'])
print(x+y)
```

9. 下面代码的输出结果是 _____ 。

```
x={1:2,2:3,3:4}
print(sum(x.values( )))
```

10. 下面代码的输出结果是 _____ 。

```
x={1,2,3}
x.add(3)
print(x)
```

11. 随机密码生成。补充以下程序, 实现在 26 个大小写字母和 9 个数字组成的列表中随机生成一个 8 位密码。

```
from random import choice
chars=['0','1','2','3','4','5','6','7','8','9','a','b','c','d','e','f', 'g', 'h', 'i', 'j', 'k', 'l','m','n','o','p','q','r', 's','t', 'u', 'v', 'w', 'x', 'y', 'z', 'A', 'B', 'C', 'D','E','F', 'G', 'H', 'I', 'J', 'K', 'L','M', 'N','O','P','Q','R', 'S','T', 'U', 'V', 'W','X', 'Y', 'Z']
_____
_____
```

二、选择题

1. 下列 (　　) 类型数据是不可变化的。

　A. 集合　　　　　　B. 字典　　　　　　C. 元组　　　　　　D. 列表

2. 下面不属于 Python 内置对象的是 (　　)。

    A. char   B. list   C. dict   D. set

3. 已知 x=[1,2] 和 y=[3,4]，那么 $x+y$ 的结果是 (　　)。

    A. 3   B. 7   C. [1,2,3,4]   D. [4，6]

4. 已知 x=[1,2,3]，那么 $x\times3$ 的值为 (　　)。

    A. 6   B. 18   C. [3,6,9]   D. [1, 2, 3, 1, 2, 3, 1, 2, 3]

5. 已知 x=[1,2,3]，执行语句 x.append(4) 之后，x 的值是 (　　)。

    A. [1, 2, 3, 4]   B. [4]   C. [1, 2, 3]   D. 4

6. 下列 (　　) 不是 Python 元组的定义方式。

    A. (1)   B. (1,)   C. (1,2)   D. (1,2,(3,4))

7. 若 a=(1,2,3)，下列 (　　) 操作是不合法的。

    A. a[1:-1]   B. $a\times3$ C. a[2]=4   D. list(a)

8. 对于一个列表 a 和一个元组 b，(　　) 函数调用是错误的。

    A. sorted(a)   B. sorted(b)   C. a.sort()   D. b.sort()

9. 以下 (　　) 语句定义了一个 Python 字典。

    A. {}   B. {1,2,3}   C. (1,2,3)   D. [1,2,3]

10. 以下不能作为字典的 key 的是 (　　)。

    A. 'num'   B. A=['stuName']   C. 123   D. A=('sum')

11. 如果 name=" 全国计算机等级考试二级 Python"，下面输出错误的是 (　　)。

    A. >>>print(name[0],name[8],name[−1])   输出结果：全　试

    B. >>>print(name[11：])   输出结果：Python

    C. >>>print(name[:])   输出结果：全国计算机等级考试二级 Python

    D. >>>print(name[:11])   输出结果：全国计算机等级考试二级

12. 下列不属于组合数据类型的是 (　　)。

    A. 序列类型   B. 集合类型   C. 映射类型   D. 数组类型

13. 下面对元组的描述中不正确的是 (　　)。

    A. 元组是一种集合类型

    B. 元组一旦被创建就不能被修改

    C. 一个元组可以作为另外一个元组的元素

    D. Python 程序中元组可以采用逗号和圆括号来表示

14. 列表 ls=[[1,2,3],[[4,5],6],[7,8]]，则 len(ls) 的值是 (　　)。

    A. 1   B. 3   C. 4   D. 8

15. 下面是错误的字典创建方式的是 (　　)。

    A. d={1:[1,2],3:[3,4]}   B. d={[1,2]:1,[3,4]:3}

    C. d={(1,2):1,(3,4):3}D.   D. d={' 张三 ':1,' 李四 ':2}

16. 下列关于 random 模块描述不正确的是 (　　)。

    A. 生成随机数之前必须指定随机数种子

B. 设定相同种子, 每次调用随机函数生成的随机数相同

C. 通过 from random import * 可以引入 random 模块

D. 通过 import random 可以引入 random 模块

三、实验题

1. 计算 100 以内所有奇数的和, 并输出结果。

2. 输入任意一个整数, 用逗号分隔, 计算并输出它们的平均值, 保留一位小数。

3. 输入 10 个正整数, 将前 5 个升序排列, 后 5 个降序排列, 并输出结果。

4. 随机产生一个 6 位密码并输出。要求密码中只包含 0~9 的数字和大写英文字母。例如, 8LTXGD、OSXVTR、BKG64J 都是随机产生的密码。

5. 使用字典存储学生的学号和姓名。请编程模拟以下过程:

(1) 设 3 个同学的信息已经存入字典, 如 d={1:" 张三 ",2:" 李四 ",3:" 王五 "}。

(2) 输入一个新同学的信息, 添加到字典中。

(3) 输入一个学号, 查询对应学生的姓名并输出。

(4) 输入一个学号, 修改对应学生的姓名。

(5) 输入一个学号, 删除对应学生的信息。

(6) 最后输出字典中的所有信息。

第 5 章 函数

合抱之木，生于毫末；九层之台，起于累土；千里之行，始于足下。

——《道德经》

函数是一段具有特定功能的、可重复使用的代码块，是编程中最基本的模块化单元。每一个简单的函数都像是一颗小小的种子，蕴含着无限的潜力。本章将带领读者学习函数的定义、调用方式、参数传递、返回值处理等核心知识，探讨函数的应用，帮助读者理解函数在程序设计中的核心作用。通过对函数的学习，读者可以掌握将复杂的任务拆解为易于管理和维护的小模块的方法，这种方法能够提升程序的可读性、可维护性以及复用性。

学习目标

(1) 理解函数的基本概念和作用。
(2) 掌握函数的参数类型和传递方式。
(3) 熟悉函数返回值的概念。
(4) 理解变量的作用域。
(5) 掌握匿名函数的定义与使用。
(6) 了解函数嵌套与递归的概念。
(7) 掌握自定义函数库的创建和使用。
(8) 理解并熟练使用标准模块 datetime。

思维导图

5.1　函数的定义与调用

本节将详细介绍 Python 编程中的函数定义与调用方法。通过学习本节内容，读者将了解如何使用 def 关键字定义函数，理解函数的组成部分，包括函数名、参数列表、函数体和返回值。此外，本节还将介绍如何调用已定义的函数以及函数调用时参数的传递方式。

5.1.1　函数的定义

函数是一段具有特定功能的代码块，它能够接收输入、执行任务并返回输出。在程序中，函数可以被多次调用，每次调用时可以传入不同的参数，从而得到不同的结果。函数的定义与调用极大地增强了程序的灵活性和可扩展性。

在 Python 中，函数通过 def 关键字进行定义。定义函数时，需要指定函数名，列出函数的参数以及在函数体内编写执行的代码。函数通过 return 语句返回结果，可以是任何类型的值，甚至是多个值。函数定义的基本语法如下：

```
def 函数名 ([ 参数列表 ]):
    函数体
    [return 返回值 ]
```

在上述函数定义语法中，def 后面紧跟函数的名称，随后是一个圆括号，括号内列出函数的参数，参数之间用逗号分隔。函数的主体部分由缩进的代码块构成，表示该函数内部执行的操作。如果函数有返回值，则使用 return 语句来指定返回值；如果没有返回值，函数默认返回 None。

从上述函数定义语法可以看到一个完整的函数通常包括以下四个主要部分。

(1) 函数名。函数名是函数的标识符，通过函数名可以在程序中调用该函数。函数名应遵循 Python 的命名规则，通常使用小写字母和下划线分隔单词 (如 calculate_area)。

(2) 参数列表。函数可以接收零个或多个输入值，这些输入值称为参数。参数列表位于函数名后的圆括号内，多个参数用逗号分隔。如果函数没有参数，可以留空括号。

(3) 函数体。函数体是函数的核心部分，包含函数执行的实际操作。函数体中的语句在函数被调用时按顺序执行。

(4) 返回值。函数通过 return 语句返回执行结果。若没有显式返回值，则默认返回 None。

为了更清楚地展示如何定义函数，以下给出一个简单的代码示例：

```
1    # 定义一个函数，判断一个数是否为偶数
2    def is_even(number):                        # 使用 def 关键字定义函数 is_even，包含一个参数 number
3        # 函数体判断 number 是否为偶数，并使用 return 语句返回布尔值
4        if number% 2 == 0:
5            return True
6        else:
7            return False
```

上述示例代码中定义了一个名为 is_even 的函数，该函数接收一个参数 number，并判断该数是否为偶数。函数体包含一个条件判断语句，根据判断结果返回 True 或 False。

5.1.2　函数的调用

函数调用是指在程序的某个位置使用已定义的函数名和参数，以触发该函数的执行。通过调用函数，程序控制权被传递到函数定义的位置，函数体内的代码开始执行。执行完成后，程序会将结果返回到调用函数的位置，并继续执行后续的程序代码。函数调用是编写结构化程序的关键步骤，通过调用函数，可以简化代码结构，提高代码的复用性和可维护性。

函数调用的基本语法如下：

```
函数名 ( 参数列表 )
```

上述函数调用的基本语法中，函数的调用形式通常为函数名 (参数列表)，其中函数名是在函数定义时指定的名称，参数列表是传递给函数的实际参数。若函数没有参数，则调用时圆括号内为空。

函数定义完成后，可以在程序的任何位置调用该函数，只要它在当前作用域中可见。调用函数时，可以传入具体的实参，实参的个数和顺序应与函数定义时的形参一致。函数的返回值可以用于计算、赋值或输出。

以下代码示例展示了如何定义和调用一个简单的函数：

```
1   # 定义一个计算矩形面积的函数
2   def calculate_area(length, width):
3       """
4       计算矩形的面积。
5       参数：
6           length (float): 矩形的长度
7           width (float): 矩形的宽度
8       返回：
9           float: 矩形的面积
10      """
11      area = length * width              # 计算矩形面积
12      return area                        # 返回计算结果
13  # 位置参数调用函数
14  rectangle_area = calculate_area(10, 5)            # 按照位置顺序传递参数
15  print(" 矩形的面积是 :", rectangle_area)
16  # 关键字参数调用函数
17  rectangle_area2 = calculate_area(width=5, length=10)   # 通过参数名传递参数
18  print(" 矩形的面积是 :", rectangle_area2)
```

运行结果如下：

```
矩形的面积是 : 50
矩形的面积是 : 50
```

上述示例代码中定义了一个名为 calculate_area() 的函数，它接收两个参数 length 和 width，分别表示矩形的长和宽。在函数体内，计算矩形的面积，返回计算得到的面积值。函数 calculate_area() 的调用流程如图 5.1 所示。

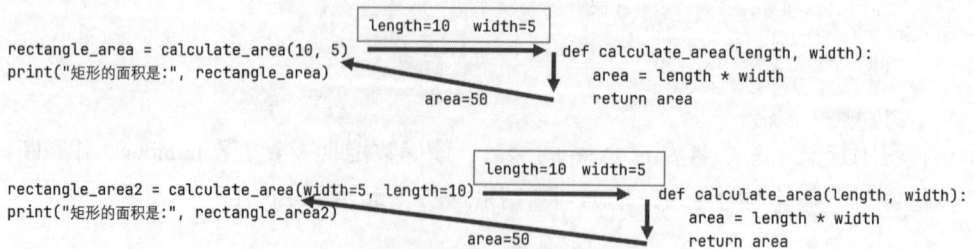

图 5.1　函数 calculate_area() 调用流程

此例展示了两种参数传递方式，分别是位置参数和关键字参数。通过传递位置参数调用 calculate_area 函数，传递 10 和 5 作为实参，分别对应函数中的 length 和 width 形参。通过传递关键字参数调用 calculate_area 函数，指定了形参名 length 和 width，可以不考虑参数的顺序。位置参数和关键字参数将会在 5.2 节详细介绍。

> **注意**：在 Python 中，函数调用通过函数名 (参数) 的形式进行。可以传递位置参数或关键字参数。在传递位置参数时，实参的顺序必须与形参定义时一致。在传递关键字参数时，实参通过指定参数名来传递，不关心顺序。函数返回值可以通过赋值或直接输出，且可以被进一步使用。

5.2　函数的参数

本节将深入探讨 Python 编程中函数参数的概念及其在程序设计中的重要作用。通过学习本节内容，读者可以掌握函数参数的基本用法，理解不同类型参数 (如位置参数、关键字参数、默认值参数和不定长参数) 的特点和使用场景。掌握这些内容后，读者可以在编写函数时更好地控制数据流动，并根据需要灵活调整函数的行为。

5.2.1　参数的概念和作用

函数的参数是指在函数定义时指定的变量，用于接收函数调用时传递的值。参数在函数与外部之间架起了一座桥梁，使函数能够处理来自外部的数据，从而实现更广泛的功能。

合理使用参数，可以提高函数的灵活性和重用性，使函数能够适应不同的使用场景。其重要性主要体现在以下几个方面。

(1) 增强函数的通用性。通过参数，函数可以处理不同的输入数据，从而实现更广泛的功能。例如，一个计算两个数之和的函数，可以通过参数接收不同的输入值，实现对任意两个数的加法运算。

(2) 提高代码的可读性和可维护性。通过参数，可以明确函数的输入和输出，使函数的使用更加直观，代码的可读性和可维护性得以提高。

(3) 支持代码重用。通过参数，可以将通用的功能封装在函数中，在不同的场景下重复使用，避免代码的重复编写，提高开发效率。

在讨论函数参数时，理解形参 (参数列表中的变量名，formal parameters) 和实参 (调用函数时传递的具体值，actual parameters) 是非常重要的。这里首先需要引入这两个重要概念。

形参是函数定义时使用的变量，它们代表函数需接收的外部数据。形参定义了函数所需的数据类型和数量，但其本身并不包含具体的值。形参的作用是提供函数接口，它们在函数定义时出现，并且在函数调用时被实参替换。

实参是函数调用时传递给形参的具体数据。实参可以是常量、变量、表达式，甚至是其他函数的返回值。实参将具体的值传递给函数，供函数在执行过程中使用。

以下是一个简单的示例，展示了函数如何通过参数接收外部数据，并在函数内部进行操作：

```
1    # 定义一个函数，计算两个数的和
2    def add(a, b):
3        # 函数体，计算并返回 a 和 b 的和
4        return a + b
5    # 调用函数 add，传递 3 和 5
6    result = add(3, 5)
7    # 输出函数调用结果
8    print(f"3 + 5 = {result}")
```

运行结果如下：

```
3 + 5 = 8
```

上述示例代码使用 def 关键字定义了一个名为 add 的函数，参数列表包含两个参数：a 和 b（形参）。函数体计算 a 和 b 的和，并使用 return 语句返回结果。调用函数 add 时，传递了参数 3 和 5（实参）。函数 add 返回两个参数的和，结果存储在变量 result 中，并输出函数调用结果。

下面是函数参数传递的另一个示例：

```
1    # 定义一个函数，生成指定数量的问候语
2    def greet(name, times):
3        # 使用列表推导式生成指定数量的问候语
4        greetings = [f"Hello, {name}!" for _ in range(times)]
5        return greetings
6    # 调用函数 greet，传递位置参数 "Alice" 和 3
7    result = greet("Alice", 3)
8    # 输出函数调用结果
9    for greeting in result:
10       print(greeting)
```

运行结果如下：

```
Hello, Alice!
Hello, Alice!
Hello, Alice!
```

上述示例代码使用 def 关键字定义了一个名为 greet 的函数，参数列表包含两个参数：name 和 times（形参）。函数体使用列表推导式生成指定数量的问候语，并返回生成的列表。调用函数 greet 时，传递了位置参数 "Alice" 和 3（实参）。函数 greet 返回包含指定数量问候语的列表，结果存储在变量 result 中，并输出函数调用结果。

通过上面的示例，可以看出形参和实参是函数参数传递的两个重要组成部分。形参定义了函数需要的输入，而实参则是调用者提供的具体值。函数通过这些传入的参数来执行特定的操作，最终返回结果。理解形参和实参的关系，有助于更好地理解参数传递的机制，并能够灵活地应用参数化函数。

为了满足各种不同的编程需求和场景，Python 提供了多种灵活的参数定义和传递方式。根据参数在函数定义和调用中的行为特点，可以将它们分为以下几种类型。

(1) 位置参数。位置参数是最基本的形式，依赖参数在列表中的顺序进行匹配。(详见 5.2.2 节)

(2) 关键字参数。关键字参数通过参数名称进行匹配，与顺序无关，提高了调用的灵活性和可读性。(详见 5.2.3 节)

(3) 默认值参数。默认值参数在函数定义时为参数提供默认值，简化了函数调用。(详见 5.2.4 节)

(4) 不定长参数。不定长参数允许函数接收任意数量的位置参数 (*args) 或关键字参数 (**kwargs)。(详见 5.2.5 节)

5.2.2　位置参数

位置参数是最常见的参数类型，也是函数中最基本的参数形式，它通过参数的位置来确定传递给函数的值。位置参数在函数定义时按照顺序排列，在函数调用时也按照相同的顺序传递实际参数。位置参数的使用简洁明了，适用于参数数量固定且顺序明确的情况。

在函数定义中，位置参数的语法如下：

```
def 函数名 ( 形参 1, 形参 2, ...):
    函数体
    return 返回值
```

在函数调用中，位置参数的传递方式如下：

```
函数名 ( 实参 1, 实参 2, ...)
```

位置参数是函数定义时通过参数列表指定的变量，它们代表了函数接收的输入数据。在函数调用时，实参按照位置一一对应地传递给形参。函数内的操作基于这些形参所接收的值。因此，参数的顺序对函数的正确执行至关重要。位置参数的定义遵循以下规则。

(1) 位置参数在函数调用时必须按照函数定义中的顺序传递。第一个实参传递给第一个形参，第二个实参传递给第二个形参，以此类推。

(2) 函数定义时如果指定了位置参数，那么在调用该函数时必须指定相应数量的实参，否则将会引发 TypeError。

(3) 位置参数传递时只依据位置，而不是名称。因此，函数调用时的实参不需要指定对应的形参名称。

以下是位置参数的定义和使用示例：

```
1   # 定义一个函数, 计算两个数的差 ( 被减数 – 减数 )
2   def calculate_difference(minuend, subtrahend):
3       ''' 函数体计算 minuend 减去 subtrahend 的差
4       minuend: 被减数 ( 第一个参数 )
5       subtrahend: 减数 ( 第二个参数 )
6       '''
7       return minuend – subtrahend
8   # 正确调用: 按照定义顺序传递参数, 10 作为 minuend, 5 作为 subtrahend
9   result1 = calculate_difference(10, 5)
10  # 输出函数调用结果
11  print(f" 按照 minuend=10, subtrahend=5 调用, 10 – 5 = {result1}")
```

运行结果如下：

```
按照 minuend=10, subtrahend=5 调用, 10 – 5 = 5
```

在上述示例代码中，calculate_difference 函数定义了两个位置参数：minuend(被减数) 和 subtrahend (减数)。当调用 calculate_difference(10,5) 时，第一个实参 10 按照位置传递给了第一个形参 minuend，第二个实参 5 传递给了第二个形参 subtrahend。函数执行 10–5，返回正确结果 5。

需要注意的是，位置参数的顺序必须严格按照函数定义时的顺序进行传递，否则会导致结果错误或程序运行异常。让我们看看如果调换参数顺序会发生什么：

```
1   # 定义同一个函数, 计算两个数的差 ( 被减数 – 减数 )
2   def calculate_difference(minuend, subtrahend):
3       return minuend – subtrahend
4   # 错误调用: 意图计算 10 – 5, 但错误地将参数顺序颠倒
5   # 此时, 第一个实参 5 传递给 minuend, 第二个实参 10 传递给 subtrahend
6   result2 = calculate_difference(5, 10)
```

```
7      #输出函数调用结果
8      print(f" 错误地按 minuend=5, subtrahend=10 调用，5 – 10 = {result2}")
```

运行结果如下：

错误地按 minuend=5, subtrahend=10 调用，5 – 10 = –5

在上述第二个调用示例中，虽然可能主观上仍然想计算 10 减 5，但由于传递的是 calculate_ difference(5,10)，Python 严格按照位置进行匹配：第一个实参 5 赋给了 minuend，第二个实参 10 赋给了 subtrahend。因此，函数实际执行的是 5–10，得到结果 –5。这个结果显然与最初 (如果按正确顺序调用) 期望的 5 不同。

5.2.3　关键字参数

关键字参数是通过指定参数的名称来进行赋值的。这意味着在调用函数时，不必严格按照函数定义时的参数顺序传递实参，只需确保每个关键字参数与对应的形参名称匹配即可。关键字参数通常在函数定义时配合默认值一起使用，使函数调用更加灵活和可读。

在函数定义中，关键字参数的语法与位置参数相同，只是在函数调用时通过参数名进行传递。关键字参数的传递方式语法如下：

函数名 (参数名 1= 值 1，参数名 2= 值 2, ...)

关键字参数的传递方式是通过明确指定参数名称来进行的。这样，调用者可以在函数调用时随意改变实参的传递顺序，而不会影响其他参数的传递。这种方式特别适合参数较多且有些参数具有默认值的情况。

关键字参数传递的名称明确，提高了代码的可读性。特别是在调用函数时，如果某些参数的意义不明确，使用关键字参数可以清晰地表明每个实参的含义。此外，关键字参数也便于维护和扩展。如果需要在函数中新增参数，只需为新参数设置默认值，而不影响已有的调用方式。关键字参数的另一个优势是允许在函数调用时省略部分参数，只需传递必要的参数即可，其他没有传递的参数会使用默认值。

以下是关键字参数的定义和使用示例：

```
1      #定义一个函数，生成指定数量的问候语
2      def greet(name, times):
3          greetings = [f"Hello, {name}!" for _ in range(times)]
4          return greetings
5      # 调用函数 greet，传递关键字参数
6      result = greet(name="Alice", times=3)
7      #输出函数调用结果
8      for greeting in result:
9          print(greeting)
```

运行结果如下：

Hello, Alice!
Hello, Alice!
Hello, Alice!

上述示例代码使用 def 关键字定义了一个名为 greet 的函数，参数列表包含两个参数：name 和 times。函数体使用列表推导式生成指定数量的问候语，并返回生成的列表。调用函数 greet 时，传递了关键字参数 name="Alice" 和 times=3。函数 greet 返回包含指定数量问候语的列表，结果存储在变量 result 中，并输出函数调用结果。

关键字参数还可以与位置参数混合使用，但需要注意位置参数必须在关键字参数之前。下面的代码

展示了混合使用方式：

```
1    # 定义一个函数，计算矩形的面积
2    def rectangle_area(length, width):
3        return length * width
4    # 调用函数 rectangle_area，混合使用位置参数和关键字参数
5    area = rectangle_area(10, width=5)
6    # 输出函数调用结果
7    print(f" 矩形的面积是：{area}")
```

运行结果如下：

```
矩形的面积是：50
```

在上述示例代码中，调用函数 rectangle_area 时，混合使用了位置参数 10 和关键字参数 width=5。函数 rectangle_area 返回矩形的面积，结果存储在变量 area 中，并输出函数调用结果。

通过关键字参数，调用者可以明确每个参数的意义，避免位置参数传递顺序不一致的潜在问题。在实际编程中，合理使用关键字参数，特别是配合默认值参数，可以使函数设计更加简洁、可读且易于维护。

5.2.4　默认值参数

在函数定义时指定了默认值的形参就是默认值参数。如果函数调用时未给默认值参数传递值，函数将使用参数的默认值。参数的默认值可以是任何合法的 Python 对象，包括字符串、数字、列表、字典等。

在函数定义中，默认值参数的语法如下：

```
def 函数名 ( 参数 1= 默认值 1, 参数 2= 默认值 2, ...):
    函数体
    return 返回值
```

默认值参数的作用主要体现在以下几个方面。

(1) 简化函数调用。当函数具有默认值参数时，调用者在调用函数时无须为每一个参数都提供值。只需为那些需要偏离默认行为的参数传递实参，未提供的参数将自动使用其预设的默认值。这大大减少了函数调用时需要编写的代码量，尤其是在参数较多但大部分情况下使用默认值时。

(2) 增强灵活性。默认值参数使得同一个函数定义能够适应更多不同的使用场景。它为函数的行为提供了一种"常见"或"标准"模式 (通过默认值体现)，同时允许调用者根据特定需求方便地进行定制 (通过传递值覆盖默认值)。这避免了为细微差异的功能而创建多个相似函数。

(3) 提高可读性。在函数调用处，使用默认值参数可以使代码更显简洁、意图更清晰。调用者只需显式传递那些与默认设置不同的参数，这样，阅读代码的人可以快速抓住此次调用的关键或特殊之处，而不必被一长串与默认值相同的参数所干扰。

以下示例代码展示了如何使用默认值参数：

```
1     # 定义一个函数，生成问候语，问候信息参数有默认值
2     def generate_greeting(name, message="Hello"):          # message 参数设置了默认值
3         """ 根据提供的名字和消息生成问候语字符串 """
4         return f"{message}, {name}!"
6     # 调用函数 generate_greeting，只传递必需的 name 参数
7     # 此时 message 参数将使用其默认值 "Hello"
8     greeting1 = generate_greeting("Alice")
10    # 调用函数 generate_greeting，同时传递 name 和 message 参数
11    # 此时 message 参数将使用传递的值 "Good morning"，覆盖默认值
```

```
12    greeting2 = generate_greeting("Bob", "Good morning")
14    # 输出函数调用结果
15    print(f" 使用默认问候语 : {greeting1}")
16    print(f" 使用指定问候语 : {greeting2}")
```

运行结果如下：

```
使用默认问候语 : Hello, Alice!
使用指定问候语 : Good morning, Bob!
```

上述示例代码使用 def 关键字定义了一个名为 generate_greeting 的函数。该函数的参数列表包含一个位置参数 name 和一个默认值参数 message，其默认值被设定为字符串"Hello"。

在调用该函数时，展示了两种情况。

第一次调用 generate_greeting("Alice") 时只传递了必需的 name 参数。由于没有为 message 参数提供值，函数自动使用了其默认值"Hello"。因此，greeting1 被赋值为"Hello，Alice！"。

第二次调用 generate_greeting("Bob","Good morning") 时同时传递了 name 参数和 message 参数。此时，为 message 传递了值"Good morning"，这个值覆盖了参数定义时的默认值。因此，greeting2 被赋值为"Good morning，Bob！"。

最后，程序分别输出了这两个调用产生的结果，清晰地显示了默认值参数在未提供值时生效，以及在提供值时被覆盖的特性。

> **注意：** 在使用默认值参数时，需要注意以下两点。
>
> (1) 默认值参数必须位于参数列表的末尾，即所有非默认值参数必须在默认值参数之前。
>
> (2) 在函数调用时，如果提供了默认值参数的值，函数将使用提供的值；如果未提供，则使用默认值。

5.2.5 不定长参数

不定长参数是指在函数定义时，允许函数接收任意数量的参数。通过不定长参数，编程者可以编写更加灵活和通用的函数，适应不同的调用场景。在函数定义中，不定长参数的语法如下：

```
def 函数名 (*args, **kwargs):
    函数体
    return 返回值
```

不定长参数有两种形式，即 *args 和 **kwargs，分别用于接收位置参数和关键字参数。

(1) *args：用于接收任意数量的位置参数。它将所有传递给函数的位置参数打包成一个元组。args 是一个惯例命名，并非关键字，可以使用其他名称，但 *args 的语法形式是固定的。*args 可以使函数接收多个位置参数，但调用时不需要指定参数的个数。

以下是使用 *args 的不定长参数的定义和使用示例：

```
1    # 定义一个函数，计算任意数量的数之和
2    def sum_all(*args):
3        return sum(args)
4    # 调用函数 sum_all，传递多个位置参数
5    result1 = sum_all(1, 2, 3)
6    result2 = sum_all(4, 5, 6, 7, 8)
7    # 输出函数调用结果
8    print(f"1 + 2 + 3 = {result1}")
9    print(f"4 + 5 + 6 + 7 + 8 = {result2}")
```

运行结果如下：

```
1+2+3=6
4+5+6+7+8=30
```

在上述示例代码中，使用 def 关键字定义了一个名为 sum_all 的函数，参数列表包含不定长参数 *args。函数体使用内置函数 sum 计算 args 元组中所有元素的和，并使用 return 语句返回结果。调用函数 sum_all 时，可以传递任意数量的位置参数。函数 sum_all 返回所有参数的和，结果存储在变量 result1 和 result2 中，并输出函数调用结果。

(2) **kwargs：用于接收任意数量的关键字参数。它将所有传递给函数的关键字参数打包成一个字典。字典的键是参数名，值是相应的参数值。kwargs 是惯例命名，实际上也可以使用其他名称，只要遵循 ** 的语法格式。

以下是使用 **kwargs 的不定长参数的定义和使用示例：

```
1    # 定义一个函数，生成问候语，根据关键字参数自定义问候语的格式
2    def custom_greet(**kwargs):
3        greetings = []
4        for key, value in kwargs.items():
5            greetings.append(f"{key}: Hello, {value}!")
6        return greetings
7    # 调用函数 custom_greet，传递任意数量的关键字参数
8    result = custom_greet(name1="Alice", name2="Bob", name3="Charlie")
9    # 输出函数调用结果
10   for greeting in result:
11       print(greeting)
```

运行结果如下：

```
name1: Hello, Alice!
name2: Hello, Bob!
name3: Hello, Charlie!
```

上述示例代码使用 def 关键字定义了一个名为 custom_greet 的函数，参数列表包含不定长参数 **kwargs。函数体遍历 kwargs 字典中的所有键值对，生成自定义格式的问候语，并将其存储在列表中，最后使用 return 语句返回生成的问候语列表。调用函数 custom_greet 时，可以传递任意数量的关键字参数。函数 custom_greet 返回包含自定义格式问候语的列表，结果存储在变量 result 中，并输出函数调用结果。

利用 *args 和 **kwargs，可以在函数调用时传递任意数量的位置参数和关键字参数。当函数需要处理可变数量的输入或参数集时，尤其是当不确定调用者将传递多少参数时，这种特性能够发挥很大作用。

> **注意：** *args 和 **kwargs 必须按照一定顺序出现在函数定义中，即先定义 *args，后定义 **kwargs，否则会导致语法错误。同时，这两种形式的参数是可选的，函数可以选择不使用它们。

不定长参数还可以与其他类型的参数混合使用，但需要注意参数的定义顺序。参数的顺序通常应为普通位置参数、默认值参数、不定长位置参数 (*args)、可选的普通关键字参数或仅关键字参数、不定长关键字参数 (**kwargs)。

5.3　函数的返回值

函数的返回值是指函数执行后返回给调用者的数据。返回值允许函数处理后将结果传递出去，使得程序能够在多个地方复用该函数的功能，而不需要重新执行函数内部的操作。通过返回值，函数能够在不同的上下文中根据输入数据生成不同的结果，从而实现不同的功能。

使用 return 关键字返回函数的结果时，return 语句可以出现在函数体的任何位置，一旦执行到 return 语句，函数将立即终止，并将 return 语句后的值作为结果返回给调用者。如果函数没有 return 语句，默认返回 None。

5.3.1　基本用法

以下是一个使用 return 关键字返回函数结果的基本用法示例：

```python
1    # 定义一个函数，计算一个数的平方
2    def square(number):
3        """ 计算并返回给定数字的平方 """
4        result = number * number
5        return result                          # 使用 return 关键字返回计算得到的平方值
6    # 调用函数 square，并获取返回值
7    num = 4
8    squared_value = square(num)                # 调用函数，并将返回值赋给 squared_value
9    print(f" 数字 {num} 的平方是 : {squared_value}")
```

运行结果如下：

```
数字 4 的平方是 : 16
```

上述示例代码中，square() 函数（第 2~5 行）接收一个参数 number，计算其平方并将结果存储在局部变量 result 中。通过第 5 行的 return result 语句，计算得到的平方值被返回给调用者。在调用时（第 8 行），square(num) 的执行结果（16）被赋值给了变量 squared_value，随后在第 9 行被打印出来。

5.3.2　多值返回

函数可以返回多个值。在 Python 中，当 return 语句后面跟有多个由逗号分隔的值时，Python 会自动将这些值打包成一个元组 (tuple) 并返回。调用者可以通过多种方式接收这个元组。以下是返回多个值的示例：

```python
1    # 定义一个函数，计算并返回两个数的和与差
2    def calculate_sum_and_diff(a, b):
3        # 计算并返回 a+b 和 a-b 的值
4        sum_result = a + b
5        diff_result = a - b
6        return sum_result, diff_result         # 使用逗号分隔返回的多个值
7        '''
8        调用函数，并将返回结果赋给一个变量
9        Python 会将 sum_result 和 diff_result 打包成一个元组返回
10       '''
11   results_tuple = calculate_sum_and_diff(10, 3)
12   # 验证返回值的内容和类型
13   print(f" 函数直接返回的内容 : {results_tuple}")
```

```
14    print(f"返回值的类型：{type(results_tuple)}")
15    '''
16    ---- 常用的接收方式：元组解包 (tuple unpacking) ----
17    直接将返回的元组元素解包到对应的变量中
18    '''
19    sum_val, diff_val = calculate_sum_and_diff(10, 3)
20    print("\n 通过元组解包获取的结果：")
21    print(f" 和：{sum_val}")
22    print(f" 差：{diff_val}")
```

运行结果如下：

```
函数直接返回的内容：(13, 7)
返回值的类型：<class 'tuple'>
通过元组解包获取的结果：
和：13
差：7
```

上述示例代码定义了一个名为 calculate_sum_and_diff() 的函数，它接收两个参数 a 和 b。函数体计算了这两个数的和 (sum_result) 与差 (diff_result)。在第 6 行，return sum_result, diff_result 语句使用了逗号来分隔两个要返回的值。

当调用 calculate_sum_and_diff(10, 3) 并将其结果赋给单个变量 results_tuple 时 (第 11 行)，Python 自动将 sum_result(值为 13) 和 diff_result(值为 7) 打包成一个元组 (13, 7) 返回。这一点通过第 13 行打印 results_tuple 的内容和第 14 行打印其类型 (<class 'tuple'>) 得到了验证。这明确地展示了，函数返回多个值时，本质上是返回一个包含这些值的元组。

随后，代码展示了更常见和便捷的接收多返回值的方式——元组解包 (第 19 行)。语句 sum_val, diff_val = calculate_sum_and_diff(10, 3) 直接将函数返回的元组 (13, 7) 中的元素按顺序解包，并将第一个元素 13 赋给 sum_val，第二个元素 7 赋给 diff_val。最后输出了这两个解包后变量的值。这种元组解包的语法使得处理函数返回的多个结果非常方便，但理解其背后是基于元组的打包和解包机制非常重要。

5.3.3　无返回值

函数也可以没有返回值，此时函数默认返回 None。以下是没有返回值的示例：

```
1    # 定义一个函数，打印问候语
2    def greet(name):
3        print(f"Hello, {name}!")
4    # 调用函数 greet，传递位置参数 "Alice"
5    greet("Alice")
```

运行结果如下：

```
Hello, Alice!
```

上述示例代码使用 def 关键字定义了一个名为 greet() 的函数，参数列表包含一个参数 name。函数体打印问候语。调用函数 greet 时，传递了位置参数 "Alice"。函数 greet() 没有返回值，默认返回 None。

5.4　变量的作用域

本节将重点介绍 Python 中变量的作用域以及局部变量和全局变量的概念和使用方法。通过学习本节内容，读者可以掌握局部变量和全局变量的定义、使用场景以及它们的作用范围。此外，本节还将介绍 global 语句的作用及其在全局变量操作中的应用。精确掌握变量作用域不仅能帮助开发者避免常见的命名冲突和难以追踪的错误，提升代码的可读性与可维护性，更能帮助开发者深入理解函数如何封装数据、模块之间如何交互以及掌握类与对象中变量访问机制。

5.4.1 局部变量

局部变量是指在函数内部定义并使用的变量。它们的作用范围仅限于函数内部，函数外部无法访问这些变量。局部变量的生命周期从其所在函数的调用开始，直到函数执行完毕并返回时结束。在函数执行结束后，局部变量被销毁，释放内存。因此，局部变量是局部性的、临时性的，通常用于存储函数内部的中间计算结果或临时数据。

局部变量的作用主要体现在以下几个方面。

(1) 局部变量的作用范围仅限于定义它的函数内部。这样可以避免不同函数间的变量冲突，增强代码的模块性和可维护性。

(2) 局部变量的生命周期较短，它们的存储空间通常分配在栈区，释放速度较快，且栈空间的管理比堆空间更为高效。

(3) 由于局部变量只在局部函数内有效，它们对程序其他部分的影响较小，从而减少了副作用，提升了程序的稳定性和可预测性。

下面的示例代码展示了局部变量的定义和使用：

```
1    # 定义一个函数，计算列表中所有元素的平方和
2    def sum_of_squares(numbers):
3        # 定义局部变量 total，用于存储计算结果
4        total = 0
5        for number in numbers:
6            total += number ** 2
7        return total
8    # 定义一个列表
9    numbers = [1, 2, 3, 4]
10   # 调用函数 sum_of_squares，传递列表 numbers
11   result = sum_of_squares(numbers)
12   # 输出函数调用结果
13   print(f" 列表中所有元素的平方和是：{result}")
```

运行结果如下：

```
列表中所有元素的平方和是：30
```

上述示例代码使用 def 关键字定义了一个名为 sum_of_squares() 的函数，参数列表包含一个参数 numbers。在函数内部，定义了一个局部变量 total，用于存储计算结果。通过遍历列表 numbers 中的所有元素，计算每个元素的平方并累加到 total 中，最后使用 return 语句返回结果。调用函数 sum_of_squares() 时，传递了列表 numbers。函数 sum_of_squares() 返回列表中所有元素的平方和，结果存储在变量 result 中，并输出函数调用结果。局部变量 total 的作用范围仅限于函数 sum_of_squares() 内部，函数外部无法访问该变量。

需要注意的是，局部变量与全局变量同名时，局部变量会覆盖全局变量，函数内部优先使用局部变量。示例代码如下：

```
1    # 定义全局变量 x
2    x = 10
3    # 定义一个函数，打印局部变量和全局变量
```

```
4    def print_variables():
5        # 定义局部变量 x
6        x = 5
7        print(f" 局部变量 x = {x}")
8    # 调用函数 print_variables
9    print_variables()
10   # 输出全局变量 x
11   print(f" 全局变量 x = {x}")
```

运行结果如下：

```
局部变量 x = 5
全局变量 x = 10
```

上述示例代码定义了一个全局变量 x，其值为 10。在函数 print_variables() 内部，定义了一个同名的局部变量 x，其值为 5。调用函数 print_variables 时，函数内部优先使用局部变量 x，输出局部变量的值 5。函数调用结束后，输出全局变量 x 的值 10，全局变量未受到影响。

由此可见，局部变量是函数内部定义和使用的临时数据存储单元，它们的作用范围被限定在函数内部。局部变量能够提高代码的封装性和模块性，避免了不同函数间的变量冲突。在函数执行过程中，局部变量为函数的计算提供了临时存储空间，并在函数执行完毕后销毁。

5.4.2　全局变量

全局变量是指在程序中定义的变量，它们的作用范围覆盖整个程序或整个模块。与局部变量不同，全局变量不受函数作用域的限制，可以在程序的任何位置被访问和修改。全局变量通常用于存储那些需要在多个函数中共享的数据。它们能够提高代码的共享性和灵活性，但也会带来一些潜在的风险，尤其是在多个函数同时修改全局变量时，容易引起数据的不一致和副作用。

全局变量通常定义在函数体的外部，它们的值可以在程序的整个模块范围内被所有函数共享和访问。函数可以直接读取全局变量的值。然而，如果需要在函数内部修改一个全局变量，就必须使用 global 关键字来显式声明该变量来自全局作用域。若不使用 global 声明，而在函数内部对一个与全局变量同名的变量进行赋值操作，Python 会将这个变量视为一个全新的局部变量，其作用域仅限于该函数内部。如果在对这个 (已被 Python 编译器视为局部的) 变量进行实际赋值之前就尝试读取它的值，程序在执行到该读取操作时，会抛出 UnboundLocalError。这是一个局部变量未绑定值错误，属于运行时错误。它表明试图使用一个在当前函数作用域内已经被声明，但尚未被赋予任何初值的局部变量。

以下是全局变量的定义和使用示例：

```
1    # 定义全局变量 counter
2    counter = 0
3    # 定义一个函数，增加全局变量 counter 的值
4    def increment():
5        global counter                       # 使用 global 语句声明全局变量
6        counter += 1
7    # 调用函数 increment() 三次
8    increment()
9    increment()
10   increment()
11   # 输出全局变量 counter 的值
12   print(f" 全局变量 counter 的值是：{counter}")
```

运行结果如下：

```
全局变量 counter 的值是：3
```

上述示例代码中定义了一个全局变量 counter, 其初始值为 0。在函数 increment 内部, 使用 global 语句声明了 counter 是全局变量, 然后对其执行了 +=1 的操作(读取原值, 加 1, 再赋值回去)。调用函数 increment 三次后, 全局变量 counter 的值成功地从 0 增加到了 3。最后输出了全局变量 counter 的值。

使用 global 语句是告诉 Python 解释器, 函数内部对该变量的赋值操作应该作用于全局作用域中的同名变量, 而不是在函数内部创建一个新的局部变量。global 语句应在函数内部, 对全局变量进行任何赋值或修改操作之前声明。如果省略 global 而尝试修改全局变量, 则会引发错误, 如下面的示例:

```
1    # 定义全局变量 counter
2    counter = 0
3    # 定义一个函数, 尝试增加全局变量 counter 的值
4    def increment_error():                                    # 注意函数名区分
5        """
6        尝试修改 counter, 但未使用 global 语句。
7        Python 会认为 counter 是局部变量, 而 += 操作在赋值前
8        需要先读取, 此时局部 counter 未定义, 从而引发错误。
9        """
10       counter += 1
11   # 调用函数 increment_error
12   try:
13       increment_error()
14   except UnboundLocalError as e:
15       print(f" 错误:  {e}")
16   # 输出全局变量 counter 的值, 确认它未被修改
17   print(f" 全局变量 counter 的值仍然是:  {counter}")
```

运行结果如下:

```
错误: local variable 'counter' referenced before assignment
全局变量 counter 的值仍然是: 0
```

在这个反例中, increment_error 函数尝试执行 counter+=1。因为函数内有对 counter 的赋值操作(+= 包含赋值), Python 将 counter 视为该函数的局部变量。但是, 在执行 += 时, 需要先读取 counter 的当前值, 而此时局部变量 counter 尚未被赋值(未绑定), 因此程序在运行时抛出了 UnboundLocalError, 通过 try-except 捕获了这个错误, 并打印了错误信息。最后输出全局变量 counter 的值, 可以看到它仍然是初始值 0, 并未受到函数内部错误操作的影响。

5.5 匿名函数 lambda

除了使用 def 关键字定义标准的、有名称的函数外, Python 还提供了一种简洁方式的函数, 即匿名函数(anonymous function)。匿名函数使用 lambda 关键字定义, 因此也被称为 lambda 函数。所谓"匿名", 是指这种函数在创建时不需要显式地赋予一个名称。

lambda 函数本质上是一个表达式, 它允许快速定义一个比较简单、单行的函数。这使得它在某些特定场景下非常有用, 尤其是在需要将一个函数对象作为参数传递给另一个函数(高阶函数, 如 sorted()、map()、filter() 等)时, 或者在需要一个临时的、功能单一的小函数的场合。

5.5.1 lambda 函数的语法

```
lambda 参数列表 : 表达式
```

(1) lambda：定义匿名函数的关键字。

(2) 参数列表：与 def 函数类似，可以包含零个或多个参数，参数之间用逗号分隔。支持位置参数、默认值参数、*args 和 **kwargs。

(3) 冒号：用于分隔参数列表和函数体 (表达式)。

(4) 表达式：lambda 函数的核心。它必须是单个有效的 Python 表达式，不能是语句块。这个表达式的计算结果就是 lambda 函数的返回值 (无须 return 关键字)。

5.5.2　lambda 函数的主要特点

(1) 匿名性。创建时无须指定函数名 (虽然可以赋值给变量，但不推荐)。

(2) 基于表达式。函数体只能是单个表达式，不能包含赋值语句、for/while 循环、if/elif/else 语句块 (但可使用条件表达式)、try/except、def、class 等复杂语句。

(3) 隐式返回。自动返回其主体表达式的计算结果。

(4) 简洁性。对于简单的函数逻辑，语法非常紧凑。

(5) 函数对象。lambda 表达式本身会创建一个函数对象，可以像普通函数一样传递、调用或存储。

5.5.3　lambda 函数的常用场景

1. 高阶函数

lambda 最典型的应用场景是将其作为参数传递给需要函数对象的高阶函数。这避免了为了一个简单的操作而专门定义一个 def 函数的麻烦。例如，在一些内置函数 (如 map( )、filter( )、sorted( )) 中，lambda 函数经常作为参数传递，用来执行简单的操作。

以下是匿名函数在排序中的应用示例：

```
1    # 定义一个列表，包含多个元组，每个元组包含一个名字和一个年龄
2    people = [("Alice", 30), ("Bob", 25), ("Charlie", 35)]
3    # 使用 sorted 函数排序列表 people，按照年龄排序，使用匿名函数作为排序键
4    sorted_people = sorted(people, key=lambda person: person[1])
5    # 输出排序结果
6    print(" 按年龄排序后的列表：", sorted_people)
```

运行结果如下：

```
按年龄排序后的列表：  [('Bob', 25), ('Alice', 30), ('Charlie', 35)]
```

上述示例代码中定义了一个包含多个元组的列表 people，每个元组包含一个名字和一个年龄。使用 sorted 函数对列表 people 按照年龄进行排序。匿名函数 lambda person: person[1] 作为排序键，提取每个元组中的年龄进行排序。排序结果存储在变量 sorted_people 中，并输出排序结果。

以下是匿名函数在映射函数 map 中的应用示例：

```
1    # 定义一个列表，包含多个数字
2    numbers = [1, 2, 3, 4, 5]
3    # 使用 map 函数将列表 numbers 中的每个数字平方，使用匿名函数作为映射函数
4    squared_numbers = list(map(lambda x: x ** 2, numbers))
5    # 输出映射结果
6    print(" 平方后的列表：", squared_numbers)
```

运行结果如下：

```
平方后的列表：  [1, 4, 9, 16, 25]
```

上述示例代码中定义了一个包含多个数字的列表 numbers。使用 map 函数将列表 numbers 中的每个数字平方。匿名函数 lambda x: x ** 2 作为映射函数，计算每个数字的平方。映射结果转换为列表，存储在变量 squared_numbers 中，并输出映射结果。

2. 临时函数

当函数体较简单、无须多次调用时，使用 lambda 函数可以避免在代码中定义多个普通的函数，减少代码的冗余。

以下是使用 lambda 函数简化代码的示例：

```
1    # 定义一个匿名函数，计算两个数的和
2    add = lambda a, b: a + b
3    # 调用匿名函数 add，传递位置参数 3 和 5
4    result = add(3, 5)
5    # 输出匿名函数调用结果
6    print(f"3 + 5 = {result}")
```

运行结果如下：

```
3 + 5 = 8
```

上述示例代码中使用 lambda 关键字定义了一个匿名函数，计算两个数的和。匿名函数的参数列表包含两个参数 a 和 b，函数体为表达式 $a+b$，计算结果即为匿名函数的返回值。匿名函数赋值给变量 add，通过变量 add 调用匿名函数，传递位置参数 3 和 5。匿名函数返回两个参数的和，结果存储在变量 result 中，并输出匿名函数调用结果。

5.5.4 关于 lambda 的使用建议

虽然 Python 语法允许将 lambda 函数赋值给一个变量 (如 add = lambda a, b: a+b)，但这种做法通常被认为不符合良好的 Python 风格，应当尽量避免。其主要原因如下。

(1) 可读性降低。def 语句是 Python 中定义函数标准、明确的方式。例如，def add(a, b): return a+b 比 add = lambda a, b: a+b 更直观，更容易被其他开发者理解。lambda 的简洁性优势体现为其 "匿名" 和 "内联" 使用的场景，一旦需要赋予名称，def 的结构清晰性通常更胜一筹。

(2) 调试困难。当程序出错时，错误回溯 (traceback) 信息会显示函数名。对于 def 定义的函数，程序开发者会看到明确的函数名 (如 add)，有助于快速定位问题。但对于赋值给变量的 lambda，错误回溯通常只显示 <lambda>，这使得在复杂的代码中追踪错误来源更加困难。

(3) 功能限制。lambda 的核心限制在于其函数体必须是单个表达式，而非 def 所允许的完整语句块。这直接导致它无法包含文档字符串 (docstrings) 进行详细说明，其类型提示 (type hints) 不如 def 函数签名直接，并且最关键的是，它不能执行包含多行语句、赋值、循环、复杂条件分支或异常处理的复杂逻辑。

综上所述，lambda 是 Python 工具箱中的一个有用工具，但它是一个专注于特定场景 (简洁、临时的单表达式函数) 的工具。它不应该被视为 def 的通用替代品。将 lambda 赋值给变量是一种应该避免的实践。理解 lambda 的核心优势和局限性，明智地选择何时使用 lambda(主要作为高阶函数的参数)，何时坚持使用更通用、更清晰、功能更强大的 def，是编写高质量 Python 代码的关键。

5.6　函数的嵌套与递归

除了基本的函数使用，Python 还支持函数的嵌套和递归这两种强大的编程技巧。它们可以帮助开发者解决更为复杂的问题。本节将详细介绍函数的嵌套与递归的基本概念及应用。通过本节的学习，读者可以理解并灵活运用这两种强大的编程技巧，以便解决更复杂的问题并优化程序设计。掌握函数嵌套和递归，不仅能够提高程序的表达能力，也为更深入的算法设计和优化提供了必要的工具。

5.6.1　函数的嵌套

在 Python 中，函数不仅可以在外部被定义和调用，还可以在另一个函数内部被定义。这种嵌套关系可以帮助开发者更清晰地组织代码，避免重复性逻辑，尤其在函数内部逻辑复杂、需要多次调用时，使用嵌套函数会非常方便。例如，一个函数可以包含另一个函数，用于执行某些辅助计算或局部操作，这使得代码更加清晰且便于维护。

1. 函数嵌套的作用

(1) 减少重复代码。嵌套函数可以封装重复使用的逻辑，从而避免冗余代码。

(2) 提高代码的封装性。内嵌的函数只在其外部函数的作用域内有效，有助于减少命名冲突和提高数据的封装性。

(3) 提高代码的可读性。将相关的逻辑组织成小的嵌套函数，可以使程序的结构变得更加清晰，便于理解。

2. 定义和调用嵌套函数

(1) 定义嵌套函数。在外部函数的函数体内使用 def 关键字定义内部函数。外部函数是包含嵌套函数的函数，其函数体内可以包含多个嵌套函数。嵌套函数是在外部函数内部定义的函数，其作用范围仅限于外部函数内部。嵌套函数的定义语法与普通函数相同，使用 def 关键字定义，包含函数名、参数列表和函数体。

(2) 调用嵌套函数。在外部函数的函数体内调用内部函数，或者在外部函数返回内部函数供外部调用。嵌套函数可以在外部函数的函数体内直接调用，完成特定的逻辑操作。外部函数可以将嵌套函数作为返回值返回，供外部调用使用。

以下是嵌套函数的定义和调用示例：

```
1    # 定义一个外部函数，打印问候语
2    def greet(name):
3        # 定义一个嵌套函数，生成问候语
4        def get_greeting():
5            return f"Hello, {name}!"
6        # 调用嵌套函数，获取问候语
7        greeting = get_greeting()
8        print(greeting)
9    # 调用外部函数 greet，传递名字参数
10   greet("Alice")
```

运行结果如下：

Hello, Alice!

上述示例代码中使用 def 关键字定义了一个外部函数 greet，参数列表包含一个参数 name。在外部函数 greet 的函数体内，使用 def 关键字定义了一个嵌套函数 get_greeting。嵌套函数 get_greeting 返回生成的问候语。在外部函数 greet 内部调用嵌套函数 get_greeting，获取问候语并打印。调用外部函数 greet 时，传递名字参数 "Alice"。

3. 嵌套函数的作用域和访问规则

(1) 局部作用域。嵌套函数只能在定义它的外部函数内部访问，外部函数之外无法直接访问嵌套函数。嵌套函数的作用范围仅限于外部函数内部，外部函数之外无法直接调用或访问嵌套函数。嵌套函数的定义和调用均在外部函数的函数体内完成，外部函数之外无法直接引用嵌套函数的名称。

(2) 变量访问规则。嵌套函数可以访问外部函数的局部变量，但外部函数无法访问嵌套函数的局部变量。嵌套函数在定义时，可以访问外部函数的局部变量，并在函数体内使用这些变量。外部函数无法访问嵌套函数的局部变量，嵌套函数的局部变量的作用范围仅限于嵌套函数内部。

以下是嵌套函数的作用域和访问规则的示例：

```
1    # 定义一个外部函数，计算两个数的和与差
2    def add_and_subtract(a, b):
3        # 定义一个嵌套函数，计算两个数的和
4        def add():
5            return a + b
6        # 定义一个嵌套函数，计算两个数的差
7        def subtract():
8            return a – b
9        # 调用嵌套函数，获取和与差
10       sum_result = add()
11       diff_result = subtract()
12       return sum_result, diff_result
13   # 调用外部函数 add_and_subtract，传递位置参数 10 和 3
14   sum_result, diff_result = add_and_subtract(10, 3)
15   # 输出函数调用结果
16   print(f"10 + 3 = {sum_result}")
17   print(f"10 – 3 = {diff_result}")
```

运行结果如下：

```
10 + 3 = 13
10 – 3 = 7
```

上述示例代码中使用 def 关键字定义了一个外部函数 add_and_subtract，参数列表包含两个参数 *a* 和 *b*。在外部函数 add_and_subtract 的函数体内，使用 def 关键字定义了两个嵌套函数 add 和 subtract。嵌套函数 add 返回两个数的和，嵌套函数 subtract 返回两个数的差。在外部函数 add_and_subtract 内部调用嵌套函数 add 和 subtract，获取和与差，并使用 return 语句返回结果。调用外部函数 add_and_subtract 时，传递位置参数 10 和 3。函数 add_and_subtract 返回两个结果，分别存储在变量 sum_result 和 diff_result 中，并输出函数调用结果。

5.6.2 函数的递归

函数的递归是指在其定义中直接或间接地调用自身的函数。递归是一种常用的编程技巧，能够将复

杂的问题分解为规模更小、结构相同的子问题，通过重复调用自身来解决问题。递归函数的核心思想是通过函数自身的调用来逐步逼近问题的终结条件。在递归调用的过程中，问题的规模逐渐缩小，每次递归调用都会将当前问题分解为一个或多个子问题。

1. 递归函数的定义

递归函数的定义包含两个重要部分。

(1) 递归终止条件。递归终止条件是递归的基础。每个递归函数都必须包含至少一个明确的终止条件，否则会导致函数一直调用自身，造成栈溢出错误。终止条件通常是问题的基本情况，它表示递归已经到达最简化的状态，不再需要进一步递归。

(2) 递归步骤。在递归步骤中，函数会通过调用自身来处理问题的子集，并且每次递归调用都会将问题规模缩小，最终达到终止条件。递归函数的关键在于确保每次递归都朝着终止条件逼近，如果递归步骤无法使问题规模逐步减小，程序会陷入死循环，导致栈溢出。

【例 5-1】计算 $n!$。

阶乘是一个典型的递归问题，其定义为 $n! = n \times (n-1) \times (n-2) \times \cdots \times 1$，阶乘的递归关系为 $n! = n \times (n-1)!$，并且 $0! = 1$。

> **分析**：阶乘的定义 $n! = n \times (n-1) \times \cdots \times 1$ 蕴含了递归关系。
>
> (1) 递归步骤。当 $n > 0$ 时，$n!$ 等于 n 乘以 $(n-1)!$。这意味着计算 $n!$ 的问题可以简化为计算 $(n-1)!$ 的子问题。
>
> (2) 递归终止条件。当 $n = 0$ 时，根据定义 $0! = 1$。这是递归调用的终点，可以直接返回结果。
>
> 因此，递归函数 factorial(n) 需要判断 n 是否为 0，如果是，返回 1；否则，返回 $n \times$ factorial($n-1$)。

具体实现代码如下：

```
1    #定义递归函数来计算阶乘
2    def factorial(n):
3        #递归终止条件：当n为0时返回1
4        if n == 0:
5            return 1
6        else:
7            return n * factorial(n - 1)        #递归步骤
8    #调用递归函数
9    result = factorial(5)
10   print(result)
```

运行结果如下：

```
120
```

在上述示例代码中，factorial 函数是一个递归函数，它计算输入 n 的阶乘。递归终止条件为 $n = 0$，当 n 为 0 时，函数返回 1，表示递归的基本情况。否则，函数通过调用自身，传入 $n-1$，并且将返回结果与当前的 n 相乘。这样每次递归都将 n 的值减小，直到 n 达到 0。

例如，计算 factorial(5) 的过程中，函数调用的顺序为：

$5 \times$ factorial(4) $\rightarrow 4 \times$ factorial(3) $\rightarrow 3 \times$ factorial(2) $\rightarrow 2 \times$ factorial(1) $\rightarrow 1 \times$ factorial(0) $\rightarrow 1$。最终返回 120。

递归函数的调用过程会涉及栈帧的概念。递归函数的每次调用都产生一个新的栈帧，它是程序运行时栈内存的一部分。每个栈帧包含了当前函数调用的所有信息，包括函数的局部变量、函数的返回地址等。递归函数在调用自己时，会创建新的栈帧，将控制权交给下一个递归调用。递归调用会一直深入，直到达到终止条件，程序开始从最深的栈帧向回返回结果。

递归函数的调用过程通常可以想象成一个栈的操作，栈的深度等于递归调用的次数。每一次递归调用都会将当前的计算结果和参数推入栈中，直到到达递归的终止条件，栈开始逐渐"回退"，逐步求解最终结果。

下面的斐波那契数列代码进一步说明了递归函数的调用过程和栈帧的概念。

【例 5-2】计算斐波那契数列的第 5 项。斐波那契数列是另一个经典的递归问题，其定义为 $F(0)=0$，$F(1)=1$，$F(n)=F(n-1)+F(n-2)(n \geqslant 2)$。

> **分析**：斐波那契数列的定义本身就清晰地展示了递归结构。
>
> (1) 递归终止条件。当 n 为 0 或 1 时，其值是确定的（分别为 0 和 1）。这是递归必须停止的地方。
>
> (2) 递归步骤：当 n 大于或等于 2 时，第 n 项的值等于前两项（第 $n-1$ 项和第 $n-2$ 项）的和。这表示计算 $F(n)$ 的问题可以分解为计算 $F(n-1)$ 和 $F(n-2)$ 这两个规模更小的相同子问题。
>
> 因此，递归函数 fibonacci(n) 需要检查 n 的值：如果是 0 或 1，直接返回对应的 0 或 1；否则，需要递归调用自身两次（一次计算 fibonacci(n-1)，一次计算 fibonacci(n-2)），并将这两个调用的结果相加后返回。

具体实现代码如下：

```
1    # 定义递归函数来计算斐波那契数列的第 n 项
     def fibonacci(n):
2
3        # 递归终止条件：当 n 为 0 或 1 时，返回 n
4        if n == 0:
5            return 0
6        elif n == 1:
7            return 1
8        else:
9            return fibonacci(n - 1) + fibonacci(n - 2)        # 递归步骤
10   # 调用递归函数
11   result = fibonacci(5)
12   print(result)
```

运行结果如下：

```
5
```

在上述示例代码中，fibonacci 函数计算斐波那契数列的第 n 项。当 n 为 0 或 1 时，递归终止条件会返回结果 0 或 1。对于其他情况，函数通过递归计算 fibonacci(n-1) 和 fibonacci(n-2)，然后将两者相加，返回斐波那契数列的值。例如，fibonacci(5) 的递归过程如下：

fibonacci(5) → fibonacci(4) + fibonacci(3)

fibonacci(4) → fibonacci(3) + fibonacci(2)

fibonacci(3) → fibonacci(2) + fibonacci(1)

fibonacci(2) → fibonacci(1) + fibonacci(0)（递归终止）

最终计算结果为 5。

2. 递归深度

递归函数的每次调用都会在栈上创建新的栈帧，而递归调用的次数过多时，栈空间可能会耗尽，造成栈溢出。Python 默认的递归深度限制为 1000 次，这意味着如果递归调用超过 1000 次，程序将抛出 RecursionError。

为了解决这个问题，可以采取以下几种方法。

(1) 设计合理的递归终止条件。确保递归问题逐渐简化，并且设定合适的终止条件，可以避免递归深度过深。

(2) 递归深度限制调整。如果确实需要处理更深的递归，可以使用 sys.setrecursionlimit() 来调整递归深度限制。但这种做法需谨慎，因为过大的递归深度可能会导致内存消耗过大。如果要调整递归深度为 2000 次，可以执行如下代码：

```
1    import sys
2    # 增加递归深度限制
3    sys.setrecursionlimit(2000)
```

(3) 尾递归优化。尾递归是指递归调用出现在函数的最后一步，并且返回的结果不再依赖递归的计算结果。尾递归可以在某些编程语言中由编译器优化成迭代过程，从而避免栈溢出。但需要注意的是，Python 本身并不支持尾递归优化，因此 Python 中的尾递归依然会消耗栈空间。

递归函数的深度通常由问题的规模决定。例如，在计算阶乘时，递归深度为 n，而在处理树形结构时，递归深度可能等于树的最大高度。为了防止递归过深，通常应限制问题的规模，或者在可能的情况下使用其他算法 (如迭代) 来代替递归。

3. 递归的优势与劣势

递归作为一种强大的编程范式，其核心优势在于能够以惊人的简洁性和优雅性来表达某些问题的解决方案。对于那些具有天然递归结构的问题，如树的遍历、图的深度优先搜索，或者遵循分治策略的算法 (如归并排序、快速排序)，递归提供了一种非常自然的建模方式，往往能避免复杂的显式循环控制，使代码更贴近问题的数学或逻辑描述。

然而，递归的优雅并非没有代价，其应用也伴随着一些显著的劣势，主要体现在性能和资源消耗上。每次函数调用都需要创建新的栈帧，这不仅带来了额外的函数调用开销，可能导致递归实现在执行速度上慢于等效的迭代实现，而且如果递归涉及大量的重复计算 (如朴素的斐波那契数列实现)，效率会急剧下降。同时，递归调用会持续占用栈内存空间，当递归深度过大时 (超过系统限制)，就极有可能引发栈溢出 (stack overflow) 错误，导致程序崩溃。此外，尽管递归对某些问题而言逻辑清晰，但对于另一些复杂的递归逻辑，其嵌套调用和回溯过程可能不如迭代那样直观，使得理解和调试变得更具挑战性。

因此，在决定是否采用递归解决问题时，开发者必须仔细权衡其带来的代码简洁性、与问题结构匹配度等优势，以及潜在的性能瓶颈、内存限制和可能的调试复杂性等劣势。

5.7 将函数组织成模块

随着程序功能的增加，我们可能会编写大量的函数。如果将所有函数都放在一个巨大的文件中，代码将变得难以阅读和维护。更重要的是，很多函数可能具有通用性，我们希望能在不同的项目或程序的不同部分重复使用它们，避免重复编写。为了解决这些问题，Python 提供了强大的代码组织机制。

5.7.1 模块与函数组织

当我们编写了多个功能相关或可能在不同地方重复使用的函数时，直接将它们散落在主程序文件中会使代码变得冗长且难以管理。为了更好地组织这些函数，提高代码的可读性和复用性，Python 提供了一种强大的机制——模块 (module)。

将相关的函数封装到一个独立的 .py 文件中，这个文件就构成了一个模块。这是在 Python 中组织和复用函数最核心、最标准的方式。这样，其他 Python 程序就可以通过 import 语句来导入这个模块，并调用其中定义的函数，从而实现代码的共享和重用。这正是模块化编程的基础，它使得我们可以将复杂的系统分解为更小、更易于管理的单元。

5.7.2 创建与使用自定义模块

创建自定义模块实际上是创建一个 Python 文件，在该文件中定义所需的函数和变量，文件名即为模块名。要使用该模块中的函数和变量，其他程序只需通过 import 语句将其导入即可。以下介绍自定义模块的创建和使用。

1. 创建模块文件

首先，创建一个以 .py 为扩展名的 Python 文件。文件名本身将作为模块的名称 (应遵循标识符命名规范，推荐使用小写字母和下划线)。然后，将想要封装的函数 (以及可能相关的类或变量) 定义写入这个文件。

例如，创建一个名为 math_utils.py 的文件，并在其中编写一些与数学计算相关的函数：

```
1    # math_utils.py 文件内容
2    # 定义加法函数
3    def add(a, b):
4        """ 返回 a 和 b 的和 """
5        return a + b
6    # 定义减法函数
7    def subtract(a, b):
8        """ 返回 a 和 b 的差 """
9        return a - b
10   # 定义乘法函数
11   def multiply(a, b):
12       """ 返回 a 和 b 的积 """
13       return a * b
14   # 定义除法函数
15   def divide(a, b):
16       """ 返回 a 和 b 的商，如果 b 为 0，则抛出异常 """
17       if b == 0:
```

```
18        raise ValueError(" 除数不能为零 ")
19        return a / b
```

2. 使用（导入）自定义模块

在另一个 Python 程序文件（如 main.py）中，如果想使用 math_utils 模块里的函数，需要先将其导入。导入后，就可以通过模块名 . 函数名 () 的方式调用了。

在 main.py 中使用 math_utils 模块，示例代码如下：

```
1    # 文件名 : main.py
2    # 导入自定义的 math_utils 模块
3    import math_utils
4    # 使用模块中的函数
5    sum_result = math_utils.add(10, 5)
6    diff_result = math_utils.subtract(10, 5)
7    prod_result = math_utils.multiply(10, 5)
8    quot_result = math_utils.divide(10, 5)
9    # 打印结果
10   print(" 使用 math_utils 模块 :")
11   print(" 加法结果 :", sum_result)
12   print(" 减法结果 :", diff_result)
13   print(" 乘法结果 :", prod_result)
14   print(" 除法结果 :", quot_result)
```

运行结果如下：

```
使用 math_utils 模块 :
加法结果 : 15
减法结果 : 5
乘法结果 : 50
除法结果 : 2.0
```

通过这种方式，将数学运算相关的函数组织到了独立的 math_utils 模块中，使得 main.py 更加简洁，专注于其主要逻辑。同时，math_utils 中的函数可以被其他任何需要这些运算的程序所复用。

5.7.3 模块的维护与管理

随着项目的不断发展和功能的增加，模块的维护和管理变得尤为重要。一个优秀的模块不仅能提供功能，还要具备良好的文档说明、版本控制和可维护性。以下是模块维护与管理的关键要素。

1. 版本管理

当模块进行更新时，版本管理显得尤为重要。使用版本号能够清晰地标识不同版本的变化，避免不同版本之间的冲突。在 Python 中，版本控制通常遵循语义化版本控制 (semantic versioning)。版本号通常由三部分组成：主版本号、次版本号和修订号。

当进行不兼容的 API 修改时，增加主版本号。当新增功能并且向后兼容时，增加次版本号。当进行向后兼容的问题修复时，增加修订号。例如，在模块 math_utils 中添加了新的数学函数，版本号可能从 1.0.0 升级为 1.1.0，表示新增了功能。若修复了某个函数的 bug，则版本号可以升为 1.1.1。

2. 文档编写

良好的文档能帮助用户更容易地理解模块的功能与使用方式。每个函数应当配有文档字符串，说明函数的功能、参数以及返回值。此外，还可以使用如 Sphinx 或 MkDocs 等工具生成完整的模块文档。

以下是一个典型的文档字符串示例：

```
1    def add(a, b):
2        """
3        计算 a 和 b 的和
4        参数 :
5        a (int, float): 第一个加数
6        b (int, float): 第二个加数
7        返回 :
8        int, float: 返回 a 和 b 的和
9        """
10       return a + b
```

文档字符串不仅能够帮助其他开发者理解函数的用途和参数，还能通过文档生成工具自动生成模块文档。

3. 确保可维护性

一个模块的核心价值在于被复用。这意味着它可能会被用于不同的项目、不同的场景，甚至由不同的开发者维护。因此，保证其长期可维护性至关重要。以下两个重要方法是确保模块高质量并易于维护的根基。

(1) 遵循设计原则 [如单一职责原则 (Single Responsibility Principle，SRP)]。模块中的每个函数，应力求只做好一件具体的事情。遵循 SRP 等设计原则，使得每个函数目标明确、逻辑内聚。

(2) 实施自动化单元测试 (unit testing)。对于模块而言，自动化测试并非可选项，而是必选项。单元测试专注于独立验证模块中每一个小单元 (通常是单个函数) 的行为是否符合预期。

Python 提供了内置的 unittest 模块以及非常流行且通常更简洁的第三方库 pytest，来帮助编写和执行单元测试。例如，我们可以使用 unittest 为之前示例中的 math_utils.add 函数编写测试用例，示例代码如下 :

```
1    import unittest
2    import math_utils # 假设 math_utils.py 包含 add 函数
3    class TestMathUtils(unittest.TestCase):                          # 测试类继承自 unittest.TestCase
4        # 每个以 'test_' 开头的方法都是一个测试用例
5        def test_add(self):
6            # self.assertEqual() 检查第一个参数是否等于第二个参数
7            self.assertEqual(math_utils.add(2, 3), 5)                # 测试基本正数加法
8            self.assertEqual(math_utils.add(-1, 1), 0)               # 测试正负数加法
9            self.assertEqual(math_utils.add(0, 0), 0)                # 测试零加法
10           # 还可以添加更多测试，如浮点数、大数等
11   # 以下代码使得测试脚本可以直接运行
12   if __name__ == '__main__':
13       unittest.main()
```

通过系统性地编写和维护单元测试，并在每次代码变更后运行它们，开发者可以更有信心地迭代和改进模块，确保其在整个生命周期内保持健壮、可靠和高质量。

5.8　标准模块 datetime 的使用

datetime 模块是 Python 标准库中用于处理日期和时间的重要模块。它提供了丰富的功能，能够轻松实现日期与时间的计算、格式化以及解析。通过学习本节内容，读者可以掌握高效地使用 datetime 模块进行时间管理、计算日期差值、格式化时间输出等操作，进一步提升程序的时间处理能力。

5.8.1 模块概述

datetime 模块提供了处理日期和时间的类和函数，其中最核心的类是 datetime 类，它表示日期和时间这一数据类型。此外，datetime 模块还包括 date、time、timedelta 等类，分别用于处理单独的日期、时间和日期时间差值。通过这些类，用户能够非常方便地进行各种日期和时间的计算、格式化输出以及与时间相关的操作。表 5.1 中展示了 datetime 模块的常用类和方法。

表 5.1 datetime 模块的常用类和方法

类 / 方法	描述	常用方法 / 功能
datetime.datetime	表示具体的日期和时间，精确到秒	now()：获取当前的日期和时间。today()：获取当前日期（时分秒为 00:00:00）。fromtimestamp(timestamp)：从时间戳创建 datetime 对象
datetime.date	只表示日期（年、月、日）	today()：获取当前日期。fromtimestamp(timestamp)：从时间戳创建 date 对象
datetime.time	只表示时间（时、分、秒、微秒）	replace()：替换时间的部分（如替换时、分、秒）
datetime.timedelta	表示两个 datetime 对象之间的差值，通常用于日期和时间的加减	days：获取时间差的天数。seconds：获取时间差的秒数。weeks：表示一周
datetime.tzinfo	用于处理时区相关操作，提供了时区的基本信息，通常作为基类来实现	utcoffset()：获取时区的偏移量。tzname()：获取时区的名称
datetime.strptime()	将格式化的时间字符串解析为 datetime 对象	解析特定格式的字符串，如 "%Y-%m-%d %H:%M:%S"
datetime.strftime()	将 datetime 对象格式化为指定格式的字符串	格式化日期时间，如 "%Y-%m-%d %H:%M:%S"
datetime.combine()	将 date 对象与 time 对象组合成一个完整的 datetime 对象	合并 date 和 time
datetime.utcnow()	返回当前的 UTC 时间	获取当前的协调世界时 (UTC)
datetime.fromtimestamp()	从 POSIX 时间戳（秒数）转换为 datetime 对象	获取时间戳对应的 datetime

5.8.2 日期与时间对象的创建与操作

datetime 模块提供了多个方法来创建和操作日期与时间对象。以下是常见的创建 datetime 对象和进行时间差值计算的方式。

1. 创建 datetime 对象

可以使用 datetime 类中的构造方法创建一个具体的日期时间对象，常用的方法有 datetime() 和 today()，示例代码如下：

```
1      from datetime import datetime
2      # 使用 datetime 构造方法创建一个具体日期和时间对象
3      dt = datetime(2024, 11, 29, 14, 30, 45)
4      print(dt)                                    # 输出：2024-11-29 14:30:45
5      # 获取当前日期和时间
6      now = datetime.now( )
7      print(now)
```

运行结果如下：

```
2024-11-29 14:30:45
2025-04-03 21:58:54.074835
```

在上述示例代码中，datetime(2024, 11, 29, 14, 30, 45) 用于创建一个包含具体年、月、日、时、分、秒的 datetime 对象；第 3 行代码创建了一个表示 2024 年 11 月 29 日 14 点 30 分 45 秒的日期时间对象，并赋值给变量 dt。当我们用 print(dt) 输出时，Python 会自动调用该对象的 __str__( ) 方法，显示为 2024-11-29 14:30:45。

datetime.now( ) 是 datetime 类的一个类方法，它返回当前的日期和时间。此方法不需要传入任何参数，它会根据系统当前的日期时间来返回一个新的 datetime 对象。在执行 print(now) 语句时，会显示当前时刻的日期和时间。由于这是一个动态获取的值，输出会随系统时间变化。

2. 计算日期与时间的差值

timedelta 类表示两个日期或时间之间的差值，可以用来进行日期和时间的加减运算。示例代码如下：

```
1      from datetime import datetime, timedelta
2      # 创建两个 datetime 对象
3      now = datetime.now( )
4      past_date = datetime(2023, 11, 29)
5      # 计算差值
6      delta = now - past_date
7      print(delta)                                 # 输出：天数差值，如 365 days, 14:30:45
8      # 使用 timedelta 进行日期加减
9      one_week = timedelta(weeks=1)
10     new_date = now + one_week
11     print(new_date)                              # 输出：当前时间加上一周后的日期时间
```

运行结果如下：

```
491 days, 21:59:15.261105
2025-04-10 21:59:15.261105
```

上述代码演示了如何计算两个 datetime 对象的差值，并通过 timedelta 类进行日期的加减操作。now = datetime.now( ) 获取当前的日期和时间，并赋值给变量 now。past_date = datetime(2023, 11, 29) 创建了一个表示 2023 年 11 月 29 日的 datetime 对象，并赋值给变量 past_date。

这两行代码通过 datetime.now( ) 和 datetime(2023, 11, 29) 分别获得了当前时间和一个过去的特定时间。然后，通过 delta = now - past_date，我们计算了这两个日期之间的差值。now - past_date 的结果是一个 timedelta 对象，它表示两个 datetime 对象之间的时间差。在 print(delta) 输出时，我们得到的结果通常以天数和时间 (小时、分钟、秒) 的形式展示。例如，365 days, 14:30:45，表示两者相差 365 天 14 小时 30 分钟 45 秒。

接着，timedelta(weeks=1) 创建了一个表示一周时间差的 timedelta 对象。我们将这个 timedelta 对象加到当前日期时间 now 上，通过 new_date = now + one_week 得到一周后的日期和时间，并赋值给 new_date。在 print(new_date) 输出时，我们会看到当前时间加上一周后的日期时间。

5.8.3 时间格式化与解析

datetime 模块还提供了强大的时间格式化功能，允许将 datetime 对象格式化为特定格式的字符串，或者将字符串解析为 datetime 对象。

1. 时间格式化

使用 strftime() 方法可以将 datetime 对象转换为字符串，格式化时可使用特定的格式代码（如 %Y 表示年份，%m 表示月份，%d 表示日等）。示例代码如下：

```
1    from datetime import datetime
2    now = datetime.now()
3    # 将 datetime 对象格式化为指定格式的字符串
4    formatted_date = now.strftime('%Y-%m-%d %H:%M:%S')
5    print(formatted_date)                    # 输出当前系统的日期和时间，每次运行结果会变化
```

运行结果如下：

```
2024-11-29 14:30:45
```

在上述示例代码中，datetime.now() 是 datetime 模块中的一个类方法，用于获取当前系统的日期和时间。调用该方法时，Python 会返回一个包含当前日期、时间的 datetime 对象，并赋值给变量 now。这个对象会包含当前的年、月、日、小时、分钟、秒以及微秒。例如，假设当前系统的时间是 2024 年 11 月 29 日 14:30:45，那么 now 就是这个时间点的 datetime 对象。

strftime() 是 datetime 对象的一个方法，用来将 datetime 对象转换为格式化的字符串。它接收一个格式化字符串作为参数，这个格式化字符串定义了输出的日期时间的格式。在这段代码中，'%Y-%m-%d %H:%M:%S' 表示输出的格式应为：

年 - 月 - 日时：分：秒（如 2024-11-29 14:30:45）。

通过 now.strftime('%Y-%m-%d %H:%M:%S')，datetime 对象 now 被格式化为一个字符串，保存了当前的日期时间，以便进行显示或进一步的处理。

2. 时间解析

使用 strptime() 方法可以将格式化的时间字符串解析为 datetime 对象，strptime() 的第一个参数是待解析的字符串，第二个参数是对应的时间格式。示例代码如下：

```
1    from datetime import datetime
2    # 将格式化的字符串解析为 datetime 对象
3    date_string = '2024-11-29 14:30:45'
4    parsed_date = datetime.strptime(date_string, '%Y-%m-%d %H:%M:%S')
5    print(parsed_date)
```

运行结果如下：

```
2024-11-29 14:30:45
```

在上述示例代码中，datetime.strptime() 是 datetime 类的一个方法，旨在将符合指定格式的字符串解析为 datetime 对象。它的第一个参数是待解析的字符串，第二个参数是格式字符串，指定了字符串中日期和时间的格式。

'2024-11-29 14:30:45' 是一个包含日期和时间的字符串，我们想将其转换为 datetime 对象。通过这种方式，datetime.strptime() 可以将 date_string 按照指定的格式转换为 datetime 对象。

5.9 习题与实验

一、填空题

1. 在 Python 中，定义一个函数使用关键字 _____ ，并通过 _____ 来指定函数的参数。

2. 函数调用时，可以通过 _____ 参数传递值，这种方式要求传递的值与参数的顺序一致。

3. 使用 _____ 参数可以使函数接收任意数量的位置参数，参数值以元组的形式传递给函数。

4. 当函数定义时需要接收任意数量的关键字参数时，可以使用 _____ 参数，它将所有额外的关键字参数以字典形式传递。

5. Python 中，函数的返回值使用关键字 _____ 来返回，并且函数返回值的类型可以是任意的。

6. 在函数内部定义的变量，只有在函数体内才能访问，这类变量被称为 _____ 变量。

7. 如果在函数外部声明了一个变量，并在函数内部对其进行了修改，需要使用 _____ 语句才能对该变量进行更改。

8. _____ 函数是指函数内部定义了另一个函数，内嵌函数只能在外部函数中被访问。

9. 递归函数的核心是函数调用自身，递归必须包含一个 _____ 条件，用来终止递归调用。

10. 使用 Python 标准库中的 _____ 模块可以方便地处理日期和时间，包括日期的格式化、解析以及日期差值的计算。

二、选择题

1. 在 Python 中，定义函数时，函数体的开始和结束是通过 (   ) 方式来表示的。
   A. { }   B. 缩进   C. ( )   D. :

2. 在 Python 中，调用函数时传递的参数数量必须和函数定义时的参数数量 (   )。
   A. 完全一致   B. 大于或等于   C. 小于或等于   D. 不需要一致

3. 以下哪个选项是 Python 中函数参数的基本概念？ (   )
   A. 函数参数可以指定默认值   B. 函数没有参数
   C. 函数不能接受参数   D. 函数参数的顺序不重要

4. 在 Python 中，调用函数时，位置参数的传递顺序 (   )。
   A. 必须与函数定义时的参数顺序一致   B. 可以不遵循顺序
   C. 不能包含多个位置参数   D. 顺序可以任意排列

5. 关键字参数在函数调用时传递的方式是通过 (   ) 来指定参数名的。
   A. 参数的顺序   B. 使用 = 赋值   C. 使用 :   D. 使用 [ ]

6. Python 中的默认值参数是指 (   )。
   A. 函数定义时，必须传递的参数
   B. 函数定义时，如果调用时没有传递参数，则自动使用的值

C. 只能用于递归函数中

D. 只能作为返回值使用

7. 在 Python 中，函数的返回值（　　）。

  A. 可以是任意数据类型　　　　　　　B. 只能是整数

  C. 只能是字符串　　　　　　　　　　D. 只能是布尔值

8. 局部变量只能在（　　）中访问。

  A. 函数外部　　　　B. 函数内部　　　　C. 类的方法中　　　　D. 模块外部

9. 在函数内部修改全局变量时，需要使用（　　）语句来声明该变量。

  A. global　　　　　B. local　　　　　C. globalize　　　　D. import

10. 以下哪个选项是匿名函数（lambda）与普通函数的区别？（　　）

  A. 匿名函数没有函数名　　　　　　　B. 匿名函数只能接收一个参数

  C. 普通函数无法返回值　　　　　　　D. 匿名函数不能作为回调函数使用

11. 在 Python 中，递归函数调用时会使用（　　）来存储每次调用的参数、局部变量和返回地址。

  A. 栈　　　　　　　B. 队列　　　　　C. 字典　　　　　　　D. 列表

12. 在递归函数中，必须设定（　　）来防止无限递归。

  A. 基准条件　　　　B. 全局变量　　　　C. 递归深度　　　　D. 函数体的返回值

13. 以下哪种方式可以创建自定义的函数模块？（　　）

  A. 将多个函数保存为一个 .py 文件　　B. 将函数写在同一个函数中

  C. 将函数保存在字符串中　　　　　　D. 使用 import 关键字导入内置模块

14. 为了确保自定义函数模块的可维护性，应该定期（　　）。

  A. 更改函数名　　　B. 进行版本管理　　C. 删除旧的函数　　D. 避免使用注释

15. 以下关于 datetime 模块的描述，哪一项是正确的？（　　）

  A. datetime 只能处理日期，不支持时间处理

  B. datetime 可以用于日期与时间的计算和格式化

  C. datetime 只支持 UTC 时间

  D. datetime 不支持时间差的计算

三、思考题

1. 你认为在 Python 中，函数的定义和调用方式有何优势？如何通过函数提高代码的可读性和可维护性？

2. 请思考并解释位置参数、关键字参数和默认值参数的区别，每种参数类型在哪些情况下更适用。

3. 在函数调用时，如果传递了多个位置参数和关键字参数，如何保证参数的正确匹配？请举例说明。

4. 你认为不定长参数在实际编程中有何应用？请设计一个场景，展示如何使用 *args 和 **kwargs 来处理不确定数量的参数。

5. 递归函数如何确保避免无限递归的发生？请结合实际情况说明如何设置递归终止条件。

6. 请思考并分析全局变量和局部变量的使用场景，以及在什么情况下应该尽量避免使用全局变量。

7. 在函数内部，如何通过 global 语句来修改全局变量？请举例说明其使用方式及可能带来的问题。

8. 匿名函数 lambda 适用于哪些场景？它与传统函数相比有哪些优缺点？

9. 你认为函数的嵌套在实际编程中有何优势？请给出一个具体的代码示例，展示函数嵌套如何提高代码的组织性。

10. 在使用 Python 中的 datetime 模块时，如何高效地处理时间格式化和解析？请设计一个简单的例子，展示如何在日志记录中使用 datetime。

四、实验题

1. 请编写一个 Python 程序，定义一个简单的函数 greet( )，接收一个姓名作为参数，并输出一条问候语。然后调用该函数，输出 "Hello, [姓名]"。

2. 请编写一个程序，使用函数定义两个整数相加的功能，并在主程序中调用该函数。确保在调用时传递合适的参数。

3. 请编写一个程序，定义一个函数 introduce(name, age)，接收名字和年龄作为参数，输出一句自我介绍。分别使用位置参数和关键字参数调用该函数，测试两者的不同。

4. 请编写一个函数，定义默认值参数 multiply(x, y=2)，表示将两个数相乘。如果只传递一个参数，则使用默认值 y=2。在调用时分别传递一个和两个参数进行测试。

5. 请编写一个程序，定义一个接收任意数量数字的函数 sum_all(*numbers)，返回它们的总和。调用该函数并传递不同数量的参数进行测试。

6. 请编写一个函数，返回一个给定数值的平方，并在函数调用时返回该值。调用该函数并打印返回值。

7. 请编写一个程序，测试 global 语句的作用，定义一个全局变量并在函数内部使用 global 修改其值。输出修改后的全局变量。

8. 请编写一个程序，使用 lambda 函数实现计算两数之和的功能。然后调用该 lambda 函数，传递两个数并输出结果。

9. 请编写一个函数 factorial(n)，使用递归计算一个正整数的阶乘。编写主程序调用该函数，输入一个数并输出其阶乘值。

10. 请编写一个程序，获取当前的日期和时间，并将其按照 YYYY 年 MM 月 DD 日 HH:MM:SS 的格式打印出来。

第 6 章 ▶ 文件

当今时代，数字技术作为世界科技革命和产业变革的先导力量，日益融入经济社会发展各领域全过程，深刻改变着生产方式、生活方式和社会治理方式。

——习近平向 2022 年世界互联网大会乌镇峰会所致贺信

当数字文明成为人类文明的新形态时，数据便成了这个时代最珍贵的生产资料。在 Python 中，文件操作是我们与数字世界交互的基础。无论是读取历史文献的数字化存档，还是写入最新的科研数据，文件处理能力都直接决定了我们能否高效地参与这场文明跃迁。

本章主要讲解文件的基本使用方法，包括文件的打开、关闭、读取、写入以及文件的移动、删除、改名等操作；还讲解了 turtle 标准模块的使用。掌握 Python 文件操作的核心技能，将会让我们具备在数字文明时代存储、处理和传递信息的基本能力。

📖 学习目标

(1) 了解文件的基本概念。
(2) 掌握文件的打开与关闭的方法。
(3) 掌握文件的读写方法。
(4) 掌握标准模块 turtle 的使用方法。

✳ 思维导图

6.1　文件概述

数据存放在内存中是暂时的，因为计算机断电之后，内存中的数据便会消失，数据只有保存在硬盘中，才能够永久保存。如果需要永久保存信息，就需要使用文件。

6.1.1　文件的概念

文件是计算机系统中用于存储数据的基本单位，是操作系统管理数据的一种方式。它可以包含文本、图像、音频、程序代码等各种形式的信息，并以特定格式存储在硬盘、固态硬盘 (SSD)、U 盘等存储设备上。

一个文件通常包含以下几个要素。

(1) 文件名：用于标识文件的名称，由用户指定。

(2) 扩展名：表示文件类型 (如 .py、.txt、.jpg 等)。

(3) 内容：文件实际存储的数据 (文本、二进制数等)。

(4) 元数据：文件的附加信息 (如创建时间、大小、权限等)。

6.1.2　文件的路径

文件存在于目录之下。文件系统被认为是树状结构：文件与目录之间的关系好像树叶与树干之间的关系，目录与目录之间的关系好像树干与树干之间的关系。不管是 Windows 操作系统还是 MacOS 操作系统，文件系统都是树状结构的。就像每一片树叶都必须长在树枝之上，每一个文件都必须存在于目录之中。

文件路径是计算机中用于定位和访问文件的字符串表示，它描述了文件在文件系统中的具体位置。文件路径可以分为两种不同类型，每种类型都有其特定的用途和表示方法。

(1) 相对路径。相对路径是相对于当前工作目录的路径，而不是从根目录开始的完整路径。在编程环境中，当创建了工作目录之后，可在工作目录的基础之上使用相对路径。

例如 D:\Project\Python\Chapter01\Liti01.py，假设工作目录为 D:\Project\Python\Chapter01，Liti01.py 文件的相对路径就是 \Liti01.py。

(2) 绝对路径。绝对路径是从文件系统的根目录开始的完整路径，可以唯一地标识一个文件或目录的位置。

例如 D:\Project\Python\Chapter01\Liti01.py，Liti01.py 文件的绝对路径是 "D:\Project\Python\Chapter01\Liti01.py"，完整地描述了 Liti01.py 文件的具体位置，包括驱动器、各级目录名。对于 Python 来说，可以使用绝对路径调用文件。

使用绝对路径的好处主要是能够非常明确地知道文件所在位置，缺点是在跨环境运行时，无法确定是否有权限访问绝对路径文件。

绝对路径 = 工作目录 + 相对路径，使用相对路径的好处主要是部署项目时不用在意是否对绝对路径具有访问权限，因为部署的工作路径必然是有访问权限的。

6.1.3　文件的类型

Python 作为一种通用编程语言，能够处理多种文件类型，包括文本文件、二进制文件、CSV 文件、Excel 文件、JSON 文件、PDF 文件、数据库文件等。本书仅介绍文本文件和二进制文件的操作。

文本文件由字符组成，这些字符按照 ASCII 码、UTF-8 或者 Unicode 等格式进行编码，文件内容方便查看和编辑，如 .txt 文件、.py 文件、.html 文件。文本文件可以被多种编辑软件创建、修改和阅读，常见的编辑软件有记事本等。

二进制文件存储的是由 0 和 1 组成的二进制编码。二进制文件内容数据的组织格式与文件用途有关，如 .bmp 格式的图片文件、.avi 格式的视频文件、.doc 文件等。二进制文件和文本文件最主要的差别在于编码格式。二进制文件只能按照字节处理，文本文件读写的是字符串。

无论是文本文件还是二进制文件，都可以用文本文件方式和二进制文件方式打开，但打开后的操作是不同的。例如，一个文件 af.txt 的内容是 256，如果以文本文件方式打开该文件，则计算机认为文件中有三个字符"2""5""6"；如果以二进制文件方式打开该文件，则计算机认为文件中有一个整数 256。

6.2　文件操作

Python 中的文件操作主要包括打开文件、关闭文件、读写文件、定位文件指针以及文件基本操作等。

6.2.1　打开文件

无论是文本文件还是二进制文件，其操作流程基本是一致的：首先打开文件并创建文件对象，然后通过该文件对象对文件内容进行读取、写入、删除、修改等操作，最后关闭并保存文件内容。

要打开文件，可使用函数 open()，它是 Python 的内置函数。其使用的基本语法格式如下：

```
file=open(filename, mode[,encoding=None])
```

file 是文件对象的标识符，filename 可以是相对路径或绝对路径指示的文件，它是必不可少的参数；mode 是一个字符串参数，用来指定文件的打开方式；encoding 是文本的编码方式。不同的 mode 字符串代表了文件的不同打开方式。具体示例如下：

```
>>> f=open("test.txt","w")
```

运行上述代码，如果没有找到 test.txt 文件，则新建 test.txt 文件；如果找到 test.txt 文件，则打开 test.txt 文件。

open 函数的 mode 参数及其说明请参考表 6.1。

表 6.1　open 函数的 mode 参数及其说明

模式	说明
r	以只读方式打开文件。文件的指针将会放在文件的开头。这是默认模式
w	打开一个文件只用于写入。如果该文件已存在则将其覆盖。如果该文件不存在，创建新文件
a	打开一个文件用于追加。如果该文件已存在，文件指针将会放在文件的结尾。也就是说，新的内容将会被写到已有内容之后。如果该文件不存在，创建新文件进行写入
rb	以二进制格式打开一个文件用于只读。文件指针将会放在文件的开头。这是默认模式
wb	以二进制格式打开一个文件只用于写入。如果该文件已存在则将其覆盖；如果该文件不存在，创建新文件
ab	以二进制格式打开一个文件用于追加。如果该文件已存在，文件指针将会放在文件的结尾。也就是说，新的内容将会被写到已有内容之后。如果该文件不存在，创建新文件进行写入
r+	打开一个文件用于读写。文件指针将会放在文件的开头
w+	打开一个文件用于读写。如果该文件已存在则将其覆盖；如果该文件不存在，创建新文件
a+	打开一个文件用于读写。如果该文件已存在，文件指针将会放在文件的结尾。文件打开时会是追加模式。如果该文件不存在，创建新文件用于读写
rb+	以二进制格式打开一个文件用于读写。文件指针将会放在文件的开头
wb+	以二进制格式打开一个文件用于读写。如果该文件已存在则将其覆盖；如果该文件不存在，创建新文件

文件指针是文件操作的重要概念，Python 用指针表示当前读写位置。

在文件的读写过程中，文件指针的位置是自动移动的，用户可以使用 tell() 方法测试文件指针的位置，使用 seek() 方法移动指针的位置。

以只读方式打开文件时，文件指针会指向文件开头；向文件中写入数据时，文件指针会指向文件末尾。通过设置文件指针的位置，可以实现文件的定位读写。

打开一个文件的具体示例如下：

(1) 以只读方式打开。

```
>>> f = open('somefile.txt')                                          # 相对路径
# 如果程序文件与数据文件不在同一个文件夹中，则使用绝对路径
>>> f = open(' D:\\python 基础 \\ 教学代码 \\somefile.txt')          # 绝对路径
```

(2) 以覆写方式打开。

```
>>> f = open('somefile.txt',mode='w')                                 # 相对路径
```

(3) 以追加写方式打开。

```
>>> f = open('somefile.txt',mode='a')                                 # 相对路径
```

6.2.2　关闭文件

文件对象的 close() 方法用于关闭文件。通常情况下，Python 在操作文件时，使用内存缓冲区缓存文件数据。关闭文件时，Python 将缓冲区中的数据写入文件，然后关闭文件，并释放对文件的引用。示例代码如下：

```
>>> f=open("test.txt","w")
>>> f.close()
```

使用文件对象的 flush() 方法可以将缓冲区的内容写入文件，但不关闭文件。示例代码如下：

```
>>> f=open("test.txt","w")
>>> f.flush()
```

在实际开发中,有时会因为文件关闭异常,而程序出错。因此应优先考虑使用上下文管理语句 with。关键字 with 可以自动管理资源,不论因为什么原因(哪怕是代码引发了异常)跳出 with 块,总能保证文件被正确关闭,并且可以在代码块执行完毕后自动还原进入该代码块时的上下文。with 常用于文件操作、数据库连接、网络连接、多线程与多进程同步时的锁对象管理等场合。其使用语法格式如下:

```
with open(filename, mode[, encoding]) as fp:
```

fp 是文件对象;filename 是相对路径或绝对路径指示的文件;mode 是指定文件打开方式的参数;encoding 是文件的编码格式,该参数可以省略。

【例 6-1】逐行读取 test.txt 文件的内容,并输出。示例代码如下:

假设 test.txt 文件的内容如下:

> Hello Python!
>
> Python 提供了一组读取文件内容的方法。对于当前目录下文本文件 test.txt,
>
> 本文件是文本文件,默认编码格式为 ANSI

```
1    with open('test.txt','r',encoding='utf_8') as fp:
2        for line in fp:
3            print(line,end="")
```

运行结果如下:

```
Hello Python!
Python 提供了一组读取文件内容的方法。对于当前目录下文本文件 test.txt,
本文件是文本文件,默认编码格式为 ANSI
```

6.2.3 读写文件

假设 test.txt 文件内容同例 6-1。

1. read() 方法

使用 read([num]) 可以从文件中读取数据,num 表示要从文件中读取的数据的长度(单位是字节),如果没有指定 num,那么就表示读取文件中的所有数据。

【例 6-2】使用 read() 方法读取文本文件的内容。示例代码如下:

```
1    with open ("test.txt","r") as f:          # 以只读方式打开文件
2        str1=f.read(13)                        # 只读取 13 个字符
3        print(str1)
4        str2=f.read()                          # 读取剩余的所有字符
5        print(str2)
```

运行上述代码,报错信息如下:

```
Traceback (most recent call last):
    File "D:\python 基础 \ 教学代码 \ 例 6-2.py", line 2, in <module>
        str1=f.read(13)
UnicodeDecodeError: 'gbk' codec can't decode byte 0xaf in position 37: illegal multibyte sequence
```

上面报错的意思是,默认以 gbk 编码格式读取数据,但是文本数据是 utf-8 编码格式的。若要让程序正确执行,需要用参数 encoding 来指定读取文件的编码格式。修改后的程序如下:

```
1    with open ("test.txt","r",encoding="utf-8") as f:    # 以只读方式打开文件
2        str1=f.read(13)                                   # 只读取 13 个字符
```

```
3        print(str1)
4        str2=f.read()                                              #读取剩余的所有字符
5        print(str2)
```

运行结果如下：

```
Hello Python!
Python 提供了一组读取文件内容的方法。对于当前目录下文本文件 test.txt，
本文件是文本文件，默认编码格式为 ANSI
```

2. readlines() 方法和 readline() 方法

就像 read() 没有参数时一样，readlines() 可以按照行的方式把整个文件中的内容进行一次性的读取，并且返回的是一个列表，其中每一行的数据为一个元素。

使用 radlines() 方法可以一次性读取所有行的内容，如果文件很大，会占用大量的内存空间，读取的时间也会相对很长。

【例 6-3】使用 readlines() 方法读取文本文件的内容。示例代码如下：

```
1        with open ("test.txt","r",encoding="utf-8") as f:
2            flist=f.readlines()                                    #一次性读取文件所有内容，存入列表
3            print(flist)                                           #一次性输出列表所有内容
4            for line in flist:
5                print(line)                                        #一个元素一个元素地输出列表内容
```

运行结果如下：

```
['Hello Python!\n', 'Python 提供了一组读取文件内容的方法。对于当前目录下文本文件 test.txt,\n', '
本文件是文本文件，默认编码格式为 ANSI\n']
Hello Python!
Python 提供了一组读取文件内容的方法。对于当前目录下文本文件 test.txt,
本文件是文本文件，默认编码格式为 ANSI
```

使用 readline() 可以一次读取一行内容。

【例 6-4】使用 readline() 方法读取文本文件的内容。示例代码如下：

```
1        with open ("test.txt","r",encoding="utf-8") as f:
2            str1=f.readline()
3            while str1!="":                                        #判断文件是否结束
4                print(str1)
5                str1=f.readline()
```

运行结果如下：

```
Hello Python!
Python 提供了一组读取文件内容的方法。对于当前目录下文本文件 test.txt,
本文件是文本文件，默认编码格式为 ANSI
```

Python 将文件看作由行组成的序列，因此可以通过迭代的方式逐行读取文件的内容。

【例 6-5】以迭代的方式读取文本文件的内容，并输出。示例代码如下：

```
1        with open ("test.txt","r",encoding="utf-8") as f:
2            for line in f:
3                print(line,end="")
```

运行结果如下：

```
Hello Python!
Python 提供了一组读取文件内容的方法。对于当前目录下文本文件 test.txt,
本文件是文本文件，默认编码格式为 ANSI
```

3. write() 方法

使用 write() 可以向文件写入数据。如果文件不存在，则先自动创建文件，再写入内容。

【例 6-6】使用 write( ) 向文件中写入字符串，然后输出文件内容。

```
1    fname=input(" 请输入写入数据的文件名： ")
2    with open(fname,"w", encoding="utf–8") as f1:
3        f1.write(" 往文件中写入字符串 \n")
4        f1.write(" 继续写入 ")
5    with open(fname,"r", encoding="utf–8") as f2:
6        for line in f2:
7            print(line,end="")
```

运行结果如下：

```
请输入写入数据的文件名：test2
往文件中写入字符串
继续写入
```

该程序运行后，根据提示输入文件名，然后自动向文件中写入两行数据，如果文件不存在，则先自动创建文件，再写入内容。

【例 6-7】使用 wirtelines( ) 方法向文件中写入序列。示例代码如下：

```
1    with open("data7.dat","a",encoding="utf_8") as f1:
2        lst=["HTML5","CSS3","Javascript"]
3        tup1=('2012','2010','1990')
4        f1.writelines(lst)
5        f1.writelines('\n')
6        f1.writelines(tup1)
```

程序运行之前，data7.dat 文件中的内容是：

> data7

程序运行之后，data7.dat 文件中的内容是：

> data7HTML5CSS3Javascript
>
> 201220101990

6.2.4　定位文件指针

文件指针是文件操作的重要概念，Python 用指针表示当前读写位置。在文件的读写过程中，文件指针的位置是自动移动的，用户可以使用 tell( ) 方法查看文件指针的位置，使用 seek( ) 方法移动指针的位置。

以只读方式打开文件时，文件指针会指向文件开头；向文件中写入数据时，文件指针会指向文件末尾。通过设置文件指针的位置，可以实现文件的定位读写。

1. 查看文件定位指针的位置

使用文件对象的 tell( ) 方法来查看文件定位指针的位置，其语法格式为：

```
tell()
```

示例代码如下：

```
>>> fp=open("D:\\python 基础 \\ 教学代码 \\test.txt","r+",encoding="utf_8")
>>> str1=fp.read(6)
>>> str1
'Hello '
>>> fp.tell()
```

```
6
>>> fp.readline( )
'Python!\n'
>>> fp.tell( )
15
>>> fp.readlines( )
['Hello Python!\n', 'Python 提供了一组读取文件内容的方法。对于当前目录下文本文件 test.txt,\n', '
本文件是文本文件，默认编码格式为 ANSI\n']
```

2. 移动文件指针到指定位置

使用文件对象的 seek( ) 方法可以移动文件指针到指定位置，其语法格式为：

```
seek(offset, whence)
```

参数 offset 表示偏移量，参数 whence 表示方向。其中 whence 是可选参数，默认值为 0。

offset 表示要从指定位置开始的偏移量：0 代表从文件开头开始算起，1 代表从当前位置开始算起，2 代表从文件末尾算起。

使用 seek( ) 函数移动文件指针的示例代码如下：

```
>>> file=open("D:\\python 基础 \\ 教学代码 \\test.txt","r+",encoding="utf_8")
>>> file.seek(6)                                                          # 移动当前指针至第 6 个位置
6
>>> str1=file.read(8)
>>> str1
'Python!\n'
>>> file.tell( )
15
>>> file.seek(6)
6
>>> file.write("???????????")
11
>>> file.seek(0)
0
>>> file.readline( )
'Python 提供了一组读取文件内容的方法。
```

6.2.5 文件基本操作

对于文件的操作，主要依赖 os 模块和 shutil 模块。

1. 复制

【例 6-8】复制文件。将 D 盘"python 基础"文件夹中的"test.txt"文件复制到 D 盘的"learn_py"文件夹中。示例代码如下：

```
1    import os
2    import shutil
3    shutil.copy(r'D:\\python 基础 \\test.txt', r'D:\\learn_py')
```

> **注意**：该程序正确运行的前提是，D 盘"python 基础"文件夹中的"test.txt"文件必须存在，D 盘的"learn_py"文件夹也必须存在，否则会报错。

【例 6-9】复制并更名。将 D 盘"python 基础"文件夹中的"test.txt"文件复制到 D 盘的"learn_py"文件夹并更名为"newtest.txt"。示例代码如下：

```
1    import os
```

```
2      import shutil
3      shutil.copy(r' D:\\python 基础 \\test.txt',r'D:\\learn_py\\ newtest.txt')
```

> **注意**：该程序正确运行的前提是，D 盘 "python 基础" 文件夹中的 "test.txt" 文件必须存在，D 盘的 "learn_py" 文件夹也必须存在，否则会报错。

【**例 6-10**】复制整个目录。将 D 盘 "python 基础" 文件夹中的 "testdata" 文件夹复制到 D 盘的 "testdatanew" 文件夹中。示例代码如下：

```
1      import os
2      import shutil
3      shutil.copytree(r'D:\\ python 基础 \\testdata','rD:\\testdatanew')
```

> **注意**：该程序正确运行的前提是，D 盘 "python 基础" 文件夹中的 "testdata" 文件夹必须存在，D 盘的 "testdatanew" 文件夹也必须存在，否则会报错。

2. 删除

【**例 6-11**】删除文件。删除 D 盘 "learn_py" 文件夹中的 "PPT.docx" 文件。示例代码如下：

```
1      import os
2      import shutil
3      os.unlink(r'D:\\learn_py\\PPT.docx ')
```

> **注意**：该程序正确运行的前提是，D 盘 "learn_py" 文件夹中的 "PPT.docx" 文件必须存在，否则会报错。

【**例 6-12**】删除文件夹。删除 D 盘的 "testdatanew" 文件夹。示例代码如下：

```
1      import os
2      import shutil
3      try:
4          os.rmdir(r'D:\\testdatanew')              # 删除 D 盘的 "testdatanew" 文件夹
5      except Exception as ex:                        # 如果文件夹为空
6          print (" 错误信息: "+str(ex))               # 输出提示: 错误信息, 目录不是空的
```

> **注意**：使用 rmdir( ) 删除文件夹的前提是，文件夹存在，并且文件夹是空的。

如果文件夹不存在，则输出结果为：

错误信息：[WinError 2] 系统找不到指定的文件。: ' D:\\testdatanew '

如果文件夹是空的，则删除空文件夹。如果文件夹不为空，那么会报出错误信息：

错误信息：[WinError 145] 目录不是空的。: ' D:\\testdatanew '

【**例 6-13**】删除文件夹。删除 D 盘的 "testdatanew" 文件夹。示例代码如下：

```
1      import os
2      import shutil
3      shutil.rmtree(r'D:\\testdatanew')
```

> **注意**：使用 rmtree( ) 删除文件夹的前提是，文件夹存在。如果文件夹存在，则文件夹连同文件夹中的所有文件都会被删除；若文件夹不存在，则会报出错误信息。

3. 移动

【例 6-14】移动文件。将 D 盘"python 基础"文件夹中的"教学 PPT.docx"文件移动到 D 盘的"learn_py"文件夹中。示例代码如下：

```
1    import os
2    import shutil
3    shutil.move(r'D:\\python 基础 \\ 教学 PPT.docx',r'D:\\learn_py')
```

> **注意：** 使用 move( ) 移动文件的前提是，"教学 PPT.docx"文件存在，且"learn_py"文件夹存在，否则会报出错误信息。

【例 6-15】移动文件夹。将 D 盘"python 基础"文件夹中的"testdata"文件夹移动到 D 盘的"data"文件夹中。示例代码如下：

```
1    import os
2    import shutil
3    shutil.move(r'D:\\ python 基础 \\testdata',r'D:\\data')
```

> **注意：** 使用 move( ) 移动文件夹的前提是，目标文件夹"data"必须存在，否则会报出错误信息。

4. 重命名

【例 6-16】重命名文件。将 D 盘"python 基础"文件夹中的"test.txt"文件更名为"testnew.txt"。示例代码如下：

```
1    import os
2    import shutil
3    shutil.move(r'D:\\python 基础 \\test.txt',r'D:\\python 基础 \\testnew.txt')
```

> **注意：** 重命名文件的前提是该文件必须存在，否则会报出错误信息。

【例 6-17】重命名文件夹。将 D 盘的"python 基础"文件夹更名为"python 基础 new"。示例代码如下：

```
1    import os
2    import shutil
3    shutil.move(r' D:\\python 基础 ',r' D:\\python 基础 new')
```

> **注意：** 重命名文件夹的前提是该文件夹必须存在，否则会报出错误信息。

6.3　标准模块 turtle 的使用

turtle 是一个预安装的 Python 标准模块，它允许用户通过提供的虚拟画布来创建图片和形状。其中，用于屏幕上绘图的"笔"叫作海龟笔 (turtle graphics)，这便是该模块名称的由来。使用 turtle 模块，开发人员可以绘制和创建各种类型的形状和图像。大多数开发人员不仅使用它来绘制形状、创建设计和制作图像，还会用于创建迷你游戏和动画。

6.3.1　画布

画布是指绘制图形的窗口或绘图区域，它是 turtle 移动和绘制图形的背景空间。

1. 设置画布第一种方法

语法格式：

```
turtle.screensize(canvwidth=None,canvheight=None,bg=None)
```

其参数说明如下：

canvwidth：正整型数，以像素表示画布的新宽度值。

canvheight：正整型数，以像素表示画面的新高度值。

bg：颜色字符串或颜色元组，用于设置新的背景颜色。

生成一个画布的示例代码如下：

```
>>> import turtle
>>>turtle.screensize(800,600, "green")              # 画布大小为 800*600 且背景为绿色
```

2. 设置画布第二种方法

语法格式：

```
turtle.setup(width=0.5, height=0.75, startx=None, starty=None)
```

其参数说明如下。

width：若为整型数值，表示画布宽度为多少像素，若为浮点数值，则表示占屏幕宽度的比例；默认值为屏幕宽度的 50%。

height：若为整型数值，表示画布高度为多少像素，若为浮点数值，则表示占屏幕高度的比例；默认值为屏幕高度的 75%。

startx：若为正值，表示初始位置距离屏幕左边缘的像素数，负值表示距离右边缘的像素数，None 表示窗口水平居中。

starty：若为正值，表示初始位置距离屏幕上边缘的像素数，负值表示距离下边缘的像素数，None 表示窗口垂直居中。

【例 6-18】设置一个 500×500 像素的画布。示例代码如下：

```
1    import turtle
2    turtle.setup(500,500)                           # 设置一个 500*500 像素的画布
```

6.3.2　画笔

在画布上，默认有一个坐标原点为画布中心的坐标轴，坐标原点上有一只面朝 x 轴正方向的"小乌龟"。这里我们描述"小乌龟"时使用了两个词语：坐标原点（位置），面朝 x 轴正方向（方向），turtle 绘图中，就是使用位置方向描述"小乌龟"（画笔）的状态。

1. 画笔移动和绘制命令

表 6.2 是画笔移动和绘制的命令。

表 6.2　画笔移动和绘制的命令

命令	说明
turtle.forward(distance) 或 turtle.fd(distance)	向当前画笔方向移动 distance 像素长度
turtle.backward(distance) 或 turtle.bk(distance) 或 turtle.back(distance)	向当前画笔相反方向移动 distance 像素长度
turtle.right(degree) 或 turtle.rt(degree)	顺时针移动 degree°
turtle.left(degree) 或 turtle.lt(degree)	逆时针移动 degree°
turtle.goto(x,y) 或 turtle.setpos(x,y) turtle.setposition(x,y)	将画笔移动到坐标为 (x,y) 的位置
turtle.setx()	将当前 x 轴移动到指定位置
turtle.sety()	将当前 y 轴移动到指定位置
turtle.setheading(angle) 或 turtle.seth(angle)	设置当前朝向为 angle 角度
turtle.home()	返回原点，朝向东
turtle.circle()	画圆，半径为正 (负)，表示圆心在画笔的左边 (右边) 画圆
turtle.undo()	撤销上一步操作
turtle.speed()	设置笔画绘制速度
turtle.dot(size=None, *color)	绘制一个指定直径和颜色的圆点

部分命令的详细说明如下：

(1) turtle.left(−90) 相当于 turtle.right(90)。

(2) turtle.seth(angle) 表示 "小乌龟" 启动时运动的方向。它包含一个输入参数 angle，是角度值。其中，0° 表示向东，90° 向北，180° 向西，270° 向南；负值表示相反方向。

(3) turtle.circle( ) 的语法格式为：

```
turtle.circle(radius, extent=None, steps=None)
```

这是画圆括号的函数，参数说明如下：

radius：数值，半径为正 (负) 时，表示圆心在画笔的左边 (右边) 画圆。

extent：数值 (或 None)，表示绘制圆弧的夹角，用来决定绘制圆的一部分。

steps：整型数 (或 None)，表示绘制半径为 radius 的圆的内切正多边形，多边形边数为 steps。

(4) turtle.speed( ) 的语法格式为：

```
turtle.speed(speed=None)
```

该函数用于设置画笔速度，速度值范围从 0 到 10，画线和 "小乌龟" 转向的动画效果逐级加快。

"fastest"：0 为最快速度，无动画效果，直接绘制。

"fast"：10 为快速，比 0 稍微慢一点。

"normal"：6 为默认速度，属于中等速度。

"slow"：3 为较慢的速度。

"slowest"：1 为最慢速度，绘图过程清晰可见。

【例 6-19】使用 turtle 模块的 turtle.fd( ) 函数和 turtle.seth( ) 函数绘制一个边长为 100 的三角形，效果如图 6.1 所示。示例代码如下：

```
1    import turtle
2    for i in range(3):
3        #i=0 时画笔向右角度为 0°；i=1 时画笔角度为 120°；i=2 时画笔角度为 240°
4        turtle.seth(i*120)
5        turtle.fd(100)                              # 画笔向前移动 100 步
```

【例 6-20】使用 turtle 模块的 turtle.circle( ) 函数、turtle.seth( ) 函数绘制一个四瓣花图形，效果如图 6.2 所示。其中 turtle.hideturtle( ) 是一个用于隐藏绘图指针 (海龟图标) 的方法。调用此方法后，绘制过程中不再显示该图标，但仍可以继续执行绘图命令。

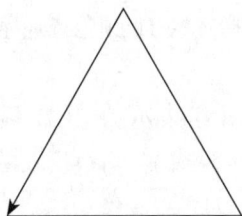

图 6.1　三角形

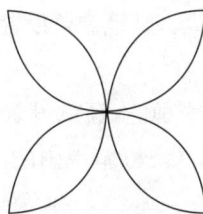

图 6.2　四瓣花

示例代码如下：

```
1    import turtle
2    for i in range(4):
3        turtle.seth(90*(i+1))
4        turtle.circle(50,90)                        # 绘制半径为 50 像素，夹角为 90° 的圆弧
5        turtle.seth(-90+i*90)
6        turtle.circle(50,90)
7    turtle.hideturtle( )                             # 隐藏绘图指针 ( 海龟图标 )
```

2. 画笔控制命令

表 6.3 是画笔控制命令。

表 6.3　画笔控制命令

命令	说明
turtle.pendown( ) 或 turtle.pd( ) 或 turtle.down( )	画笔落下，开始绘制
turtle.penup( ) 或 turtle.pu( ) 或 turtle.up( )	画笔抬起，移动时不绘制线条
turtle.pensize( ) 或 turtle.width( )	设置画笔粗细
turtle.pen(pen=None, **pendict)	获取或设置画笔属性
turtle.isdown( )	判断画笔是否落下 (返回 True 或 False)
turtle.color(color1, color2)	返回或设置画笔颜色 color1 和填充颜色 color2
turtle.pencolor( )	获取或设置画笔颜色
turtle.fillcolor( )	获取或设置填充颜色
turtle.filling( )	返回当前是否处于填充状态
turtle.begin_fill( )	准备开始填充图形
turtle.end_fill( )	结束填充图形
turtle.write( )	在画布上书写文本

部分命令的详细说明如下。

(1) turtle.pensize()。turtle.pensize() 用于设置 "小乌龟" 运动轨迹的宽度 (线条粗细)，其语法格式为：

```
turtle.pensize(width=None)
```

(2) turtle.pencolor()。turtle.pencolor() 用于设置 "小乌龟" 运动轨迹的颜色，其语法格式为：

```
turtle.pencolor(*args)
```

该函数允许以下四种输入格式：

① pencolor()：返回以颜色描述字符串或元组，表示当前画笔的颜色。

② pencolor(colorstring)：将画笔颜色设置为 colorstring 指定的 Tk 颜色描述字符串，如 "red"、"yellow" 或 "#33cc8c"。

③ pencolor((r, g, b))：将画笔颜色设置为以 (r, g, b) 元组表示的 RGB 颜色。其中，r, g, b 分别为 0~255 范围内的整数，或 0.0~1.0 范围内的浮点数 (取决于模式)。切换模式的函数有两种用法：

```
turtle.colormode(255)              # 切换为整数模式 (0~255)
turtle.colormode(1.0)              # 切换为浮点数模式 (0.0~1.0，默认 )
```

④ pencolor(r, g, b)。将画笔颜色设置为以 r, g, b 表示的 RGB 颜色。

(3) turtle.pen()。turtle.pen() 用于返回或设置画笔的属性，其语法格式为：

```
turtle.pen(pen=None, **pendict)
```

参数 **pendict 是一个包含以下键值对的 "画笔字典"：

"shown"：True/False，控制画笔 (海龟) 是否显示。

"pendown"：True/False，表示画笔是否落下。

"pencolor"：颜色字符串或颜色元组，设置画笔颜色。

"fillcolor"：颜色字符串或颜色元组，设置填充颜色。

"pensize"：正数值，设置笔画粗细。

"speed"：0~10 范围内的数值，设置画笔绘制速度。

"resizemode"："auto" 或 "user" 或 "noresize"，调整模式，控制海龟图标和线条如何随窗口缩放。

"stretchfactor"：(正数值，正数值)，这个元组是拉伸因子，用于调整 x, y 两个方向的缩放比例。

"outline"：整数值，设置 "海龟" 轮廓宽度。

"tilt"：浮点数，设置 "海龟" 倾斜角度。

此字典可作为后续调用 pen() 时的参数，以恢复之前的画笔状态。还可将这些属性作为关键词参数提交。

(4) turtle.write()。turtle.write() 为书写函数，其语法格式为：

```
turtle.write(arg, move=False, align="left", font=("Arial", 8, "normal"))
```

参数说明如下：

arg：要书写的文本内容。

move：True/False，表示书写后画笔是否移动到文本末尾。

align：字符串取值 "left" "center" 或 "right"，表示文本对齐方法。

font：一个三元组 (fontname, fontsize, fonttype)，用于设置字体名称，字号和字体类型。

【例 6-21】画一个蓝色小蟒蛇。具体代码如下：

```
1       import turtle
```

```
2      turtle.penup()
3      turtle.pencolor("blue")
4      turtle.forward(-200)
5      turtle.pendown()
6      turtle.pensize(10)
7      turtle.right(45)
8      for i in range(4):
9          turtle.circle(40, 100)
10         turtle.circle(-40, 60)
11     turtle.circle(40, 80 / 2)
12     turtle.fd(30)
13     turtle.circle(16, 150)
14     turtle.fd(100)
15     turtle.done()
```

程序运行结果如图 6.3 所示。

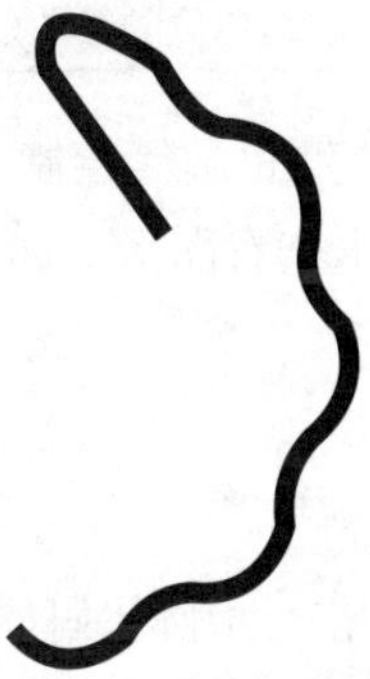

图 6.3　蓝色小蟒蛇

【例 6-22】输出不同颜色的文字"你好！海龟！"。示例代码如下：

```
1      import turtle
2      import random
3      # 初始化
4      screen = turtle.Screen()
5      turtle.colormode(255)                        # 设置颜色模式为 RGB(0~255)
6      t = turtle.Turtle()
7      # 定位和准备书写
8      t.penup()
9      t.goto(-100, 0)
10     t.pendown()
11     # 书写文本，每个字符随机颜色
12     text = " 你好！海龟！"
13     for char in text:
14         r = random.randint(0, 255)
15         g = random.randint(0, 255)
16         b = random.randint(0, 255)
17         t.color(r, g, b)
18         t.write(char, move=True, align="left", font=("Courier", 24, "normal"))
19     # 结束
20     turtle.done()
```

程序运行结果如图 6.4 所示。

图 6.4　不同颜色的文字

3. 其他命令

其他命令如表 6.4 所示。

表 6.4　其他命令

命令	说明
turtle.showturtle() 或 st()	显示画笔的 turtle 形状
turtle.hideturtle() 或 ht()	隐藏画笔的 turtle 形状
turtle.isvisible()	是否隐藏画笔的 turtle 形状
turtle.shape(name=None)	设置 turtle 形状为 name 指定的形状名，如未指定形状名则返回当前的形状名
turtle.done()	运行结束但不退出，直到用户关闭窗口
turtle.delay(delay=None)	设置或返回以毫秒为单位的绘图延迟

其中，turtle.done() 的作用是暂停程序，停止画笔绘制，但绘图窗体不关闭，直到用户关闭 Python Turtle 图形化窗口。它的目的是给用户时间来查看图形，如果没有该语句，图形窗口会在程序完成时立即关闭。

6.3.3　turtle 模块使用实例

【例 6-23】用红色直线条绘制一朵玫瑰花。示例代码如下：

```
1    mport turtle              # 导入 turtle 库
2    t=turtle.Pen()            #将画笔赋值给 t
3    t.shape("turtle")         #设置画笔形状为海龟
4    t.color("red")            #设置颜色
5    t.width(2)                #设置宽度
6    for x in range(100):      # x 为 0~99
7        t.forward(2*x)        # 画笔前进 2x
8        t.left(58)            # 向左旋转 58°
```

运行结果如图 6.5 所示。

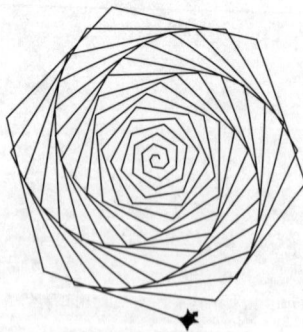

图 6.5　红色玫瑰花

【例 6-24】绘制奥运五环。示例代码如下：

```
1    import turtle                     # 导入模块
2    # 先画第一排中间黑色圆环，以它为中心
3    turtle.width(10)                  #设置宽度
4    turtle.color("black")             #设置颜色为黑色
5    turtle.circle(50)                 #设置圆的半径为 50 像素
```

```
6     turtle.penup()                                          # 抬起画笔
7     # 画第一排左边蓝色圆环
8     turtle.goto(-120,0)                                     # 前往圆心坐标
9     turtle.pendown()                                        # 放下画笔
10    turtle.color("blue")
11    turtle.circle(50)
12    turtle.penup()
13    # 画第一排右边红色圆环
14    turtle.goto(120,0)
15    turtle.pendown()
16    turtle.color("red")
17    turtle.circle(50)
18    turtle.penup()
19    # 画第二排左边黄色圆环
20    turtle.goto(-60,-50)
21    turtle.pendown()
22    turtle.color("yellow")
23    turtle.circle(50)
24    turtle.penup()
25    # 画第二排右边绿色圆环
26    turtle.goto(60,-50)
27    turtle.pendown()
28    turtle.color("green")
29    turtle.circle(50)
```

运行结果如图 6.6 所示。

图 6.6　奥运五环

【例 6-25】编写代码实现动图：绘制一辆从左向右移动的小汽车，由一个红色的矩形车身和两个黑色的轮子组成。示例代码如下：

```
1     import turtle
2     import time
3     # 设置屏幕
4     screen = turtle.Screen()                                # 创建一个 screen 对象
5     screen.setup(width=800, height=400)
6     screen.bgcolor("lightblue")
7     screen.tracer(0)                                        # 关闭自动刷新，手动控制刷新以实现动画效果
8     # 创建小汽车的主体，创建一个小汽车主体，形状为长方形，颜色为红色
9     car = turtle.Turtle()                                   # 创建一个 turtle 对象，名为 car
10    car.shape("square")
11    car.shapesize(stretch_wid=1, stretch_len=5)             # 调整形状为长方形
12    car.color("red")
13    car.penup()
14    car.goto(-300, -100)                                    # 初始位置
15    # 创建车轮，创建两个圆形车轮，颜色为黑色
16    wheel1 = turtle.Turtle()
17    wheel1.shape("circle")
18    wheel1.color("black")
19    wheel1.penup()
20    wheel1.goto(-330, -120)                                 # 左轮位置（相对于车体）
21    wheel2 = turtle.Turtle()
```

```
22    wheel2.shape("circle")
23    wheel2.color("black")
24    wheel2.penup( )
25    wheel2.goto(–270, –120)                    #右轮位置(相对于车体)
26  #移动小汽车的函数
27  def move_car( ):
28      car.forward(10)                          #小汽车向前移动
29      wheel1.forward(10)                       #左轮向前移动
30      wheel2.forward(10)                       #右轮向前移动
31  #主循环，让小汽车持续移动
32  while True:
33      screen.update( )                         #手动刷新屏幕以实现动画效果
34      move_car( )                              #调用移动函数
35      time.sleep(0.05)                         #控制移动速度
36      #如果小汽车超出屏幕右侧，重置到左侧
37      if car.xcor( ) > 400:
38          car.goto(–300, –100)
39          wheel1.goto(–330, –120)
40          wheel2.goto(–270, –120)
41  turtle.done( )
```

运行结果如图 6.7 所示。

图 6.7　移动的小汽车

6.4　习题与实验

一、选择题

1. 在读写文件之前，需要创建文件对象，采用的方法是(　　)。

　　A. creat　　　　　　B. folder　　　　　　C. File　　　　　　D. open

2. 下列不属于 Python 对文件的读操作方法的是(　　)。

　　A. read　　　　　　B. readline　　　　　C. readall　　　　　D. readtext

3. 下面对文件的描述中错误的是(　　)。

　　A. 文件是一个存储在辅助存储器上的数据序列

　　B. 文件中可以包含任何数据内容

　　C. 文本文件和二进制文件都是文件

　　D. 文本文件不能用二进制文件方式读入

4. 关于文件，下列说法中错误的是 (　　)。

　　A. 对已经关闭的文件进行读写操作会默认再次打开文件

　　B. 对文件操作完成后即使不关闭程序也不会报错，所以可以不关闭文件

　　C. 对于非空文本文件，read() 返回字符串，readlines() 返回列表

　　D. file =open(filename,'rb') 表示以只读、二进制方式打开名为 filename 的文件

5. fname = input(" 请输入要写入的文件 :")

　　fo =open(fname,"w+")

　　ls =[" 唐诗 "," 宋词 "," 元曲 "]

　　fo.writelines(ls)

　　fo.seek(0)

　　for line in fo :

　　　　print(line)

　　fo.close()

上述代码的运行结果是 (　　)。

　　A. 唐诗　　　　　　B. " 唐诗 "　　　　　C. 唐诗宋词元曲　　D. " 唐诗宋词元曲 "

　　　宋词　　　　　　　" 宋词 "

6. 有一非空文本文件 textfile.txt，执行下述代码:

　　file = open('textfile.txt','r')

　　for line in file.readlines( ):

　　line += '[prefix] '

　　file.close( )

　　for line in file.readlines( ):

　　print(line)

输出结果是 (　　)。

　　A. 逐行输出文件内容　　　　　　　　　　B. 逐行输出文件内容，但每行以 [prefix] 开头

　　C. 报错　　　　　　　　　　　　　　　　D. 文件被清空,所以没有输出

7. 不改变绘制方向的 turtle 命令是 (　　)。

　　A. turtle.fd()　　　B. turtle.seth()　　　C. turlle.right()　　　D. turlle.circle()

8. 在 turtle 绘图中表示颜色值不正确的是 (　　)。

　　A. "grey"　　　　　B. (190,190,190)　　　C. BEBEBE　　　　D. #BEBEBE

二、实验题

1. 使用 turtle 模块的 turtle.fd() 函数和 turtle.seth() 函数绘制一个正方形，边长为 200 像素，效果如图 6.8 所示。

2. 使用 turtle 模块的 turtle.color() 函数和 turtle.circle() 函数绘制一个黄底黑边的圆形，半径为 50 像素，效果如图 6.9 所示。

3. 使用 turtle 模块的 fd() 函数和 right() 函数绘制一个边长为 100 像素的正六边形，再用 circle() 函

数绘制半径为 60 像素的红色圆内接正六边形，效果图如图 6.10 所示。

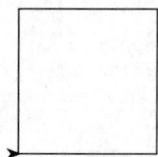
图 6.8　正方形

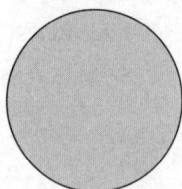
图 6.9　四瓣花

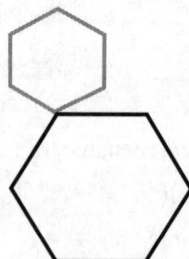
图 6.10　六边形图案

4. 使用 turtle 模块的 turtle.fd( ) 函数和 turtle.left( ) 函数绘制一个边长为 200 像素的太阳花，效果如图 6.11 所示。

5. File2.txt 文件内容如图 6.12 所示。编写程序，输出文件中的最大值。

6. 求 File3.txt 文件中每行数据之和，并把结果依次存入文件 dataSum.txt。File3.txt 文件内容如图 6.13 所示。

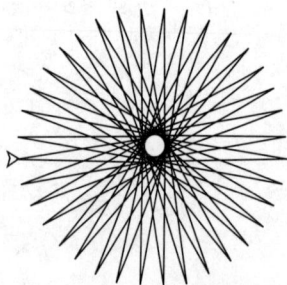
图 6.11　太阳花

```
34
65
23
85
96
24
134
3
12
```
图 6.12　File2.txt 文件

```
34 12 30 35
65 20 56 70
23 10 44 33
85 31 54 61
96 66 77 88
24 56 67 78
```
图 6.13　File3.txt 文件

第 7 章 异常处理

> 物有本末，事有终始，知所先后，则近道矣。
>
> ——《大学》

程序在运行过程中常常会发生一些意外情况并造成运行错误，如语法错误、类型错误、除数为零等。若没有对这些错误进行处理，程序将终止运行；若合理使用异常处理，则可以使程序具有更强的容错性。

本章将主要介绍异常的相关内容，包括异常的概念、异常的类型、异常捕捉、异常处理以及触发异常。让我们通过深入探索 Python 中的异常处理机制，揭开这一关乎程序本末终始的关键篇章，从而更接近编写优质、稳定代码的"正道"。

学习目标

(1) 理解异常的概念。
(2) 掌握异常处理语句。
(3) 掌握触发异常。
(4) 灵活运用 try 语句解决异常问题。

思维导图

7.1 异常概述

异常是一种信号，表示程序中存在某种问题。它通常表示在程序执行时发生了不寻常的情况，导致程序无法按照预期的方式继续执行。Python 使用异常处理机制捕捉和响应这些错误，以防止程序崩溃。

7.1.1 异常的概念

在 Python 中，异常是指在程序运行过程中出现的错误或意外情况。

每当发生程序错误时，系统会创建一个异常对象。如果编写了处理该异常的代码，程序将继续运行；但如果未处理，程序将停止运行并报错。

异常处理是编程语言或计算机硬件里的一种机制，用于处理软件或信息系统中出现的异常状况。Python 使用 try-except 语句来处理异常：该语句让 Python 执行指定的操作，同时告诉 Python 发生异常时的应对方式。使用 try-except 语句时，即便出现异常，程序也会继续运行，并显示用户编写的错误消息。

7.1.2 异常的类型

Python 内置了很多异常类型，常见的异常类型如表 7.1 所示。

表 7.1　常见的异常类型

异常类名	说明
NameError	使用未被赋值的变量
SyntaxError	代码不符合 Python 语法规定
IndexError	下标 / 索引超出范围
ZeroDivisionError	除数为 0
KeyError	字典里不存在这个键
ValueError	传入的值有误
TypeError	类型错误，传入的类型不匹配
ImportError	无法引入模块或包（路径或名称错误）
AttributeError	对象没有这个属性
OverflowError	数值运算超出最大限制
IndentationError	缩进错误（代码没有正确对齐）

7.2 异常捕捉与处理

为了防止程序因发生异常而意外终止运行，可以在异常被默认处理器处理之前捕捉并处理它。

7.2.1 try-except 语句

1. 捕捉发生的任意异常

try-except 语句可捕捉并处理发生的任意异常，其语法格式如下：

```
try :
    < 可能发生异常的语句块 >
except:
    < 发生异常时执行的语句 >
```

当 try 语句块中的某条语句发生异常时，程序就不再执行 try 语句块中后面的语句，而是转去执行 except 语句块。

【例 7-1】捕获并处理发生的任意异常。示例代码如下：

```
1    try :
2        x = int(input(" 请输入一个数： "))
3        print(20/x)
4    except:
5        print(" 发生异常了！ ")
```

运行结果如下：

```
请输入一个数：5
4.0
```

可以看到，try 语句块中的两条语句全部执行，except 语句块未执行，说明 try 语句块没有发生异常。

再运行程序两次，分别输入 0 和 python，运行结果如图 7.1 所示。

可以看到，不论输入 0 还是输入 python，try 语句块中的第二条语句均未执行，而是转去执行了 except 语句块，说明 try 语句块中的第二条语句发生了异常。

本程序捕捉并处理了异常，因此，当发生异常时，程序可以正常结束，而不是终止运行。建议读者只单独运行 try 语句块，查看运行结果，并与以上运行结果进行对照。

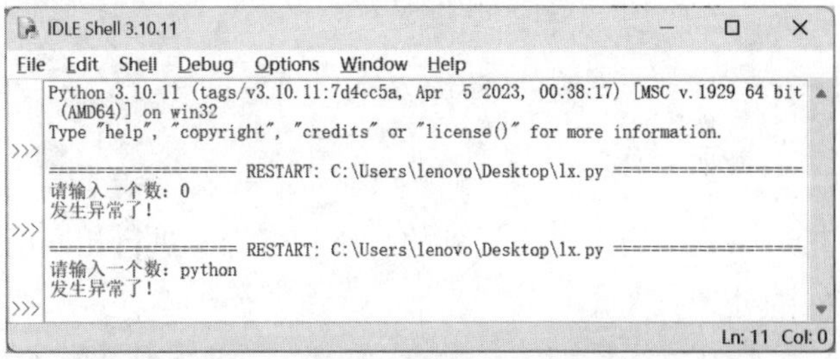

图 7.1　例 7-1 两次运行结果

2. 捕捉指定异常

try-except 语句可以捕捉并处理指定的异常，其语法格式如下：

```
try :
    < 可能发生异常的语句块 >
except 异常类名：
    < 发生异常时执行的语句 >
```

当 try 语句块中的某条语句发生指定异常时，程序就不再执行 try 语句块中后面的语句，而是转去执行 except 语句块。

【例 7-2】将例 7-1 代码修改如下：

```
1    try :
2        x = int(input(" 请输入一个数： "))
3        print(20 / x)
4    except ZeroDivisionError :
5        print(" 除数不能为 0！ ")
```

以上代码指定了异常类名 ZeroDivisionError，当 try 语句块中出现除数为 0 的异常时，就会执行 except 语句块。

运行程序代码两次，分别输入 0 和 python，运行结果如图 7.2 所示。

可以看到，当输入 0 时，指定的异常 ZeroDivisionError 发生了，程序转去执行 except 语句块，正常结束；当输入 python 时，指定异常 ZeroDivisionError 没有发生，而是发生了其他异常，这时程序终止运行，并报错。

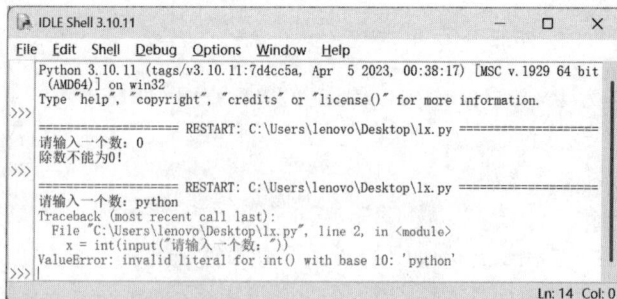

图 7.2　例 7-2 两次运行结果

3. 捕捉多个指定异常

try-except 语句可以捕捉并处理多个指定的异常，其语法格式如下：

格式一：

```
try :
    < 可能发生异常的语句块 >
except ( 异常类名 1, 异常类名 2,......, 异常类名 n):
    < 发生异常时执行的语句 >
```

格式二：

```
try :
    < 可能发生异常的语句块 >
except 异常类名 1:
    < 发生异常时执行的语句 1>
except 异常类名 2:
    < 发生异常时执行的语句 2>
......
except 异常类名 n:
    < 发生异常时执行的语句 n>
```

格式一可以对捕捉到的所有指定异常进行相同的处理，格式二可以对捕捉到的每个指定异常进行不同的处理。

【例 7-3】根据例 7-2 运行情况，将其代码修改如下：

```
1    try :
2        x = int(input(" 请输入一个数："))
3        print(20 / x)
4    except (ZeroDivisionError , ValueError) :
5        print(" 发生异常了！")
```

运行程序两次，分别输入 0 和 python，运行结果如图 7.3 所示。

从运行结果可以看到，程序对捕捉到的不同指定异常进行了相同的处理。

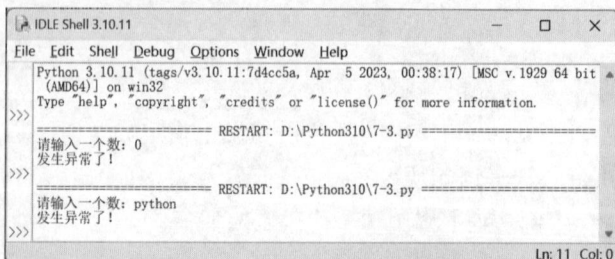

图 7.3　例 7-3 两次运行结果

将例 7-3 程序修改如下：

```
1    try :
2        x = int(input(" 请输入一个数： "))
3        print(20 / x)
4    except ZeroDivisionError :
5        print(" 除数不能为 0！ ")
6    except  ValueError :
7        print(" 值发生错误！ ")
```

运行修改后的程序两次，分别输入 0 和
python，运行结果如图 7.4 所示。

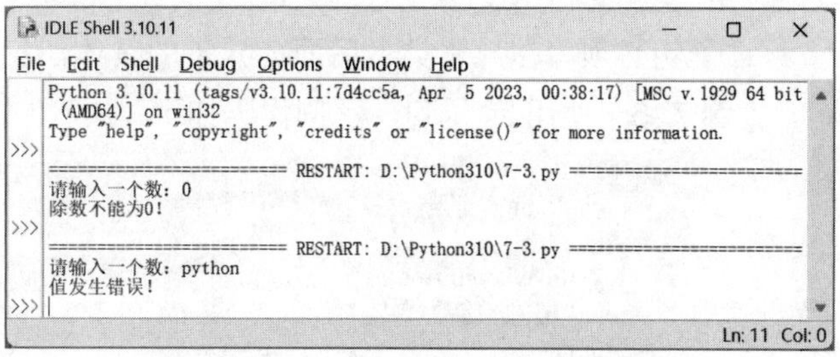

从运行结果可以看到，程序对捕捉到的不同
指定异常进行了不同的处理。

在程序中，虽然可以编写处理多种异常的代
码，但异常是防不胜防的，很有可能会再发生其
他异常，此时就需要捕捉并处理所有可能发生的
异常，其语法格式如下：

图 7.4　例 7-3 修改后的两次运行结果

```
try :
    <可能发生异常的语句块>
except  异常类名：
    <发生异常时执行的语句>
……
except :
    <与上述指定异常不匹配时，需执行的语句>
```

当 try 语句块中的某条语句发生的异常不是任何指定异常时，就会转去执行未指定异常类名的
except 语句块。

【例 7-4】将例 7-3 程序修改如下：

```
1    try :
2        x = int(input(" 请输入一个数： "))
3        print(20 / x)
4        print(20 / y)
5    except (ZeroDivisionError , ValueError) :
6        print(" 发生指定异常了！ ")
7    except :
8        print(" 发生未指定异常了！ ")
```

运行程序三次，分别输入 0、python 和 5，
运行结果如图 7.5 所示。

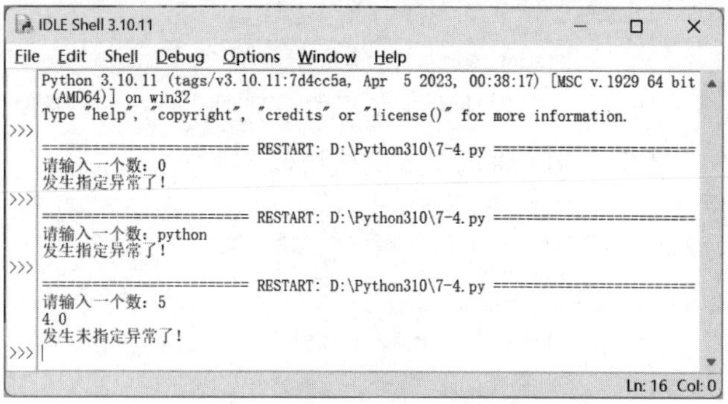

可以看到，当输入 0 和 python 时，分别发
生了 ZeroDivisionError 和 ValueError 异常，程序
均转去执行了第 6 行代码；当输入 5 时，发生了
NameError 异常，但此异常未指定，程序转去执
行了第 8 行代码。

可以将例 7-4 中第 5 行的两个异常类名分别
用两个 except 表示，建议读者自行修改运行。

图 7.5　例 7-4 的三次运行结果

7.2.2 as 子句

通过 as 子句可以获取异常的具体信息，其语法结构如下：

```
try :
        <可能发生异常的语句块>
except 异常类名 as 变量 :
        <发生异常时执行的语句>
......
```

as 子句必须写在异常类名后面，异常的具体信息会保存在 as 后面的变量中。

【例 7-5】使用 as 子句。示例代码如下：

```
1    try :
2        x = int(input(" 请输入一个数 :"))
3        print(20 / x)
4    except ZeroDivisionError as r1:
5        print(" 除数不能为 0 ！ ")
6        print(r1)
7    except ValueError as r2:
8        print(" 值发生错误！ ")
9        print(r2)
```

第 6 行和第 9 行代码的作用是输出异常的具体信息。

运行程序两次，分别输入 0 和 python，运行结果如图 7.6 所示。

可以看到，两次运行结果的最后一行显示的是发生异常的具体信息，通过异常的具体信息可以方便用户检查并修改错误。

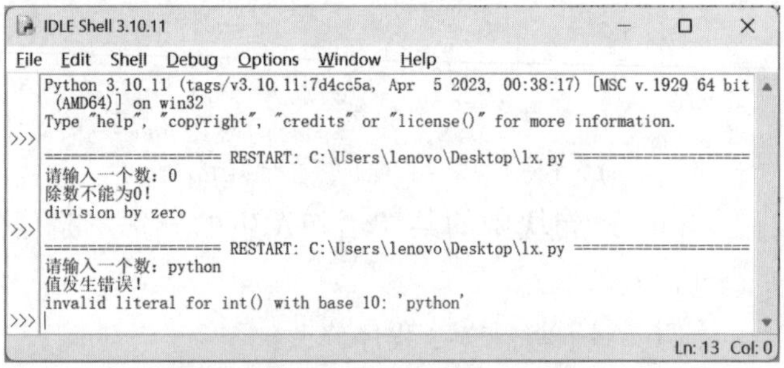

图 7.6　例 7-5 的两次运行结果

7.2.3 else 子句

若 try-except 语句未捕捉到异常时有需要做的工作，可以通过 else 语句完成，其语法格式如下：

```
try :
        <可能发生异常的语句块>
except [ 异常类名 [as 变量 ]] :
        <发生异常时执行的语句>
else :
        <未发生异常时执行的语句>
```

如果 try 语句块发生了异常，则执行 except 语句块，否则执行 else 语句块。

【例 7-6】将例 7-5 的代码修改如下：

```
1    try :
2        x = int(input(" 请输入一个数： "))
3        print(20 / x)
4    except ZeroDivisionError :
5        print(" 除数不能为 0 ！ ")
6    else :
7        print(" 未发生异常！ ")
```

运行程序两次，分别输入 5 和 0，运行结果如图 7.7 所示。

可以看到，当输入 5 时未发生异常，程序执行了 else 语句块；当输入 0 时发生了异常，程序执行了 except 语句块。

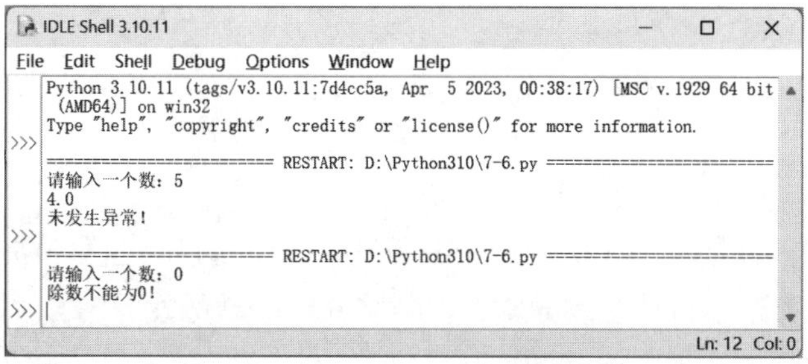

图 7.7　例 7-6 的运行结果

7.2.4　finally 子句

有时希望，无论程序是否发生异常，都需要执行一段代码。此时，异常处理语句应包含 finally 子句，其语法格式如下：

```
try：
    < 可能发生异常的语句块 >
except [ 异常类名 [as 变量 ]]：
    < 发生异常时执行的语句 >
finally：
    < 无论有无异常都要执行的语句 >
```

不论 try 语句块是否发生异常，finally 语句块都会被执行。

【例 7-7】将例 7-6 的代码修改如下：

```
1    try：
2        x = int(input(" 请输入一个数："))
3        print(20 / x)
4    except ZeroDivisionError：
5        print(" 除数不能为 0！ ")
6    else：
7        print(" 未发生异常！ ")
8    finally：
9        print(" 程序运行结束！ ")
```

运行程序两次，分别输入 5 和 0，运行结果如图 7.8 所示。

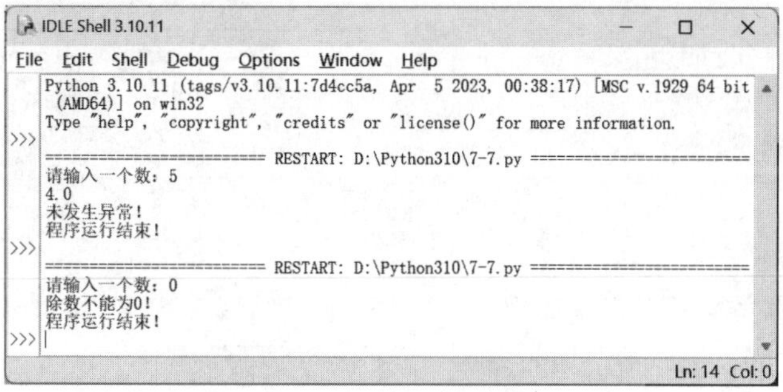

图 7.8　例 7-7 的运行结果

可以看到，无论是否发生异常，finally 语句块都被执行了。

7.3 触发异常

触发异常有两种方式：一是程序在执行过程中因发生错误而自动触发异常，二是使用 raise 或 assert 语句手动触发异常。上节介绍了自动触发异常，本节将介绍手动触发异常。

7.3.1 raise 语句

raise 语句用于在程序的指定位置手动触发异常，其基本语法格式如下：

```
raise [ 异常类名 [( 异常信息 )]]
```

其中，异常类名和异常信息都是可选参数。根据是否选用可选参数，raise 语句有两种常用的用法。

1. 不选用参数

不选用参数时，raise 会重新触发前一个发生的异常；如果之前没有触发异常，就会触发 RuntimeError 异常。

【例 7-8】不带参数的 raise 的使用，示例代码如下：

```
1    try :
2        x = int(input(" 请输入一个数： "))
3        print(20 / x)
4    except  ZeroDivisionError :
5        print(" 检测到除数为 0，需进行一些处理！ ")
6        raise
```

运行程序，输入 0，运行结果如图 7.9 所示。

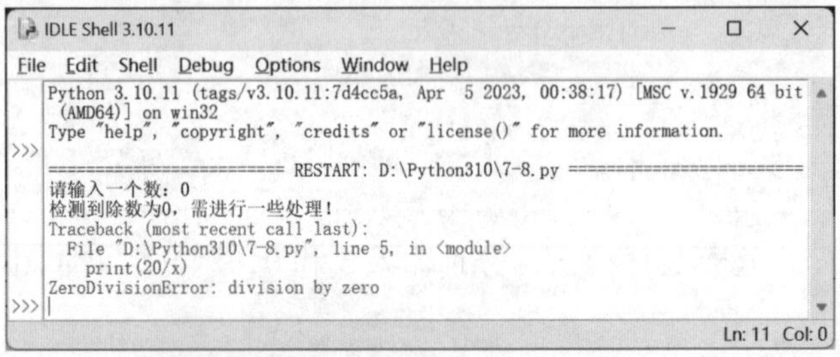

可以看到，程序运行时输入 0，捕捉到了 except 指 定 的 ZeroDivisionError 异 常，执 行 了 except 语句块，不带参数的 raise 语句再次触发了已捕捉到的指定的 ZeroDivisionError 异常。

图 7.9　例 7-8 的运行结果

将例 7-8 的程序代码修改如下：

```
1    try :
2        x = int(input(" 请输入一个数： "))
3        if x == 0:
4            raise
5        print(20 / x)
6    except ZeroDivisionError :
7        print(" 检测到除数为 0，需进行一些处理！ ")
```

运行修改后的程序代码，输入 0，运行结果如图 7.10 所示。

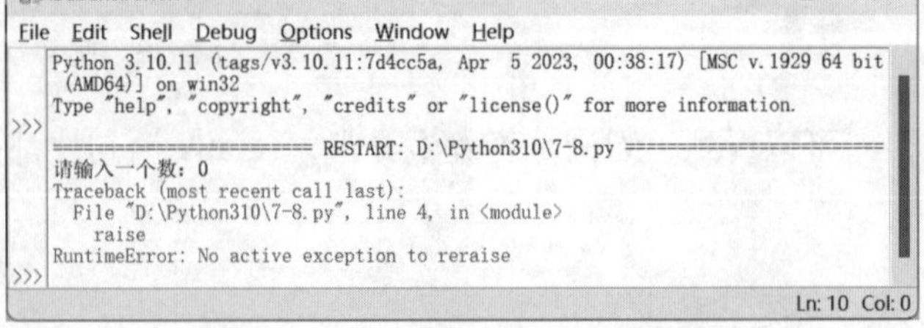

可以看到，不带参数的 raise 语句出现在 try 语句块中时，因之前没有捕捉到过异常，触发了 RuntimeError 异常。

图 7.10　例 7-8 修改后的运行结果

2. 选用参数

raise 后面指定一个异常类名时，表示触发该指定异常。

【例 7-9】选用 raise 的可选参数，示例代码如下：

```
1    try：
2        x = int(input(" 请输入一个数："))
3        if x == 0:
4            raise ZeroDivisionError
5        print(20 / x)
6    except ZeroDivisionError as r:
7        print(" 检测到除数为 0！ ")
8        print(r)
```

运行程序，输入 0，运行结果如图 7.11 所示。

可以看到，输入 0 时触发了 raise 指定的异常，执行了 except 语句块，但 as 后的变量 r 没有值，输出了空行。

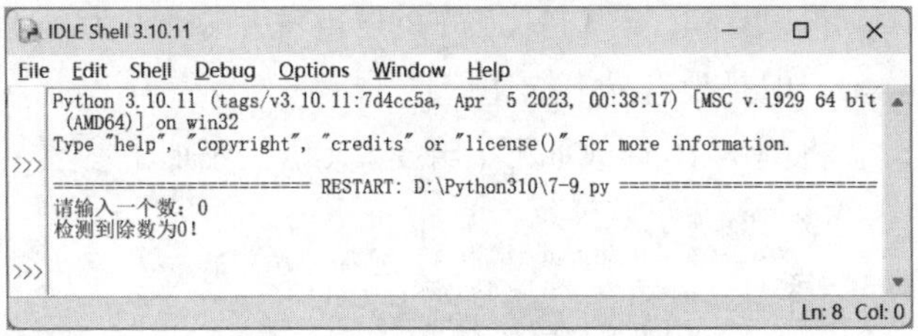

图 7.11　例 7-9 的运行结果

将例 7-9 的程序代码修改如下：

```
1    try：
2        x = int(input(" 请输入一个数："))
3        if x == 0:
4            raise ZeroDivisionError(" 除数不能为 0")
5        print(20 / x)
6    except ZeroDivisionError as r：
7        print(" 检测到除数为 0！ ")
8        print(r)
```

修改后的代码中，raise 后面不但指定了异常类名，而且指定了异常信息。运行修改后的程序，输入 0，运行结果如图 7.12 所示。

可以看到，r 的值为 raise 指定的异常信息。

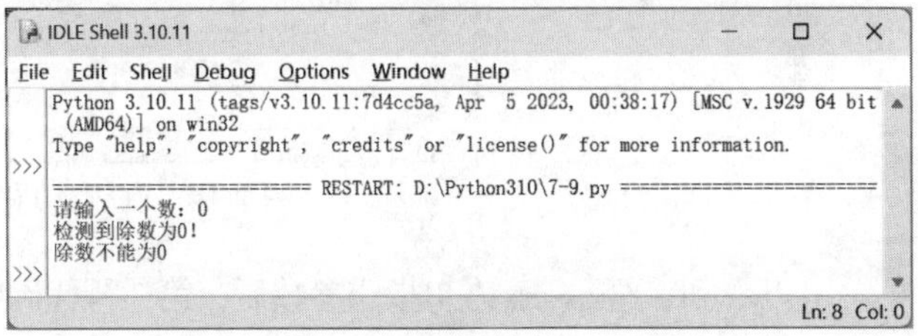

7.3.2　assert 语句

图 7.12　例 7-9 修改后的运行结果

assert 语句又称作断言，是有条件的触发异常。当用户指定的条件不满足时，AssertionError 异常就会被触发，所以 assert 语句相当于条件式的 raise 语句。其语法格式如下：

```
assert 逻辑表达式 [, 参数 ]
```

其中，参数是可选项，通常是一个字符串。当逻辑表达式为假时，触发 AssertionError 异常，参数会作为异常描述信息使用。

【例 7-10】assert 语句的使用，示例代码如下：

```
1    try：
2        x = int(input(" 请输入一个数："))
3        assert x != 0
4        print(20 / x)
5    except ZeroDivisionError：
6        print(" 检测到除数为 0！ ")
```

运行程序，输入 0，运行结果如图 7.13 所示。

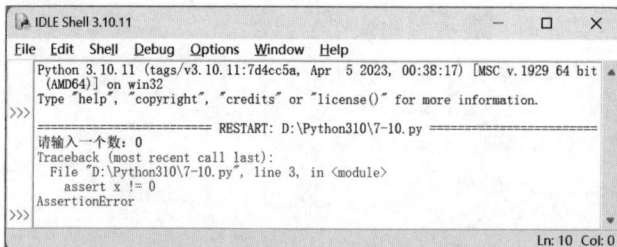

图 7.13　例 7-10 的运行结果

可以看到，第 3 行代码中的逻辑表达式 x!=0 为假且没有选用 assert 语句的参数时，触发了 AssertionError 异常，但是没有异常描述信息。

将例 7-10 修改如下（给 assert 语句添加了参数）：

```
1   try :
2       x = int(input(" 请输入一个数："))
3       assert  x != 0 , " 除数不能为 0！"
4       print(20 / x)
5   except  ZeroDivisionError :
6       print(" 检测到除数为 0！")
```

运行修改后的程序，输入 0，运行结果如图 7.14 所示。

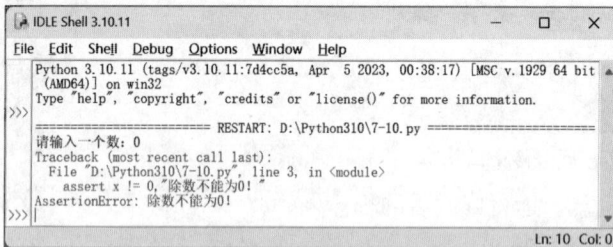

图 7.14　例 7-10 修改后的运行结果

可以看到，给 assert 语句指定参数后，第 3 行代码中的逻辑表达式 x!=0 为假时，触发了 AssertionError 异常，assert 语句的参数就是异常描述信息。

7.4　习题与实验

一、填空题

1. Python 的断言是由 _____ 语句引发程序终止执行。

2. Python 异常处理结构中捕捉特定异常类的保留字是 _____。

3. 通过 _____ 关键字可以获取异常信息。

4. raise 语句 _____ 重新触发异常。

二、选择题

1. Python 用于捕捉异常的关键字是（　　）。

　　A. try　　　　　　　　B. except　　　　　　C. finally　　　　　　D. raise

2. 下列（　　）不是 Python 异常处理的组成部分。

　　A. 异常捕捉　　　　　B. 异常抛出　　　　　C. 异常处理　　　　　D. 异常传播

3. 在 Python 中，（　　）关键字在未捕捉到异常时执行。

　　A. try　　　　　　　　B. except　　　　　　C. else　　　　　　　D. finally

4. finally 子句块的执行时机是（　　）。

　　A. 无论有没有发生异常　　　　　　　　B. 不发生异常时

　　C. 发生异常时　　　　　　　　　　　　D. 永远不会执行

5. Python 中，用于抛出异常的关键字是（　　）。

　　A. try　　　　　　　　B. except　　　　　　C. finally　　　　　　D. raise

6. Python 中，异常处理结构错误的是（　　）。

　　A. try-except　　　　　　　　　　　　B. try-finally

　　C. try-except-else　　　　　　　　　　D. try-except-finally

7. Python 中，异常处理策略错误的是（　　）。

　　A. 捕捉并处理可能发生的异常　　　　　B. 忽略所有异常

　　C. 记录异常信息　　　　　　　　　　　D. 重新抛出异常

8. 在 Python 中，执行表达式 123 + 'abc' 时，会发生（　　）异常。

　　A. NameError　　　　B. IndexError　　　　C. SyntaxError　　　　D. TypeError

9. 下列错误信息中，（　　）是异常类名。

```
Traceback (most recent call last):
    File "D:\Python310\7-10.py", line 1, in <module>
      print(b = a)
NameError : name 'a' is not defined
```

　　A. Traceback　　　　　　　　　　　　B. NameError

　　C. name 'a' is not defined　　　　　　D. name

10. 当用户输入 abc 时，下面代码的输出结果是（　　）。

```
try :
    n = 0
    n = input(" 请输入一个整数： ")
    def pow10(n):
        return n**10
except :
print(" 程序执行错误 ")
```

　　A. abc　　　　　　　　　　　　　　　B. 0

　　C. 程序执行错误　　　　　　　　　　　D. 无输出

三、判断题

1. 在 Python 中，所有的异常都必须被捕捉并处理。　　　　　　　　　　　　　　（　　）

2. 可以使用多个 except 子句来捕捉不同类型的异常。　　　　　　　　　　（　　）

3. finally 语句块中的代码无论是否发生异常都会被执行。　　　　　　　　（　　）

4. raise 关键字可以用来抛出异常。　　　　　　　　　　　　　　　　　　（　　）

5. assert 语句是有条件地抛出异常。　　　　　　　　　　　　　　　　　　（　　）

四、实验题

1. 编写程序，用户重复输入两个数，输出这两个数转换成整数后相除的结果，直到输入 0 或空字符串结束。利用 try-except 记录发生 ZeroDivisionError、ValueError 和其他异常的次数。在程序结束前输出异常次数。

2. 输入学生的姓名、年龄、月生活费，输出全年总生活费，按 10 个月计算。假设姓名字符串长度为 2~10，年龄为 12~25 岁，月生活费大于等于 1500 元，如果不满足上述条件，则手动触发异常并处理。

第 8 章 常见第三方库

君子生非异也，善假于物也。

——《荀子·劝学》

尽管 Python 标准库已涵盖众多基础功能，但面对数据科学、人工智能、Web 开发等复杂领域，第三方库正是开发者可以善假的强大"外物"。本章将围绕 Python 编程中的常见第三方库展开详细介绍，帮助读者掌握在实际开发中利用第三方库提升工作效率的能力。通过学习本章内容，读者可以了解如何安装与管理第三方库，并重点掌握中文分词库 jieba、词云生成库 wordcloud 以及应用打包工具 PyInstaller 的基本使用方法和典型应用场景。学习这些库不仅能够帮助读者理解技术与实际需求的结合，还能启发读者对 Python 生态系统的深入探索。

学习目标

(1) 了解第三方库在 Python 开发中的重要性，掌握第三方库的安装与管理方法。

(2) 掌握中文分词库 jieba 的使用方法。

(3) 熟悉词云生成库 wordcloud 的使用。

(4) 理解程序打包工具 PyInstaller 的基本概念，掌握将 Python 脚本打包为可执行文件的流程。

(5) 能够综合运用本章介绍的库和方法，完成中文文本的分词、可视化以及脚本打包任务。

(6) 培养通过实践理解和应用第三方库的能力，为高效解决实际编程问题打下基础。

思维导图

8.1　第三方库安装命令

本节将详细介绍 Python 中第三方库的安装与管理方法，帮助读者高效地使用丰富的第三方库资源，提升开发能力。本节内容涵盖第三方库的重要性及在 Python 开发中的作用，介绍常见的包管理工具如 pip 和 conda 的使用方法。通过学习如何安装、升级、卸载库以及配置国内镜像源加速下载，读者可以掌握第三方库的高效管理技巧。此外，本节还列举了安装过程中常见的问题及其解决方案，为读者提供参考。

8.1.1　第三方库概述

第三方库是 Python 生态系统的重要组成部分，它们是由社区开发者、企业或研究机构创建并发布的功能模块。这些库通常围绕某一特定领域或应用场景提供专门的解决方案，如数据处理、可视化、人工智能、网络爬虫、图像处理等。通过安装和调用这些库，开发者能够便捷地获得高质量的功能支持，避免从头编写复杂代码，从而显著提升开发效率。

第三方库对于 Python 开发的价值巨大，其重要性主要体在以下几个方面。

(1) 极大地扩展了 Python 的能力边界。Python 的标准库虽然功能强大，但无法覆盖所有专业或新兴的应用场景。第三方库极大地扩大了 Python 的应用范围，使其能够胜任标准库本身不直接支持的任务。例如，NumPy 和 pandas 赋予 Python 高效的数值计算和数据处理能力；Matplotlib 和 seaborn 提供了丰富的专业数据可视化功能；而 TensorFlow 和 scikit-learn 则让 Python 成为机器学习和人工智能领域的有力工具。

(2) 开发效率提升。借助第三方库封装好的函数和类，开发者可以用更少的代码，更快地实现复杂功能，无须深入底层细节。例如，使用 Requests 库可以轻松发送 HTTP 请求并处理响应，而 openpyxl 则简化了 Excel 文件的读写操作，这些都极大地节省了开发时间。

(3) 社区支持与技术前沿。许多重要的第三方库都由活跃的开源社区维护，能够快速迭代并融入最新的技术进展。开发者不仅可以通过使用这些库来接触和应用前沿技术，还能从庞大的社区中获得丰富的学习资源、问题解决方案和技术支持。

(4) 赋能跨学科与多样化应用。正是由于种类繁多、覆盖面广的第三方库，Python 才得以在科学计算、金融分析、Web 开发、自动化运维、自然语言处理、图形图像等众多领域得到广泛应用。例如，本章后续将介绍的 jieba 库专门用于中文分词，wordcloud 用于生成词云视觉化，而 PyInstaller 则解决了 Python 程序打包部署的问题，这些都是特定领域需求的体现。

8.1.2　Python 包管理工具

在现代 Python 开发中，包管理工具扮演着至关重要的角色，成为开发者日常工作中不可或缺的利器。随着 Python 生态的快速发展和第三方的爆发式增长，高效、便捷地管理这些库已成为每位开发者需要掌握的核心技能。包管理工具不仅提供了快速安装、升级和卸载库的功能，还解决了复杂依赖关系的问题，甚至在虚拟环境的隔离性和项目环境的可重复性方面展现出强大的优势。

本小节将全面介绍五种常见且高效的 Python 包管理工具：pip、conda、Poetry、Pipenv 和 virtualenv。

这些工具在功能、适用场景及设计理念上各具特色。

1. pip

pip 是 Python 官方推荐的包管理工具，其名称源自 "Pip Installs Packages" 的递归缩写。作为 Python 默认的包管理工具，pip 以高效、轻量和通用的特性深受开发者青睐。通过 pip，开发者可以便捷地从 Python Package Index (PyPI) 下载、安装、升级或卸载第三方库，为项目的依赖管理提供可靠支持。

pip 专注于第三方库的高效管理，以简洁的命令实现快速操作，适用于小型脚本和大型项目的多种开发场景。其设计轻量、易用，无须复杂配置，同时与 Python 环境无缝集成，是官方发行版中的默认工具，用户无须额外安装即可使用。pip 拥有广泛的兼容性，支持 Windows、macOS 和主流 Linux 发行版。

在依赖管理方面，pip 提供灵活的版本控制功能，可安装指定版本或满足多版本范围的依赖，确保项目的稳定性和开发的灵活性。这些特性使 pip 成为 Python 开发者日常工作中不可或缺的工具。

2. Conda

Conda 是由 Anaconda 公司开发的一款集包管理和环境管理于一体的工具。最初为科学计算设计，但其凭借跨语言支持和灵活的环境管理能力，已成为多语言开发者的理想选择。除了管理 Python 包，conda 还支持 R、Ruby、Lua 等多种语言的包以及底层系统库，展现了其广泛适用性。

Conda 的跨语言支持让开发者能够高效管理多语言项目中的依赖。其强大的虚拟环境管理功能实现了项目之间的包和依赖隔离，有效避免了版本冲突与兼容性问题。此外，conda 提供内置的二进制支持，通过预编译的包显著提升安装速度，同时简化复杂依赖的处理流程。Conda 在多平台环境中表现出色，确保 Windows、macOS 和 Linux 系统上的一致性用户体验。

3. Poetry

Poetry 是一款现代化的 Python 包管理和项目管理工具，以简洁、高效和直观的设计深受开发者青睐。作为传统工具 (如 pip 和 virtualenv) 的替代或补充，Poetry 提供了完整的依赖管理和项目打包解决方案，使开发者能够轻松管理依赖、创建虚拟环境并发布项目至 PyPI。

Poetry 的核心目标是简化项目管理流程，解决传统工具在依赖管理和环境配置中的不足。其一站式管理功能将依赖管理、虚拟环境创建与激活、项目打包与发布深度整合，提供一致且高效的开发体验。

4. Pipenv

Pipenv 是一种现代化的 Python 依赖管理工具，旨在通过整合包管理与虚拟环境管理，为开发者提供高效、可靠的解决方案。作为传统工具的升级替代，Pipenv 简化了开发流程，专注于解决依赖管理和环境隔离问题，帮助开发者构建稳定、高效的开发环境。

Pipenv 自动创建虚拟环境，为每个项目提供独立的隔离环境，确保不同项目之间的依赖互不干扰，有效避免环境冲突。其依赖管理功能通过生成 Pipfile 和 Pipfile.lock 文件，精确记录运行时和开发依赖的版本信息，确保在不同环境中的一致性和稳定性。

5. virtualenv

virtualenv 是一款经典的虚拟环境管理工具，专为不同 Python 项目创建独立运行环境而设计。通过为每个项目分配独立的依赖项和解释器版本，virtualenv 高效解决了依赖冲突问题，为开发者提供了隔离且灵活的开发环境。这种环境隔离通过独立目录结构实现，每个虚拟环境拥有独立的配置和依赖，避免了对全局环境的影响。

作为轻量化工具，virtualenv 以简单高效著称，安装和使用过程对系统资源的需求较低，运行性能稳定。它支持多种 Python 版本的环境创建，开发者可以轻松切换解释器以满足跨版本开发需求。同时，virtualenv 与 pip 等工具无缝配合，为依赖管理提供了便捷支持。

表 8.1 对上述五个包管理工具在功能、依赖管理、虚拟环境支持、适用场景、优缺点等方面进行了比较。

表 8.1　常用包管理工具比较

工具	功能概述	依赖管理	虚拟环境支持	适用场景	优缺点
pip	Python 官方推荐的包管理工具，用于安装和管理 PyPI 上的第三方库	基础依赖管理	不支持 (需配合 virtualenv 使用)	常规 Python 项目依赖安装与管理	优点：轻量、简单、官方推荐。 缺点：无法直接管理虚拟环境，依赖冲突需额外解决方案
Conda	跨语言包和环境管理工具，支持 Python 及其他语言的库和工具安装	强大的依赖管理	内置虚拟环境支持	数据科学、多语言项目的依赖和环境管理	优点：支持多语言，环境隔离强大。 缺点：包体积大，安装较慢，资源占用多
Poetry	现代化的依赖和项目管理工具，集成依赖解析、版本管理和虚拟环境管理	高级依赖管理	内置虚拟环境支持	项目开发与部署，特别是依赖复杂的场景	优点：易用、依赖管理精确。 缺点：学习曲线稍高，对简单项目可能显得烦琐
Pipenv	集成 virtualenv 和 pip，提供简化的依赖管理和环境管理功能	中级依赖管理	内置虚拟环境支持	中小型项目，特别是需要虚拟环境的场景	优点：功能全面，适合大部分场景。 缺点：性能相对较差，依赖解析速度慢，更新频率较低
virtualenv	经典的虚拟环境管理工具，用于为项目创建独立的运行环境	无依赖管理功能	专注于虚拟环境管理	需要简单环境隔离时，适合作为 pip 的补充工具	优点：轻量、操作简单，支持多版本 Python。 缺点：功能单一，依赖需另行管理

8.1.3　pip 的基本使用方法

上一节介绍了包括 pip、conda、Poetry、Pipenv 和 virtualenv 在内的多种 Python 包管理工具，它们各有优势和适用场景。然而，对于掌握基础的第三方库管理操作而言，pip 是最核心、最通用的工具。它是 Python 官方推荐并自带的包安装器，几乎所有 Python 开发者都需要熟悉其基本用法。其命令简洁，概念基础，因此是理解其他更复杂工具 (如 conda、Poetry 等环境与依赖管理) 的良好起点。因此，本小节将重点详细介绍 pip 的基本命令行操作，掌握它将为后续使用其他工具或管理任何 Python 项目打下坚实的基础。

需要特别注意的是，pip 是一个命令行工具。执行 pip 命令需要在操作系统的终端 (Terminal) 或命令

提示符 (Command Prompt) 中进行，而不是在 Python 解释器 (出现 >>> 提示符的环境) 或代码文件中。

在 Windows 系统上，通常可以通过搜索"命令提示符"或"cmd"来打开 pip，或者使用"PowerShell"。

在 macOS 系统上，终端 (Terminal.app) 通常位于"应用程序"文件夹下的"实用工具"子文件夹中。

在 Linux 发行版中，通常可以在应用菜单中找到"终端"或类似的程序。

许多集成开发环境 (IDE)，如 VS Code 或 PyCharm，也内置了终端，同样可用于执行 pip 命令。

pip 的使用方法简单直观，极大地方便了开发者获取和维护所需的库资源。为了具体演示，本节将以 Requests 库 (一个非常流行和强大的 HTTP 请求库) 作为操作对象，来详细介绍 pip 的基本使用方法，包括安装、升级、卸载第三方库的命令以及查看已安装库的命令。

1. 安装第三方库的命令

使用 pip 安装第三方库的基本命令是 pip install 包名。该命令用于从 PyPI 中下载指定的第三方库并安装到当前环境中。此命令支持自动处理依赖关系，确保相关依赖库一并安装。以下示例展示如何安装 Requests 库：

```
# 使用 pip 安装 Requests 库
pip install requests
```

执行上述命令后，pip 会从 PyPI 中下载并安装 Requests 库。如果库已经存在于本地环境，pip 会跳过安装。

2. 升级第三方库的命令

使用 pip 升级第三方库的基本命令 pip install--upgrade 包名。该命令将升级指定的库到最新版本。以下示例展示了如何升级 Requests 库：

```
# 使用 pip 升级 Requests 库
pip install --upgrade requests
```

上述命令将检查 Requests 库的最新版本，并将其升级到最新版本。升级完成后，可以继续在 Python 代码中使用该库的最新功能。

3. 卸载第三方库的命令

使用 pip 卸载第三方库的基本命令是 pip uninstall 包名。该命令将卸载指定的库。以下示例展示了如何卸载 Requests 库：

```
# 使用 pip 卸载 Requests 库
pip uninstall requests
```

上述命令将卸载 Requests 库，删除该库的所有相关文件。卸载完成后，无法在 Python 代码中导入并使用该库。

4. 查看已安装的库

使用 pip 查看已安装库的基本命令是 pip list。该命令将列出所有已安装的第三方库及其版本信息。以下示例展示了如何查看已安装的库：

```
# 使用 pip 查看已安装的库
pip list
```

上述命令将输出已安装库的列表，包括库名和版本号。

8.1.4 常见问题及解决方法

在使用 pip 安装第三方库时，可能会遇到各种问题，这些问题可能是由网络环境、依赖冲突、权限不足等原因引起的。以下列举了一些常见问题及其解决方法，帮助开发者在遇到问题时快速找到解决方案。

1. 网络连接问题

问题描述：在安装第三方库时，可能会遇到下载速度慢或无法连接到 PyPI 服务器的问题。

解决方法：

(1) 使用国内镜像源。配置国内镜像源 (如清华大学、阿里云等国内镜像源)，以加速下载速度。

(2) 检查网络连接。确保本地网络连接正常，尝试访问其他网站确认网络状况。

2. 依赖冲突

问题描述：在安装或升级第三方库时，可能会遇到依赖冲突的问题，即不同库之间的版本依赖不兼容。

解决方法：

(1) 使用虚拟环境。创建独立的虚拟环境，隔离不同项目的依赖，避免依赖冲突。可以使用 virtualenv 或 conda 创建虚拟环境。例如，使用 virtualenv 创建虚拟环境。示例命令如下：

```
# 安装 virtualenv
pip install virtualenv
# 创建虚拟环境
virtualenv myenv
# 激活虚拟环境 (Windows)
myenv\Scripts\activate
```

(2) 指定版本安装。在安装第三方库时，指定兼容的版本。例如：

```
pip install requests==2.25.1
```

3. 权限不足

问题描述：在安装第三方库时，可能会遇到权限不足的问题，无法写入系统目录。

解决方法：

(1) 使用 --user 选项。在安装第三方库时，使用 --user 选项，将库安装到用户目录下，避免权限问题。例如：

```
pip install requests --user
```

(2) 使用虚拟环境。创建虚拟环境，安装库到虚拟环境中，避免系统目录的权限问题。参考上文关于虚拟环境的创建方法。

4. 版本兼容性问题

问题描述：某些第三方库可能与当前使用的 Python 版本不兼容，导致安装失败或运行错误。

解决方法：

(1) 检查兼容性。在安装第三方库前，查阅库的官方文档或 PyPI 页面，确认库的版本与当前 Python 版本的兼容性。

(2) 使用兼容版本。如果当前 Python 版本不兼容，可以考虑使用兼容的 Python 版本。例如，创建一个 Python 3.8 的虚拟环境。示例命令如下：

```
conda create --name py38 python=3.8
conda activate py38
```

5. 安装失败或中断

问题描述：在安装第三方库时，可能会遇到安装失败或中断的问题，导致库不能正确安装。

解决方法：

(1) 清理缓存。清理 pip 的缓存，重新下载和安装库。示例命令如下：

```
pip cache purge
```

(2) 重试安装。如果安装过程中网络中断或其他原因导致失败，可以尝试重新安装。示例命令如下：

```
pip install requests
```

(3) 手动下载并安装。如果通过 pip 安装失败，可以尝试手动下载库的源码包或轮子文件 (.whl)，然后使用 pip 安装。示例命令如下：

```
# 下载 Requests 的轮子文件
wget https://files.pythonhosted.org/packages/.../requests–2.25.1–py2.py3–none–any.whl
# 使用 pip 安装轮子文件
pip install requests–2.25.1–py2.py3–none–any.whl
```

通过上述方法，开发者可以有效应对 pip 使用中的常见问题。熟练掌握这些技巧，不仅能够提高项目开发效率，还能为复杂环境下的依赖管理提供有力支持。

8.2　中文分词库 jieba

本节将详细介绍中文分词的概念与中文分词在自然语言处理中不可替代的重要性，并以 Python 的 jieba 库为重点，深入解析其主要功能和特点。通过学习本节内容，读者可以熟练掌握 jieba 库的基本用法及高级功能，为后续自然语言处理任务打下坚实基础。

8.2.1　中文分词的概念与意义

在自然语言处理领域，分词是一项重要的基础性任务，特别是在中文文本处理中占据着核心地位。与英语等拼音文字不同，中文是一种表意文字，句子中的字符之间通常没有空格作为单词的边界标志。这种语言特性使得计算机在处理中文文本时无法像处理英文一样直接定位单词。因此，中文分词的主要目标就是将连续的中文字符流切分成一个个具有语义的词汇单元，为后续的语言理解和建模奠定基础。

1. 中文分词的特殊需求

在实际应用中，中文分词需求的多样性源于中文语言的灵活性和上下文依赖性。例如，同一个句子可能因上下文不同而产生不同的分词结果，如"我们需要合作开发"可以被分为"我们 / 需要 / 合作 / 开发"或"我们 / 需要 / 合作开发"。另外，中文中广泛存在的歧义性和多义性进一步增加了分词的复杂性。例如，"小明拿苹果"可能分为"小明 / 拿 / 苹果"或"小明拿 / 苹果"。此外，某些领域的专业词汇 (如医学、法律、技术) 需要通过自定义词典来提升分词的准确性。

2. 中文分词在自然语言处理中的重要性

分词在自然语言处理中的重要性体现在以下几个方面。

(1) 提高文本处理的准确性。分词是文本预处理的重要步骤，准确的分词结果可以提高文本处理的准确性。例如，在信息检索系统中，分词可以将用户的查询语句切分为关键词，从而提高检索结果的相关性。

(2) 便于特征提取。在文本分类、情感分析等任务中，分词后的词语可以作为特征进行提取和分析。例如，在情感分析中，可以通过统计积极词语和消极词语的频率来判断文本的情感倾向。

(3) 支持多种自然语言处理任务。分词是许多自然语言处理任务的基础，如机器翻译、自动摘要、问答系统等。准确的分词结果可以提高这些任务的性能和效果。例如，在机器翻译中，分词可以将源语言文本切分为词语，从而便于翻译模型进行处理。

(4) 提高模型训练效率。在机器学习和深度学习模型的训练过程中，分词后的词语序列可以作为输入，提升模型的训练效率和效果。例如，在训练文本分类模型时，分词后的词语序列可以作为特征向量，提高模型的分类准确性。

由此可见，中文分词作为自然语言处理的重要环节，其复杂性和重要性不可忽视。借助工具如jieba，可以高效完成分词任务，为各种自然语言处理应用场景提供坚实的技术支持。

8.2.2 jieba 库简介

jieba 是 Python 社区中广泛使用的一款中文分词库，其以简单高效的设计和灵活的功能深受开发者青睐。该库通过基于前缀树的切分算法和 HMM 模型结合用户自定义词典的方式，提供了高效且准确的中文分词功能。

1. jieba 库的主要功能

(1) 中文分词。jieba 库支持多种分词模式，可以将中文文本切分为独立的词语序列。

(2) 关键词提取。jieba 库可以从文本中提取重要的关键词，便于信息检索和文本分析。

(3) 词性标注。jieba 库可以对分词结果进行词性标注，为每个词语标注其词性(如名词、动词等)。

(4) 用户自定义词典。jieba 库支持加载用户自定义词典，添加新的词语或调整词频，以优化分词结果。

2. jieba 库的主要特点

(1) 高效性。jieba 库采用多种分词算法，能够在保证准确性的同时提高分词速度。

(2) 灵活性。jieba 库支持多种分词模式，用户可以根据具体需求选择合适的分词方式。

(3) 易用性。jieba 库提供了简洁的 API 接口，用户可以方便地进行分词操作。

(4) 可扩展性。jieba 库支持用户自定义词典，用户可以根据需要添加新的词语或调整词频。

3. jieba 分词的三种模式

jieba 库提供了三种分词模式，分别是精确模式、全模式和搜索引擎模式。这三种分词模式为不同应用场景提供了灵活的解决方案。通过合理选择模式，开发者可以实现文本分析、信息检索和自然语言处理等任务的高效分词。后续章节将会针对这三种模式结合具体案例进行更加详细的介绍。

8.2.3　jieba 库的安装

安装 jieba 库是进行中文分词操作的第一步。在 Python 环境中，jieba 库可以通过包管理工具 pip 快速完成安装。以下将详细介绍安装步骤、验证方法以及可能遇到的问题及解决方法。

1. 使用 pip 安装 jieba 库

安装步骤如下：

(1) 打开命令行或终端，确保已安装 Python 和 pip。

(2) 输入以下命令进行安装：

```
pip install jieba
```

(3) 安装完成后，系统会显示类似下面的提示：

```
Successfully installed jieba-x.x.x
```

其中 x.x.x 表示版本号。

2. 验证安装是否成功

在安装完成后，可以通过以下步骤验证 jieba 库是否已正确安装：

(1) 打开 Python 交互环境或创建一个 Python 文件。

(2) 输入以下代码：

```
import jieba
print("jieba 安装成功！版本号为：", jieba.__version__)
```

(3) 如果输出版本号并显示成功提示，则表示安装正确。示例代码输出结果如下：

```
jieba 安装成功！版本号为：0.42.1
```

3. 可能遇到的问题及解决方法

问题 1：pip 未安装或版本过低。

如果在安装过程中出现如下错误：

```
pip: command not found
```

或者提示 pip 版本过低，请按照以下步骤更新 pip：

```
python -m pip install --upgrade pip
```

问题 2：网络问题导致安装失败。

如果下载过程缓慢或失败，可能是因为网络问题。可以配置国内镜像源解决，如使用阿里云镜像。示例命令如下：

```
pip install jieba -i https://mirrors.aliyun.com/pypi/simple/
```

问题 3：Python 版本兼容性问题。

确保当前环境的 Python 版本为 3.x，并且与 jieba 库支持的版本一致。如果仍然无法安装，请尝试升级 Python。

问题 4：权限不足。

如果出现权限不足错误，可以使用 --user 参数进行安装。示例命令如下：

```
pip install jieba --user
```

8.2.4 jieba 库的基本用法

jieba 库提供了简洁易用的 API 接口，便于用户进行中文分词操作。基本的分词操作包括导入库、定义待分词文本、调用分词函数和输出分词结果。以下是基本的分词步骤和示例代码。

1. 基本分词步骤

(1) 首先需要导入 jieba 库，以便使用其提供的分词功能。

(2) 定义一个包含待分词内容的字符串。

(3) 使用 jieba 库提供的分词函数对文本进行分词。

(4) 将分词结果输出，查看分词后的词语列表。

以下是一个示例代码，展示如何进行基本的分词操作：

```
1    # 导入 jieba 库
2    import jieba
3    # 定义待分词的中文文本
4    text = " 我爱北京天安门 "
5    # 使用精确模式进行分词
6    words = jieba.lcut(text)
7    # 输出分词结果
8    print(" 分词结果：", words)
```

运行结果如下：

```
分词结果：[' 我 ', ' 爱 ', ' 北京 ', ' 天安门 ']
```

在上述示例代码中，使用 jieba.lcut() 方法对文本"我爱北京天安门"进行了分词，得到的分词结果为 [' 我 ', ' 爱 ', ' 北京 ', ' 天安门 ']。jieba.lcut() 方法是 jieba 库中常用的分词函数之一，返回分词后的词语列表。

2. 常用分词函数介绍

jieba 库提供了多种分词函数，用户可以根据具体需求选择合适的函数进行分词。表 8.2 中展示了 jieba 库中常用的分词函数。

表 8.2 jieba 库常用分词函数

分词函数	功能描述	返回类型	示例代码
jieba.lcut()	使用精确模式对文本进行分词，返回分词后的词语列表	列表	words = jieba.lcut(" 我爱北京天安门 ")
jieba.cut()	使用生成器方式对文本进行分词，返回分词后的词语生成器	生成器	words = jieba.cut(" 我爱北京天安门 ") print(list(words))
jieba.lcut_for_search()	使用搜索引擎模式对文本进行分词，返回分词后的词语列表	列表	words=jieba.lcut_for_search(" 我 爱 北 京 天安门 ")
jieba.cut_for_search()	使用生成器方式对文本进行分词，适用于搜索引擎模式，返回分词后的词语生成器	生成器	words=jieba.cut_for_search(" 我爱北京天安门 ") print(list(words))

通过这个表格，可以更清晰地了解 jieba 库中常用分词函数的功能描述、返回类型及其示例代码。掌握这些分词函数的使用方法，可以帮助读者在实际项目中灵活应用 jieba 库进行中文分词操作。

3. 应用案例

下面的案例展示了如何使用 jieba 库进行中文分词操作，并结合实际应用背景进行详细说明。该案例将以新闻文本的处理为背景，展示如何使用 jieba 库对一篇新闻文章进行分词、关键词提取和词频统计，以便后续的文本分析和信息检索。

准备文本文件：

创建文本文件 "news.txt"，内容如下：

北京时间 2024 年 12 月 14 日，全球瞩目的中国人工智能大会在北京隆重开幕。本次大会由中国人工智能学会主办，吸引了来自世界各地的专家学者和企业代表参加。大会期间，将举行多场主题演讲、技术论坛和展览，展示最新的人工智能技术成果和应用案例。

将 "news.txt" 放入名为 "news_data" 的文件夹中，项目结构如下：

```
your_project/
├── your_script.py          # 运行代码的 Python 脚本
├── news_data/              # 包含新闻文本的文件夹
    ├── news.txt
```

案例演示代码：

```python
1   # 导入必要的库
2   import jieba
3   import jieba.analyse
4   from collections import Counter
5   import os
6   # 定义一个函数，用于读取新闻文本文件
7   def read_news_files(directory):
8       news_texts = []
9       for filename in os.listdir(directory):
10          if filename.endswith(".txt"):
11              with open(os.path.join(directory, filename), 'r', encoding='utf-8') as file:
12                  news_texts.append(file.read())
13      return news_texts
14  # 定义一个函数，用于对新闻文本进行分词
15  def segment_texts(news_texts):
16      segmented_texts = []
17      for text in news_texts:
18          words = jieba.lcut(text)
19          segmented_texts.append(words)
20      return segmented_texts
21  # 定义一个函数，用于提取关键词
22  def extract_keywords(news_texts, topK=10):
23      keywords_list = []
24      for text in news_texts:
25          keywords = jieba.analyse.extract_tags(text, topK=topK, withWeight=False)
26          keywords_list.append(keywords)
27      return keywords_list
28  # 定义一个函数，用于统计词频
29  def count_word_frequency(segmented_texts):
30      word_counter = Counter()
31      for words in segmented_texts:
32          word_counter.update(words)
33      return word_counter
34  # 读取新闻文本文件
35  news_texts = read_news_files("news_data")
36  # 对新闻文本进行分词
37  segmented_texts = segment_texts(news_texts)
38  # 提取每篇新闻文本的关键词
39  keywords_list = extract_keywords(news_texts)
40  # 统计所有新闻文本的词频
```

```
41    word_frequency = count_word_frequency(segmented_texts)
42    # 输出每篇新闻文本的分词结果和关键词
43    for i, (words, keywords) in enumerate(zip(segmented_texts, keywords_list)):
44        print(f" 新闻文本 {i+1} 的分词结果 :")
45        print(words)
46        print(f" 新闻文本 {i+1} 的关键词 :")
47        print(keywords)
48        print( )
49    # 输出所有新闻文本的词频统计
50    print(" 所有新闻文本的词频统计 :")
51    print(word_frequency.most_common(20))
```

通过上述代码，可以得到这篇新闻文本的分词结果、提取的关键词和词频统计。以下是代码输出结果：

新闻文本 1 的分词结果 :
['北京', '时间', '2024', '年', '12', '月', '14', '日', ',', ' ', '全球', '瞩目', '的', '中国', '人工智能', '大会', '在', '北京', '隆重开幕', '。', ' ', '本次', '大会', '由', '中国', '人工智能', '学会', '主办', ',', ' ', '吸引', '了', '来自', '世界各地', '的', '专家学者', '和', '企业', '代表', '参加', '。', ' ', '大会', '期间', ',', ' ', '将', '举行', '多场', '主题', '演讲', '、', '技术论坛', '和', '展览', ',', ' ', '展示', '最新', '的', '人工智能', '技术', '成果', '和', '应用', '案例', '。']

新闻文本 1 的关键词 :
[' 人工智能 ', ' 大会 ', '2024', '12', '14', ' 技术论坛 ', ' 隆重开幕 ', ' 多场 ', ' 北京 ', ' 专家学者 ']

所有新闻文本的词频统计 :
[(', ', 4), (' 的 ', 3), (' 人工智能 ', 3), (' 大会 ', 3), ('。 ', 3), (' 和 ', 3), (' 北京 ', 2), (' 时间 ', 1), ('2024', 1), (' 年 ', 1), ('11', 1), (' 月 ', 1), ('30', 1), (' 日 ', 1), (' 全球 ', 1), (' 瞩目 ', 1), (' 在 ', 1), (' 隆重开幕 ', 1), (' 本次 ', 1), (' 由 ', 1)]

上述案例代码完成了如下几个部分的工作。

(1) 导入必要的库。

① 导入 jieba 库用于进行中文分词。

② 导入 jieba.analyse 模块用于进行关键词提取。

③ 导入 collections.Counter 用于统计词频。

④ 导入 os 模块用于文件操作。

(2) 定义函数。

① read_news_files 函数用于读取指定目录中的新闻文本文件，返回新闻文本列表。

② segment_texts 函数用于对新闻文本进行分词，返回分词后的词语列表。

③ extract_keywords 函数用于提取每篇新闻文本的关键词，返回关键词列表。

④ count_word_frequency 函数用于统计所有新闻文本的词频，返回词频统计结果。

(3) 读取新闻文本文件。调用 read_news_file 函数，读取指定目录中的新闻文本文件，存储在 news_texts 列表中。

(4) 对新闻文本进行分词。调用 segment_texts 函数，对新闻文本进行分词，存储在 segmented_texts 列表中。

(5) 提取关键词。调用 extract_keywords 函数，提取每篇新闻文本的关键词，存储在 keywords_list 列表中。

(6) 统计词频。调用 count_word_frequency 函数，统计所有新闻文本的词频，存储在 word_frequency 中。

(7) 输出结果。

① 输出每篇新闻文本的分词结果和关键词。

② 输出所有新闻文本的词频统计结果，显示词频最高的前 20 个词语。

通过上述案例，读者可以了解如何使用 jieba 库新闻文本进行分词、关键词提取和词频统计，提高文本处理的效率和准确性。

4. 各种分词模式的使用方法和区别

jieb 库提供了三种分词模式，以满足不同的分词需求。这三种分词模式分别是精确模式、全模式和搜索引擎模式。每种模式的使用方法和适用场景有所不同，以下将详细介绍这三种分词模式的使用方法和区别。

(1) 精确模式。精确模式是 jieba 库的默认分词模式，它试图将句子最精确地切分为词语，适用于文本分析等需要高精度分词的应用场景。精确模式的特点是分词结果精确，不会产生多余的词语，但分词速度相对较慢。

使用精确模式进行分词，可以调用 jieba.lcut() 或 jieba.cut() 方法。以下是精确模式的示例代码：

```
1    # 导入 jieba 库
2    import jieba
3    # 定义待分词的中文文本
4    text = " 北京大学生电影节 "
5    # 使用精确模式进行分词
6    words = jieba.lcut(text)
7    # 输出分词结果
8    print(" 精确模式分词结果： ", words)
```

运行结果如下：

```
精确模式分词结果：[' 北京 ',' 大学生 ',' 电影节 ']
```

上述代码中使用 jieba 库的精确模式对文本"北京大学生电影节"进行分词。精确模式是 jieba 库的默认分词模式，试图将句子最精确地切分为词语，适用于文本分析等需要高精度分词的应用场景。分词结果为 [' 北京 ',' 大学生 ',' 电影节 ']，每个词语都是独立的语义单位。

(2) 全模式。全模式将句子中所有可能的词语都扫描出来，速度非常快，但不能解决歧义问题，适合用于需要快速获得所有可能词语的应用场景。全模式的特点是分词速度快，但会产生大量冗余词语。

使用全模式进行分词，可以调用 jieba.lcut() 或 jieba.cut() 方法，并设置参数 cut_all=True。以下是全模式的示例代码：

```
1    # 导入 jieba 库
2    import jieba
3    # 定义待分词的中文文本
4    text = " 北京大学生电影节 "
5    # 使用全模式进行分词
6    words = jieba.lcut(text, cut_all=True)
7    # 输出分词结果
8    print(" 全模式分词结果： ", words)
```

运行结果如下：

```
全模式分词结果：[' 北京 ',' 北京大学 ',' 大学 ',' 大学生 ',' 学生 ',' 电影 ',' 电影节 ']
```

上述代码中使用了 jieba 库的全模式对文本"北京大学生电影节"进行分词。全模式将句子中所有可能的词语都扫描出来，速度非常快，但不能解决歧义问题。分词结果为 [' 北京 ',' 北京大学 ',' 大学 ',' 大学生 ',' 学生 ',' 电影 ',' 电影节 ']，它包含了所有在词典中可能成词的组合，即使这些组合在当前语境下不是最佳切分。

(3) 搜索引擎模式。搜索引擎模式在精确模式的基础上，对长词再次切分，提高召回率，适用于搜索引擎中的分词匹配。搜索引擎模式的特点是分词结果包含更多可能的词语，适用于搜索引擎等需要高召回率的场景。

使用搜索引擎模式进行分词，可以调用 jieba.lcut_for_search() 或 jieba.cut_for_search() 方法。以下是搜索引擎模式的示例代码：

```
1    # 导入 jieba 库
2    import jieba
3    # 定义待分词的中文文本
4    text = " 北京大学生电影节 "
5    # 使用搜索引擎模式进行分词
6    words = jieba.lcut_for_search(text)
7    # 输出分词结果
8    print(" 搜索引擎模式分词结果：", words)
```

运行结果如下：

```
搜索引擎模式分词结果：[' 北京 ',' 大学 ',' 学生 ',' 大学生 ',' 电影 ',' 电影节 ']
```

上述代码中使用了 jieba 库的搜索引擎模式对文本 "北京大学生电影节" 进行分词。搜索引擎模式在精确模式的基础上，对长词再次进行切分，以提高搜索时的召回率。分词结果为 [' 北京 ',' 大学 ',' 学生 ',' 大学生 ',' 电影 ',' 电影节 ']，它既包含了 "大学生" "电影节" 这样的长词，也包含了 "大学" "学生" 这样的子词，但比全模式更克制，没有产生 "北京大学" 这样跨度较大的组合。

表 8.3 总结了上述三种分词模式的主要区别。

表 8.3　三种分词模式的主要区别

分词模式	使用方法	特点与适用场景
精确模式	jieba.lcut(text)	分词结果精确，适用于文本分析等需要高精度分词的场景
全模式	jieba.lcut(text, cut_all=True)	分词速度快，但会产生冗余词语，适用于快速获得所有可能词语的场景
搜索引擎模式	jieba.lcut_for_search(text)	分词结果包含更多可能的词语，适用于搜索引擎等需要高召回率的场景

8.2.5　jieba 库的高级功能

在基本分词功能之外，jieba 库还提供了多种高级功能，以满足复杂的文本处理需求。下面将详细介绍其中的两个高级功能：关键词提取和词性标注。

1. 关键词提取

关键词提取是从文本中提取出最能代表文本内容的词语。jieba 库提供了 jieba.analyse 模块来实现关键词提取功能。该模块采用了 TF-IDF(词频 - 逆文档频率) 算法，可以有效地从文本中提取关键词。

使用 jieba.analyse 模块进行关键词提取，可以调用 jieba.analyse.extract_tags() 方法。该方法的主要参数包括以下几种。

(1) text：待提取关键词的文本。

(2) topK：返回关键词的数量，默认值为 20。

(3) withWeight：是否返回关键词的权重，默认值为 False。

以下是一个关键词提取的示例代码：

```
1    # 导入 jieba 库和 jieba.analyse 模块
2    import jieba
3    import jieba.analyse
```

```
4    # 定义待提取关键词的中文文本
5    text = " 北京时间 2024 年 12 月 14 日，全球瞩目的中国人工智能大会在北京隆重开幕。"
6    # 提取关键词
7    keywords = jieba.analyse.extract_tags(text, topK=5, withWeight=False)
8    # 输出关键词
9    print(" 关键词： ", keywords)
```

运行结果如下：

关键词： ['2024', '12', '14', ' 隆重开幕 ', ' 人工智能 ']

在上述示例代码中，使用 jieba.analyse.extract_tags() 方法对文本进行关键词提取。该方法通过计算词语的 TF-IDF 值，选取 TF-IDF 值最大 5 的词语作为关键词，并返回关键词列表。关键词提取结果为 ['2024', '12', '14', ' 隆重开幕 ', ' 人工智能 ']，这些词语最能代表文本的主要内容。

2. 词性标注

词性标注是为分词结果中的每个词语标注其词性，如名词、动词、形容词等。jieba 库提供了词性标注功能，可以通过调用 jieba.posseg 模块来实现。

使用 jieba.posseg 模块进行词性标注，可以调用 jieba.posseg.lcut() 方法。该方法的主要参数包括 text(待进行词性标注的文本)。

以下是一个词性标注的示例代码：

```
1    # 导入 jieba 库和 jieba.posseg 模块
2    import jieba
3    import jieba.posseg as pseg
4    # 定义待进行词性标注的中文文本
5    text = " 我爱北京天安门 "
6    # 进行词性标注
7    words = pseg.lcut(text)
8    # 输出词性标注结果
9    for word, flag in words:
10       print(f"{word} ({flag})", end=" ")
```

运行结果如下：

我 (r) 爱 (v) 北京 (ns) 天安门 (ns)

上述示例代码使用 jieba.posseg.lcut() 方法对文本进行词性标注。该方法返回一个包含词语和词性标注的列表。通过遍历列表，可以输出每个词语及其对应的词性。例如，"我 (r) 爱 (v) 北京 (ns) 天安门 (ns)" 表示："我" 是代词，"爱" 是动词，"北京" 和 "天安门" 是地名。

3. 应用案例

前面介绍了 jieba 库的关键词提取和词性标注这两个高级功能。下面的案例将演示如何将这些功能综合应用于一个处理多篇新闻文本的实际场景。在这个案例中，我们将对一组新闻文本执行以下操作。

(1) 使用 jieba.analyse.extract_tags 提取每篇新闻的核心关键词，以快速把握其主题。

(2) 使用 jieba.posseg.lcut 对每篇新闻进行词性标注，为后续的语法或语义分析提供基础。

(3) 对所有文本进行简单的词频统计。

通过这个流程，可以展示 jieba 如何支持一个基础的文本分析工作流。

假设有以下三篇新闻文本作为处理对象：

文本文件 news1.txt 中包含如下新闻：

北京时间 2024 年 12 月 14 日，全球瞩目的中国人工智能大会在北京隆重开幕。本次大会由中国人工智能学会主办，吸引了来自世界各地的专家学者和企业代表参加。大会期间，将举行多场主题演讲、技术论坛和展览，展示最新的人工智能技术成果和应用案例。

文本文件 news2.txt 中包含如下新闻：

近日，特斯拉公司发布了最新款电动汽车——Model Z。Model Z 采用了最新的电池技术，续航里程达到了 600 公里，并且配备了自动驾驶功能。
特斯拉首席执行官埃隆·马斯克表示，这款车将引领未来电动汽车的发展方向。

文本文件 news3.txt 中包含如下新闻：

在刚刚结束的东京奥运会上，中国代表团取得了优异的成绩，获得了 38 枚金牌，排名金牌榜第二。中国运动员在多个项目上表现出色，特别是在跳水、乒乓球和体操等项目上展现了强大的实力。这次奥运会的成功举办，也展示了全球体育界的团结和友谊。

将 news1.txt、news2.txt、news3.txt 放入名为 news_data 的文件夹中，运行代码前，确保项目代码文件夹类似于以下结构：

```
your_project/
├── your_script.py          # 运行的 Python 脚本
├── news_data/              # 存放新闻文本的文件夹
│    ├── news1.txt
│    ├── news2.txt
│    ├── news3.txt
```

以下是一个完整的代码示例，展示如何使用 jieba 库对多篇新闻文本进行关键词提取和词性标注，并进行统计和分析：

```
1   # 导入必要的库
2   import jieba
3   import jieba.analyse
4   import jieba.posseg as pseg
5   from collections import Counter
6   import os
7   # 定义一个函数，用于读取新闻文本文件
8   def read_news_files(directory):
9       news_texts = []
10      for filename in os.listdir(directory):
11          if filename.endswith(".txt"):
12              with open(os.path.join(directory, filename), 'r', encoding='utf-8') as file:
13                  news_texts.append(file.read())
14      return news_texts
15  # 定义一个函数，用于提取关键词
16  def extract_keywords(news_texts, topK=10):
17      keywords_list = []
18      for text in news_texts:
19        keywords = jieba.analyse.extract_tags(text, topK=topK, withWeight=False)
20        keywords_list.append(keywords)
21      return keywords_list
22  # 定义一个函数，用于进行词性标注
23  def pos_tagging(news_texts):
24      pos_tagged_texts = []
25      for text in news_texts:
26          words = pseg.lcut(text)
27          pos_tagged_texts.append(words)
28      return pos_tagged_texts
29  # 定义一个函数，用于统计词频
30  def count_word_frequency(pos_tagged_texts):
31      word_counter = Counter()
32      for words in pos_tagged_texts:
33          for word, flag in words:
34              word_counter.update([word])
35      return word_counter
36  # 读取新闻文本文件
37  news_texts = read_news_files("news_data")
38  # 提取每篇新闻文本的关键词
39  keywords_list = extract_keywords(news_texts)
```

```
40    #进行词性标注
41    pos_tagged_texts = pos_tagging(news_texts)
42    #统计所有新闻文本的词频
43    word_frequency = count_word_frequency(pos_tagged_texts)
44    #输出每篇新闻文本的关键词
45    for i, keywords in enumerate(keywords_list):
46        print(f" 新闻文本 {i+1} 的关键词 :")
47        print(keywords)
48        print()
49    #输出每篇新闻文本的词性标注结果
50    for i, words in enumerate(pos_tagged_texts):
51        print(f" 新闻文本 {i+1} 的词性标注结果 :")
52        for word, flag in words:
53            print(f"{word} ({flag})", end=' ')
54        print("\n")
55    #输出所有新闻文本的词频统计
56    print(" 所有新闻文本的词频统计 :")
57    print(word_frequency.most_common(20))
```

运行结果如下：

新闻文本 1 的关键词 :
[' 人工智能 ', ' 大会 ', '2024', '12', '14', ' 技术论坛 ', ' 隆重开幕 ', ' 多场 ', ' 北京 ', ' 专家学者 ']

新闻文本 2 的关键词 :
['Model', ' 特斯拉 ', ' 电动汽车 ', '600', ' 埃隆 ', ' 马斯克 ', ' 最新款 ', ' 续航 ', ' 执行官 ', ' 里程 ']

新闻文本 3 的关键词 :
[' 奥运会 ', ' 金牌榜 ', '38', ' 体育界 ', ' 乒乓球 ', ' 项目 ', ' 体操 ', ' 表现出色 ', ' 金牌 ', ' 跳水 ']

新闻文本 1 的词性标注结果 :
北京 (ns) 时间 (n) 2024 (m) 年 (m) 12 (m) 月 (m) 14 (m) 日 (m) ， (x) 全球 (n) 瞩目 (v) 的 (uj) 中国 (ns) 人工智能 (n) 大会 (n) 在 (p) 北京 (ns) 隆重开幕 (nr) 。 (x) 本次 (r) 大会 (n) 由 (p) 中国 (ns) 人工智能 (n) 学会 (n) 主办 (b) ， (x) 吸引 (v) 了 (ul) 来自 (v) 世界各地 (l) 的 (uj) 专家学者 (n) 和 (c) 企业 (n) 代表 (n) 参加 (v) 。 (x) 大会 (n) 期间 (f) ， (x) 将 (d) 举行 (v) 多场 (m) 主题 (n) 演讲 (v) 、 (x) 技术论坛 (n) 和 (c) 展览 (v) ， (x) 展示 (v) 最新 (d) 的 (uj) 人工智能 (n) 技术 (n) 成果 (n) 和 (c) 应用 (v) 案例 (n) 。 (x)

新闻文本 2 的词性标注结果 :
近日 (t) ， (x) 特斯拉 (nrt) 公司 (n) 发布 (v) 了 (ul) 最新款 (n) 电动汽车 (n) ， (x) 命名 (n) 为 (p) Model (eng) (x) Z (x) 。 (x) Model (eng) (x) Z (x) 采用 (v) 了 (ul) 最新 (d) 的 (uj) 电池 (n) 技术 (n) ， (x) 续航 (nr) 里程 (n) 达到 (v) 了 (ul) 600 (m) 公里 (q) ， (x) 并且 (c) 配 备 (v) 了 (ul) 自动 (vn) 驾驶 (v) 功能 (n) 。 (x) 特斯拉 (nrt) 首席 (n) 执行官 (n) 埃隆 (ns) ·(x) 马斯克 (nr) 表示 (v) ， (x) 这 (r) 款车 (n) 将 (d) 引领 (v) 未来 (t) 电动汽车 (n) 的 (uj) 发展 (vn) 方向 (n) 。 (x)

新闻文本 3 的词性标注结果 :
在 (p) 刚刚 (d) 结束 (v) 的 (uj) 东京 (ns) 奥运会 (j) 上 (f) ， (x) 中国 (ns) 代表团 (n) 取得 (v) 了 (ul) 优异 (a) 的 (uj) 成绩 (n) ， (x) 获 得 (v) 了 (ul) 38 (m) 枚 (m) 金牌 (n) ， (x) 排名 (v) 金牌榜 (n) 第二 (m) 。 (x) 中国 (ns) 运动员 (n) 在 (p) 多个 (m) 项目 (n) 上 (f) 表现出色 (n) ， (x) 特别 (d) 是 (v) 在 (p) 跳水 (v) 、 (x) 乒乓球 (n) 和 (c) 体操 (nr) 等 (u) 项目 (n) 上 (f) 展现 (v) 了 (ul) 强大 (a) 的 (uj) 实力 (n) 。 (x) 这次 (r) 奥运会 (j) 的 (uj) 成功 (a) 举办 (v) ， (x) 也 (d) 展示 (v) 了 (ul) 全球 (n) 体育界 (n) 的 (uj) 团结 (a) 和 (c) 友谊 (nr) 。 (x)

所有新闻文本的词频统计 :
[('，', 14), (' 的 ', 10), (' 。', 9), (' 了 ', 9), (' 和 ', 5), (' 在 ', 4), (' 人工智能 ', 3), (' 大会 ', 3), (' 中国 ', 3), (' 上 ', 3), (' 北京 ', 2), (' 全球 ', 2), (' 将 ', 2), ('、', 2), (' 展示 ', 2), (' 最新 ', 2), (' 技术 ', 2), (' 特斯拉 ', 2), (' 电动汽车 ', 2), ('Model', 2)]

上述案例代码完成了以下几个部分的工作。

(1) 导入必要的库。

① 导入 jieba 库用于中文分词和关键词提取。

② 导入 jieba.analyse 模块用于关键词提取。

③ 导入 jieba.posseg 模块用于词性标注。

④ 导入 collections.Counter 用于统计词频。

⑤ 导入 os 模块用于文件操作。

(2) 定义函数。

① read_news_files 函数用于读取指定目录中的新闻文本文件，返回新闻文本列表。

② extract_keywords 函数用于提取每篇新闻文本的关键词，返回关键词列表。

③ pos_tagging 函数用于对新闻文本进行词性标注，返回词语和词性标注的列表。

④ count_word_frequency 函数用于统计所有新闻文本的词频，返回词频统计结果。

(3) 读取新闻文本文件。调用 read_news_files 函数，读取指定目录中的新闻文本文件，存储在 news_texts 列表中。

(4) 提取关键词。调用 extract_keywords 函数，提取每篇新闻文本的关键词，存储在 keywords_list 列表中。

(5) 进行词性标注。调用 pos_tagging 函数，对新闻文本进行词性标注，存储在 pos_tagged_texts 列表中。

(6) 统计词频。调用 count_word_frequency 函数，统计所有新闻文本的词频，存储在 word_frequency 中。

(7) 输出结果。

① 输出每篇新闻文本的关键词。

② 输出每篇新闻文本的词性标注结果。

③ 输出所有新闻文本的词频统计结果，显示词频最高的前 20 个词语。

这个综合案例展示了如何运用 jieba 库应对真实世界中的多文本处理。通过对新闻语料进行关键词提取、词性标注和词频统计，读者可以直观地看到 jieba 库如何帮助用户快速把握文本主旨、分析语法结构，并量化词语分布。这不仅验证了 jieba 库在提高文本处理效率和准确性方面的价值，也让读者获得了处理和分析中文文本数据的初步实战经验，为深入学习自然语言处理技术打下了基础。

8.3 词云生成库 wordcloud

本节将重点介绍 Python 中的 wordcloud 库，这是一个专门用于生成词云的工具包，具有灵活性高、功能丰富的特点。通过学习本节内容，读者将了解词云的基本概念及词云在数据可视化中的应用价值，掌握 wordcloud 库的安装、基本用法以及从文本生成词云的具体步骤。

8.3.1 词云的概念与应用

词云 (Word Cloud)，又称文字云，是一种通过视觉化手段展示文本数据中词语频率的技术。词云将文本数据中的词语按照出现频率或重要性，以不同大小和颜色进行展示，词频越高或越重要的词语在词云中的字体越大，颜色越显眼。词云的这种直观表现形式能够帮助人们快速识别文本数据中的核心词语和主题。

词云凭借其独特的表现形式，在多个领域和场景中得到了广泛应用。

(1) 文本分析和挖掘。在自然语言处理和文本挖掘领域，词云常被用来展示文本数据中的高频词和重要词，帮助分析人员快速理解文本内容的核心。例如，在学术论文的摘要分析中，词云可以直观展示论文的研究主题和关键内容，从而提高信息检索和理解的效率。

(2) 市场调研和品牌分析。企业在进行市场调研时，可以利用词云展示消费者反馈中的关键词，了解消费者最关注的产品特性、服务质量等。例如，在收集到的大量用户评论数据中，词云能够帮助企业快速识别高频出现的词语，如"便捷""价格合理"等，从而指导产品优化或营销策略制定。

(3) 社交媒体分析。社交媒体平台上产生的数据量庞大且内容丰富，词云在分析社交媒体数据时尤为适用。通过生成词云，分析人员可以轻松识别热门话题、讨论热点以及用户的兴趣偏好。例如，在某场大型活动后，分析社交媒体上的讨论内容，可以通过词云快速提取出"活动名称""高光时刻"等关键词。

(4) 新闻和媒体报道。新闻文章往往涵盖大量信息，词云可以提取和展示新闻中的核心关键词，帮助读者快速了解文章的主题。例如，在一篇关于经济政策的新闻中，词云可能会突出"通货膨胀""税收""经济增长"等关键词，从而为读者提供概览式的内容总结。

(5) 教育和培训。在教育领域，词云可以用于可视化展示课程内容的关键词，帮助学员迅速抓住学习的重点和难点。例如，在课程总结或复习材料中，使用词云展示章节的关键概念，可以提高学习效率，增强知识点的记忆效果。

8.3.2　wordcloud 库简介

wordcloud 库是 Python 生态系统中一个专门用于生成词云图的流行的第三方库。它以简单易用和高度可定制的特性而广受欢迎，是文本数据可视化领域的重要工具。该库的核心功能是基于输入的文本数据或词频信息，自动计算布局并生成词云图，通过词语的大小、颜色、方向等视觉元素直观地展示词语的频率或重要性。用户可以通过丰富的参数设置，设计出满足特定需求、高质量且富有视觉吸引力的词云图。

wordcloud 库之所以强大和灵活，主要得益于其以下几个关键特性。

(1) 灵活的数据输入方式。它不仅可以直接处理原始文本字符串，支持从文件中读取内容，还能基于预先计算好的词频字典来生成词云，适应不同的数据准备流程。

(2) 丰富的视觉定制选项。该库提供了大量的参数来精细控制词云的外观。用户可以轻松自定义背景颜色、词语的颜色方案 (colormap)、字体类型 (尤其对中文支持至关重要)、字体大小范围、最大显示词数等。

(3) 支持自定义形状遮罩 (Masking)。它允许用户提供一个图像作为遮罩 (mask)，生成的词云将自动填充在该图像的轮廓内，从而创造出特定形状 (如品牌 Logo、心形、地理轮廓等) 的词云图，极大地增强了视觉表现力和主题相关性。

(4) 与 Matplotlib 的良好集成。生成的词云对象可以无缝地与 Python 流行的绘图库 Matplotlib 结合使用。这使得显示词云图、添加标题、调整图像尺寸或将词云嵌入更复杂的组合图表变得非常方便。

8.3.3　wordcloud 库的安装

在使用 wordcloud 库之前，用户需要确保 Python 环境已正确配置，并能够安装和使用第三方库。推荐使用 Python 3.6 及以上版本，以确保兼容性和功能的完整性。此外，建议通过 pip 管理工具安装 wordcloud 库，并结合虚拟环境 (如 venv 或 conda) 进行隔离管理，以避免依赖冲突。

以下是通过 pip 安装 wordcloud 库的具体步骤。

(1) 检查 Python 和 pip 版本。在命令行中输入以下命令，确认 Python 和 pip 已安装且版本符合要求：

```
python --version
pip --version
```

示例输出：

```
Python 3.10.11
pip 24.3.1
```

(2) 安装 wordcloud 库。使用以下命令通过 pip 安装 wordcloud 库：

```
pip install wordcloud
```

安装完成后，wordcloud 库及其依赖项 (如 NumPy 和 Pillow) 会自动下载并配置到环境中。

(3) 验证安装是否成功。在 Python 解释器中运行以下代码，确保库已正确安装：

```
import wordcloud
print(wordcloud.__version__)                              # 输出版本号
```

如果未出现错误信息且正确输出版本号，则说明安装成功。

注意事项：

(1) 字体配置。wordcloud 默认字体不支持中文，因此在生成中文词云图时，必须指定支持中文的字体文件路径。例如，Windows 系统中常用的字体是 msyh.ttc(微软雅黑)，路径通常为：

```
C:\Windows\Fonts\msyh.ttc
```

如果字体文件缺失，可从网上下载支持中文的字体文件。

(2) 环境依赖。wordcloud 库依赖 Pillow 和 NumPy，安装过程中这些依赖会自动安装。如果依赖版本冲突，用户可以手动更新：

```
pip install --upgrade pillow numpy
```

8.3.4 wordcloud 库的用法

wordcloud 库的使用流程非常直观，其核心在于理解和运用 WordCloud 这个类。虽然 wordcloud 库作为一个模块还提供了其他辅助工具 (如内置的停用词集合 STOPWORDS 和用于从图片取色的 ImageColorGenerator 类)，但几乎所有的词云生成任务都是通过创建和配置一个 WordCloud 类的实例 (对象) 来完成的。

1. WordCloud 类的常用参数与方法

为了实现灵活和精细的词云定制，WordCloud 类在创建对象时，允许通过一系列初始化参数来设定词云的各种属性。这些参数就像是词云的 "设计蓝图"，决定了最终图像的外观。理解这些选项是进行词云设计的关键。表 8.4 详细列出了在创建 WordCloud 对象时常用的参数及其功能描述。通过调整这些参数，可以改变词云的尺寸、背景、颜色、字体、最大词数、形状 (通过 mask 参数) 等多种视觉属性。

表 8.4　WordCloud 类的常用初始化参数

参数名	默认值	功能描述
width	400	设置生成词云图的宽度 (以像素为单位)
height	200	设置生成词云图的高度 (以像素为单位)
max_words	200	限制词云中显示的最大单词数量
min_font_size	4	设置最小的字体大小

（续表）

参数名	默认值	功能描述
max_font_size	None	设置最大的字体大小。如果未指定，字体大小根据高度自动调整
font_path	None	设置字体文件的路径，主要用于中文或其他非英文语言的显示
background_color	'black'	设置词云图的背景颜色，可选值如 'white'、'black' 等
colormap	'viridis'	设置颜色映射，用于控制词云文字的颜色方案，如 'plasma'、'rainbow' 等
mask	None	设置词云图的形状遮罩。需传入由图像生成的二维数组，词云图的形状将与遮罩图像的非白色区域一致
contour_color	None	设置词云图的轮廓颜色。如果为 None，则无轮廓
contour_width	0	设置词云图的轮廓宽度
scale	1	设置词云图的分辨率缩放比例。值越大，图像越清晰，生成时间也越长
prefer_horizontal	0.90	设置词语水平显示的概率，取值范围为 0~1
relative_scaling	0	设置词语字体大小的相对权重，值越大，字体大小与词频比例越明显
regexp	None	设置正则表达式，用于分割输入文本。如果未设置，使用默认的分割方法（空格）
normalize_plurals	True	是否合并单词的复数形式。例如，"cat" 和 "cats" 是否视为同一词条
mode	'RGB'	设置图像的模式，可选 'RGB' 或 'RGBA'

当 WordCloud 对象根据要求的参数创建好之后，它就提供了一系列方法来执行具体的操作。最核心的方法是 generate()，它接收一段完整的文本字符串，自动进行分词、统计词频并生成词云布局。如果我们已经自己统计好了词频（例如，一个字典），则可以使用更直接的 generate_from_frequencies() 方法。一旦词云生成，可以调用 to_file() 方法将其保存为图片文件，或者调用 to_array() 将其转换为 NumPy 数组以便在程序中做进一步处理。这些常用的方法及其功能详见表 8.5。

表 8.5　WordCloud 对象的常用方法

方法名	功能描述	示例用法
generate(text)	从输入的文本中生成词云对象	wordcloud.generate("Python is amazing")
generate_from_frequencies(frequencies)	从词频字典生成词云对象，其中键为单词，值为其出现频率	wordcloud.generate_from_frequencies({'Python': 10, 'AI': 5})
to_file(filename)	将生成的词云图保存为图片文件	wordcloud.to_file("wordcloud.png")
recolor(color_func=None, random_state=None)	重新着色词云图，可以自定义颜色函数或指定随机状态以确保颜色一致	wordcloud.recolor(color_func=custom_color_func)
process_text(text)	对输入文本进行处理，返回分词后的词频字典	wordcloud.process_text("Python is amazing")
fit_words(frequencies)	根据词频字典生成词云对象，与 generate_from_frequencies 类似，但不自动归一化频率	wordcloud.fit_words({'Python': 10, 'Data': 20})
to_array()	将生成的词云图转换为 NumPy 数组，便于进一步处理或与其他图像结合	image_array = wordcloud.to_array()
from_svg(svg_path)	从 SVG 文件加载形状或内容，用于创建词云	wordcloud.from_svg("shape.svg")
layout_	返回词云布局信息，包含单词、位置、字体大小等信息，适合深入分析或定制显示效果	for (word, freq, pos, font_size) in wordcloud.layout_:
to_svg(embed_font=False)	将词云图保存为 SVG 格式，可选是否嵌入字体	wordcloud.to_svg("wordcloud.svg", embed_font=True)

2. 基础用法

wordcloud 库的基础用法核心步骤包括：导入库、准备文本数据、创建 WordCloud 对象并配置基本参数、调用 generate( ) 方法生成词云，最后使用 Matplotlib 显示或保存图像。

以下示例代码展示了如何快速生成一幅简单的中文词云图：

```
1    # 导入必要的库
2    from wordcloud import WordCloud
3    import matplotlib.pyplot as plt
4    from matplotlib import rcParams
5    # 设置全局字体为 Microsoft YaHei( 微软雅黑 )
6    rcParams['font.family'] = 'Microsoft YaHei'              # 指定字体为微软雅黑
7    rcParams['axes.unicode_minus'] = False                  # 避免负号显示为方块
8    # 准备文本数据
9    text = "Python 数据分析 机器学习 深度学习 人工智能 数据挖掘 数据科学 "
10   # 创建词云对象
11   wordcloud = WordCloud(
12       width=800,                                          # 设置词云图的宽度
13       height=400,                                         # 设置词云图的高度
14       background_color="white",                           # 设置背景颜色为白色
15       font_path="C:/Windows/Fonts/msyh.ttc",              # 指定中文字体路径为微软雅黑
16       max_font_size=100,                                  # 设置最大字体大小
17       min_font_size=10,                                   # 设置最小字体大小
18       colormap="viridis"                                  # 设置颜色主题为渐变色
19   ).generate(text)                                        # 生成词云图
20   # 显示词云图
21   plt.figure(figsize=(10, 5))                             # 设置画布大小
22   plt.imshow(wordcloud, interpolation="bilinear")         # 显示词云图，使用双线性插值
23   plt.axis("off")                                         # 关闭坐标轴
24   plt.title(" 基础词云图示例 ", fontsize=16)               # 添加标题
25   plt.show( )
```

运行上述代码后，将生成如图 8.1 所示的词云图。

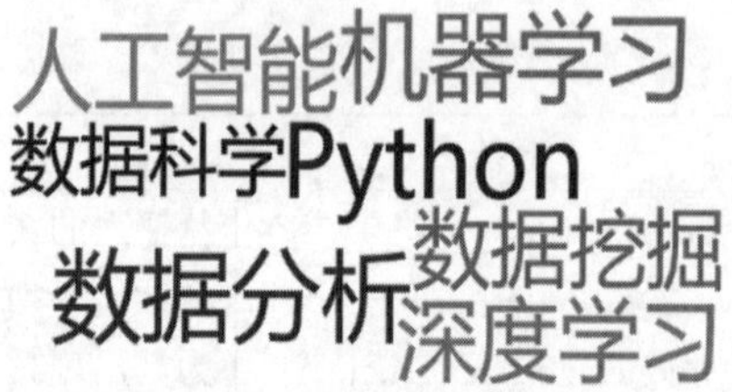

上述代码中包括如下几个词云生成步骤。

(1) 文本数据准备。text 变量定义了用于生成词云的文本数据。输入可以是字符串形式的文本，也可以通过读取文件内容获取。

(2) 创建 WordCloud 对象。使用 WordCloud 类创建词云对象。设置如下参数。

图 8.1　词云结果图

① width 和 height：指定词云图的宽度和高度。

② background_color：设置背景颜色为白色。

③ font_path：指定中文字体路径 (msyh.ttc 为 Windows 系统的微软雅黑字体)。

④ max_font_size 和 min_font_size：控制字体大小的范围。

⑤ colormap：设置颜色主题，viridis 提供从蓝色到黄色的渐变配色。

(3) 生成词云图。调用 generate 方法，将输入的文本转化为词云图。

(4) 显示词云图。

① 使用 Matplotlib 库进行可视化。

② plt.imshow 将生成的词云图显示为图像。

③ plt.axis("off") 关闭坐标轴，确保图像清晰。

④ plt.title 为词云图添加标题，便于解释展示内容。

3. 高级用法

在基础词云生成功能的基础上，wordcloud 库通过其丰富的高级用法，为开发者提供了极大的灵活性，使其能够轻松满足多样化的可视化需求。这些高级功能不仅提升了词云生成的多样性和精确性，还极大地拓展和提升了词云在实际应用中的场景和效果。高级功能的核心在于提供更细粒度的控制和多种个性化设置，满足开发者在数据可视化中的复杂需求。

具体来说，wordcloud 库提供了以下几种常见的高级用法。

(1) 从词频生成词云。通过直接从词频字典生成词云，开发者可以更准确地控制每个词语在词云中的显示权重。这种方法广泛应用于统计分析和关键指标展示场景。

(2) 自定义形状的词云。通过加载用户指定的形状图像，可以生成符合特定主题或场景的词云图，如心形词云用于情感分析，地球形词云用于环境数据展示等。

(3) 动态调整配色。wordcloud 支持为词云动态设定配色方案，根据不同的主题改变颜色风格，如节日配色、品牌配色等。

(4) 结合其他工具优化效果。通过与图像处理库 (如 Pillow 和 Matplotlib) 的结合，可以为词云添加更多的设计细节，如叠加背景图、应用透明效果，甚至生成动态词云。

上述高级功能不仅提高了词云的表现力和可视化效果，还显著增强了其在各类场景中的实用性和吸引力。

4. 高级用法应用案例

以下将通过一个自定义形状的词云案例，展示这些高级功能的具体实现方式及其在实际应用中的表现优势。案例背景介绍如下：

基于 Apple 品牌形象，利用词频数据文件，结合苹果 Logo 图片作为底图，生成一幅具有 Apple 品牌主题的词云图。词频数据文件为 apple_word_frequencies.csv，底图文件为 apple_logo.tif，如图 8.2 所示。

图 8.2　苹果 Logo 底图

示例代码如下：

```
1   import pandas as pd                        # 用于数据处理
2   from PIL import Image                       # 用于加载图片
3   import numpy as np                          # 用于处理图片为数组
4   from wordcloud import WordCloud             # 用于生成词云
5   import matplotlib.pyplot as plt             # 用于可视化词云
6   # 步骤 1: 加载词频数据
7   def load_word_frequencies(file_path):
8       """
9       加载词频数据文件并转换为字典格式
10      :param file_path: 词频数据文件路径
11      :return: 词频字典
12      """
13      # 使用 pandas 读取 CSV 文件
14      data = pd.read_csv(file_path)
15      # 将数据转换为字典格式，键为 'Word' 列的值，值为 'Frequency' 列的值
16      return {row['Word']: row['Frequency'] for _, row in data.iterrows()}
17  # 步骤 2: 处理形状模板
18  def load_mask_image(image_path):
19      """
20      加载图片并转换为形状模板
21      :param image_path: 图片文件路径
```

```
22        :return: numpy 数组形状模板
23        """
24        # 打开图片并将其转换为 numpy 数组, 用于作为词云的形状模板
25        return np.array(Image.open(image_path))
26   # 步骤 3: 生成词云
27   def generate_wordcloud(word_freq, mask, output_file, font_path=None):
28        """
29        根据词频和形状模板生成词云。
30        :param word_freq: 词频字典
31        :param mask: 形状模板
32        :param output_file: 输出词云图片路径
33        :param font_path: 字体路径 ( 可选 )
34        """
35        # 创建 WordCloud 对象, 设置词云的各项参数
36        wc = WordCloud(
37            background_color="white",                    # 背景颜色设置为白色
38            mask=mask,                                   # 使用自定义形状模板
39            contour_width=1,                             # 设置词云边缘线的宽度
40            contour_color="black",                       # 设置边缘线颜色为黑色
41            max_words=200,                               # 限制词云中显示的最大单词数量
42            colormap="viridis",                          # 设置配色方案为 'viridis'
43            font_path=font_path                          # 指定字体路径, 用于支持中文等特殊字符
44        )
45        # 使用词频数据生成词云
46        wordcloud = wc.generate_from_frequencies(word_freq)
47        # 使用 Matplotlib 显示生成的词云
48        plt.figure(figsize=(10, 10))                     # 设置图形大小
49        plt.imshow(wordcloud, interpolation="bilinear")  # 使用双线性插值显示图像
50        plt.axis("off")                                  # 关闭坐标轴显示
51        plt.show()                                       # 显示词云图
52        # 将生成的词云保存为图片文件
53        wordcloud.to_file(output_file)
54   # 主程序
55   if __name__ == "__main__":
56        # 定义文件路径
57        word_frequencies_file = "apple_word_frequencies.csv"  # 词频数据文件
58        mask_image_file = "apple_logo.tif"                    # Apple Logo 图片路径, 用作形状模板
59        output_wordcloud_file = "apple_wordcloud.png"         # 生成的词云图保存路径
60        font_path = "C:/Windows/Fonts/simhei.ttf"             # 指定支持中文的字体
61        # 加载词频数据
62        word_freq = load_word_frequencies(word_frequencies_file)
63        # 加载形状模板图片
64        mask = load_mask_image(mask_image_file)
65        # 调用生成词云函数
66        generate_wordcloud(word_freq, mask, output_wordcloud_file, font_path)
```

运行上述代码后, 将生成图 8.3 所示的词云图。

上述代码实现了一个基于用户自定义形状和词频数据的词云图生成工具。它以 Apple 的 Logo 为模板, 结合词频数据, 使用 Python 的 wordcloud 库生成一幅词云图并可视化显示。同时, 该代码支持将生成的词云图保存为图片文件。

代码逻辑分为三个部分。

(1) 加载词频数据。从 CSV 文件中读取词频信息, 并将其转换为适合生成词云的数据格式 (字典)。

(2) 加载形状模板。从图片文件中读取形状模板, 并将其转化为 NumPy 数组, 用作词云的形状。

图 8.3　苹果 Logo 词云图

(3) 生成词云。利用词频数据和形状模板生成词云图，并通过 Matplotlib 可视化和保存结果。

通过上述示例代码，可以快速生成具有品牌特色或独特形状的词云图。这不仅适用于数据可视化场景，还广泛用于市场营销、品牌推广、教育等领域。

8.4　打包工具 PyInstaller

本节将重点介绍程序打包的概念、PyInstaller 的功能和优势，并通过实际案例讲解 PyInstaller 的安装和基本用法。通过学习本节内容，读者可以掌握可以 Python 脚本转换为便捷的可执行程序的方法，为 Python 应用的发布和跨平台部署提供实用的解决方案。

8.4.1　程序打包的概念

在软件开发和应用部署的过程中，直接分发 Python 脚本常常面临诸多问题。例如，目标用户的设备可能没有预先安装 Python 解释器，或者运行环境中缺少脚本运行所需的外部依赖。这些问题不仅影响用户体验，还可能导致程序运行失败。因此，程序打包成为解决这些问题的重要手段。

程序打包是指将 Python 脚本及其所有依赖(包括第三方库、内置模块等)整合为一个可独立运行的可执行文件。通过打包，开发者能够将 Python 应用程序以更便捷、更安全的方式分发到用户的设备上，无须用户自行配置运行环境。这种方式在商业应用发布、跨平台分发以及保护源代码等场景中具有显著的优势。

打包工具在整个打包过程中扮演着核心角色。它可以自动扫描 Python 脚本的依赖项，收集运行所需的资源，并将这些内容嵌入一个完整的可执行文件。以 PyInstaller 为例，它能够生成适用于 Windows、macOS 和 Linux 平台的可执行文件，使 Python 应用程序的部署更加灵活和高效。

8.4.2　PyInstaller 简介

PyInstaller 是一种广泛使用的 Python 程序打包工具，能够将 Python 脚本打包为独立的可执行文件，使程序在目标设备上运行时不再依赖 Python 解释器或外部库环境。这种特性使 PyInstaller 成为开发者在应用程序分发和部署中的重要工具。

PyInstaller 的核心功能是通过自动分析 Python 脚本的依赖关系，将脚本所需的所有文件，包括 Python 标准库、第三方库以及资源文件(如图片、配置文件等)，整合到一个单独的可执行文件中。这个文件可以直接运行，不需要额外配置任何环境，大大提高了程序的可移植性和使用便捷性。此外，PyInstaller 支持一键式打包，无须开发者手动指定复杂的依赖路径，极大地简化了打包流程。

PyInstaller 具备强大的跨平台能力，支持 Windows(包括 32 位和 64 位版本)、macOS(适用于大部分现代版本)和 Linux(覆盖多种发行版，如 Ubuntu、CentOS 等)等主要的操作系统。

8.4.3　PyInstaller 的安装

为了使用 PyInstaller 将 Python 脚本打包为独立的可执行文件，开发者首先需要在本地环境中安装

PyInstaller。作为一个成熟的 Python 工具，PyInstaller 可以通过 Python 官方的包管理工具 pip 轻松安装，其安装步骤简单且兼容性良好。以下将详细介绍安装步骤及注意事项。

1. 安装步骤

(1) 确保 Python 和 pip 环境已配置。安装 PyInstaller 前，应确认系统中已安装目标 Python 版本，并且 pip 包管理工具可用 (pip 通常随 Python 3.4+ 一同安装)。可在命令行执行以下命令进行检查：

```
python --version
pip --version
```

若能正确显示版本号，则环境已配置。否则，需先安装 Python(并确保包含 pip) 或安装 / 更新 pip。

(2) 安装 PyInstaller。使用以下命令，通过 pip 安装 PyInstaller：

```
pip install pyinstaller
```

此命令将自动下载并安装最新版本的 PyInstaller 及其依赖项。安装完成后，PyInstaller 可用于当前的 Python 环境。

(3) 验证安装是否成功。安装完成后，可以通过以下命令验证：

```
pyinstaller --version
```

如果返回 PyInstaller 的版本号，说明安装成功。

(4) 升级到最新版本 (可选)。为了使用 PyInstaller 的最新功能，可以通过以下命令升级到最新版本：

```
pip install --upgrade pyinstaller
```

该命令将自动下载并安装最新的 PyInstaller 版本。

(5) 卸载 PyInstaller(可选)。如果需要卸载 PyInstaller，可以使用以下命令：

```
pip uninstall pyinstaller
```

该命令会完全移除 PyInstaller 及其相关的安装文件。

2. 注意事项

(1) 权限问题。在某些操作系统中，安装可能需要管理员权限。如果出现权限不足的问题，可以使用以下命令：

```
pip install --user pyinstaller
```

该命令将在当前用户目录中安装 PyInstaller，不需要管理员权限。

(2) 网络连接问题。如果安装过程中网络连接较慢，可以考虑使用国内镜像源加速下载。示例命令：

```
pip install -i https://pypi.tuna.tsinghua.edu.cn/simple pyinstaller
```

8.4.4　PyInstaller 的基本用法

通过简洁的命令行操作，开发者可以使用 PyInstaller 轻松实现脚本打包，支持基础和高级的自定义设置。以下将介绍 PyInstaller 的基本用法和常用功能。

1. 基本打包操作

PyInstaller 提供的默认打包功能非常方便，适合大多数简单的应用场景。以下是打包单文件脚本的基本步骤。

(1) 命令格式。

```
pyinstaller your_script.py
```

此命令将根据默认配置打包 your_script.py，生成的文件位于当前目录下的 dist/your_script 文件夹中，其中包含运行程序所需的全部依赖。

(2) 命令范例。

假设有一个简单的脚本 hello.py：

```
# hello.py
print("Hello, PyInstaller!")
```

在命令行中，导航到包含 hello.py 的目录，然后执行打包命令：

```
pyinstaller hello.py
```

PyInstaller 会在当前目录下创建一个 dist 文件夹，并在其中生成一个名为 hello（ 或与当前脚本名相同 ）的子文件夹。这个子文件夹包含了运行所需的所有依赖文件以及主可执行文件。

要运行程序，需要进入 dist/hello（ 或相应子文件夹 ），然后执行里面的主可执行文件。可执行文件的确切名称和运行方式可能因操作系统而异（ 例如，Windows 上通常是 .exe 后缀，Linux/macOS 上通常无后缀且可能需要 ./ 前缀来执行 ）。

2. 打包为单个可执行文件

在某些情况下，需要将所有依赖和脚本文件合并为一个独立的可执行文件。这可以通过添加 --onefile 参数实现：

```
pyinstaller --onefile your_script.py
```

命令范例：

```
pyinstaller --onefile hello.py
```

生成的可执行文件位于 dist/ 文件夹中，文件名为 hello 或 hello.exe(Windows 平台)。此文件包含所有依赖，不需要额外文件即可运行。

3. 添加图标和自定义信息

PyInstaller 支持为可执行文件设置自定义图标和元数据信息。以下两种参数可用。

(1) --icon=<icon_path>：指定图标文件路径（ 需为 .ico 格式 ）。

(2) --name=<custom_name>：设置生成文件的自定义名称。

命令范例：

将脚本 hello.py 打包为单个文件，并添加图标和自定义名称：

```
pyinstaller --onefile --icon=custom_icon.ico --name=CustomHello hello.py
```

生成的文件名为 CustomHello，并附带指定的图标。

4. 隐藏终端窗口

对于图形用户界面 (GUI) 应用程序，可以使用 --noconsole 参数隐藏终端窗口：

```
pyinstaller --onefile --noconsole your_script.py
```

此功能适用于 Windows 平台，可以避免终端窗口随 GUI 程序启动而弹出。

命令范例：

```
pyinstaller --onefile --noconsole gui_app.py
```

此命令生成的文件适合 GUI 应用的分发和运行。

5. 加密源码

为了保护脚本源码，可以通过 --key 参数为 Python 字节码加密：

```
pyinstaller --onefile --key your_secret_key your_script.py
```

加密后的字节码在运行时需要指定的密钥解密。

6. 清理打包过程中的临时文件

在打包过程中，PyInstaller 会生成临时的构建文件和日志文件。如果需要清理这些临时文件，可在命令中添加 --clean 参数：

```
pyinstaller --clean your_script.py
```

综合打包场景代码示例：

以下是一个较为复杂的脚本打包命令，包含了单文件打包、自定义图标、隐藏终端窗口和清理临时文件的功能：

```
pyinstaller --onefile --icon=app_icon.ico --noconsole --clean --name=MyApp main.py
```

执行后，将在 dist/ 文件夹中生成独立的可执行文件 MyApp，适合直接分发使用。

> **注意：**
>
> (1) 兼容性问题。打包脚本时，请确保目标平台的环境与开发环境一致 (如操作系统版本和架构)。
>
> (2) 依赖检测。PyInstaller 能够自动检测大多数依赖，但对于动态导入的模块 (如 importlib)，可能需要手动指定。
>
> (3) 跨平台限制。PyInstaller 的打包文件仅适用于与开发环境一致的平台。如果需要为其他平台生成文件，应在目标平台上运行打包命令。
>
> (4) 图标文件格式。图标文件需为 .ico 格式。可使用在线工具将其他格式的图标转换为 .ico。

综上所述，通过灵活使用 PyInstaller 的各种参数和功能，开发者可以快速将 Python 脚本转换为可分发的应用程序，为实际项目的部署和发布提供强大的支持。

8.5 习题与实验

一、填空题

1. 使用 pip 安装第三方库的基本命令是 _____ 。

2. 在 jieba 库中，分词的三种模式分别是 _____ 、 _____ 和 _____ 。

3. 生成词云时，可以通过参数 _____ 指定背景颜色。

4. PyInstaller 的命令参数中，生成单个可执行文件的选项是 _____ 。

5. 在 wordcloud 库中，指定字体路径的参数是 _____ ，尤其在使用中文词汇时非常重要。

6. jieba 的用户自定义词典可以通过 _____ 方法加载到分词器中。

7. 使用 PyInstaller 打包时，生成的可执行文件默认存储在 _____ 文件夹中。

8. 在 wordcloud 中，可以通过参数 _____ 指定词云中最多显示的词语数量。

9. pip list 命令的功能是 _____。

10. 使用 jieba 提取关键词时，调用的方法是 _____。

二、选择题

1. 使用 pip 卸载一个已安装的包，以下哪个命令是正确的？（　　）

    A. pip delete <package>　　　　　　B. pip remove <package>

    C. pip uninstall <package>　　　　　D. pip delete-package

2. 以下哪个选项描述了 jieba 库的精确模式？（　　）

    A. 列出句子中所有可能的词语　　　B. 精确切分句子，尽量不产生冗余

    C. 为搜索引擎设计，生成较长词语　　D. 使用自定义词典进行切分

3. wordcloud 库中，生成词云时默认的背景颜色是以下哪项？（　　）

    A. 黑色　　　　　　　　　　　　　B. 白色

    C. 灰色　　　　　　　　　　　　　D. 无背景

4. PyInstaller 的 --onefile 参数的作用是以下哪一项？（　　）

    A. 打包成多个小文件　　　　　　　B. 打包成单个可执行文件

    C. 打包为带有资源文件的压缩包　　D. 打包为安装程序

5. 以下哪个库不属于 Python 的第三方库？（　　）

    A. NumPy　　　　　　　　　　　　B. wordcloud

    C. sys　　　　　　　　　　　　　D. jieba

6. 在 jieba 库的分词模式中，哪个模式适合搜索引擎分词优化？（　　）

    A. 精确模式　　　　　　　　　　　B. 搜索引擎模式

    C. 全模式　　　　　　　　　　　　D. 自定义模式

7. pip 的 --upgrade 参数的作用是以下哪项？（　　）

    A. 卸载一个包　　　　　　　　　　B. 列出所有已安装的包

    C. 更新一个包至最新版本　　　　　D. 安装一个新的包

8. 在 wordcloud 库中，以下哪种方法可以从词频生成词云？（　　）

    A. generate()　　　　　　　　　　B. generate_from_frequencies()

    C. create_wordcloud()　　　　　　D. generate_wordcloud()

9. 使用 PyInstaller 打包时，以下哪个文件是可选的资源文件？（　　）

    A. .py 文件　　　　　　　　　　　B. 图片文件

    C. .exe 文件　　　　　　　　　　　D. Pipfile

10. 如果想要通过 jieba 库进行词性标注，以下哪个方法是正确的？（　　）

    A. jieba.cut()　　　　　　　　　　B. jieba.analyse()

    C. jieba.posseg.cut()　　　　　　D. jieba.extract_keywords()

三、思考题

1. 为什么需要将 Python 脚本打包成可执行文件？在什么场景下这种方式更加适合应用发布？

2. 比较 pip 和 conda 的使用场景和优势，说明它们各自适合的开发环境和项目类型。

3. 在中文分词任务中，为什么需要使用自定义词典？如何通过调整词频优化分词结果？

4. 结合实际案例，说明 wordcloud 库中自定义形状和配色方案如何帮助开发者实现个性化的数据可视化。

5. 如何解决使用 PyInstaller 打包时遇到的缺失模块或资源文件的问题？

四、实验题

1. 使用 pip 安装 jieba 库，并对以下句子进行分词，输出精确模式和全模式的结果。

句子："Python 是一种很受欢迎的编程语言，适用于数据科学和人工智能。"

2. 使用 wordcloud 库生成一幅词云图，要求：

(1) 从一段长文本生成词云。

(2) 使用白色背景，最大词数为 150，使用默认形状。

3. 使用 PyInstaller 将以下 Python 脚本打包为单个可执行文件，确保生成的程序可以正常运行：

```
print("Hello, this is a test executable!")
input("Press Enter to exit...")
```

4. 定制 jieba 库的分词功能，通过加载自定义词典，优化以下句子的分词效果。

句子："苹果公司发布了新一代 iPhone。"

5. 将一张自定义形状图片作为模板，结合自定义的词频数据，使用 wordcloud 库生成一幅词云图，并保存到本地。

第9章 ▷ 数据分析入门

博学之，审问之，慎思之，明辨之，笃行之。

——《中庸》

这句话鼓励我们在学习和研究中要广泛地学习，详细地探究，谨慎地思考，明确地辨别，切实地实行。在数据分析和风险评估领域，它提醒我们要全面、深入地学习和研究相关知识，谨慎地对待每一个数据和风险因素，并切实地将所学应用于实践。本章主要介绍 Python 数据分析三大核心库——NumPy、Pandas 和 Matplotlib 的基础知识与核心应用。通过本章的学习，读者可以建立完整的数据处理与分析技术栈，能够使用 NumPy 实现高性能的数值计算，运用 Pandas 完成端到端的数据处理流程，并能通过 Matplotlib 创建专业的数据可视化。

学习目标

(1) 理解数据分析的基本概念。
(2) 掌握 NumPy 库的基本使用。
(3) 熟练使用 Pandas 库处理数据。
(4) 了解并使用 Matplotlib 进行数据可视化。

思维导图

9.1 数据分析概述

在数据驱动的时代背景下，数据分析已成为解锁信息价值、指导决策制定的核心技能。随着数据量的迅猛增长，高效地收集、处理并解读这些数据，成为现代工作与研究中不可或缺的能力。

9.1.1 数据分析的意义、基本概念和应用

数据分析是将原本混乱的数据转化为有意义的洞察的过程。其核心在于通过合适的统计分析方法和技术手段，从数据中提炼出对决策有价值的见解。数据分析的意义不仅是对数据进行整理和计算，更是通过深度挖掘数据背后隐藏的价值，帮助企业和组织作出明智的决策。

1. 数据分析的意义

数据分析在商业实践中发挥着至关重要的作用。它可以帮助企业掌握自身当前的经营状况，了解自身优势和不足；找出问题的根本原因，为解决问题提供数据支持；利用历史数据预测未来趋势，降低市场波动带来的风险；通过实时信息的获取，作出更明智的决策；优化业务流程，发现新的机会，激发创新。

2. 数据分析的基本概念

(1) 数据的定义。数据是进行各种统计、计算、科学研究或技术设计等所依据的数值。在信息爆炸时代，数据无处不在，无论是在商业决策领域、科学研究领域，还是在教育领域，数据都扮演着至关重要的角色。

(2) 数据分析的定义。数据分析是指用适当的统计方法对收集来的数据进行分析，将它们加以汇总、理解和消化，以求最大化地开发数据的功能，发挥数据的作用。数据分析的目的是把隐藏在大量看似杂乱无章的数据背后的信息集中和提炼出来，总结出所研究的对象的内在规律。

(3) 数据的类型。数据可以分为多种类型，包括但不限于以下几种。

① 数值型数据：可以进行数学运算的数据，如身高、体重、收入等。

② 字符型数据：用文字或符号表示的数据，如姓名、地址、性别等。

③ 日期型数据：表示特定日期或时间的数据，如出生日期、交易时间等。

④ 图像数据：通过摄像头、扫描仪等设备获取的图像信息。

⑤ 音频数据：通过录音设备获取的音频信息。

⑥ 视频数据：通过摄像机等设备获取的视频信息。

(4) 数据分析的分类。数据分析可以分为以下几种类型。

① 描述性数据分析：通过描述数据的统计特征（如均值、标准差、最大值、最小值等）来概括和解释数据的特征和分布规律。

② 探索性数据分析：通过绘制图表、计算统计量等方法来探索数据的内在规律和模式，寻找数据中的异常值和关联关系。

③ 验证性数据分析：根据已知的理论或假设，使用统计方法来验证这些理论或假设的正确性。

3. 数据分析的主要作用

数据分析在商业决策、科学研究、教育等领域都发挥着至关重要的作用。

(1) 预测趋势。通过分析历史数据和市场趋势，企业可以预测未来的需求变化，并制定相应的战略和计划。例如，零售企业可以使用数据分析来预测销售额，从而提前做好库存管理和物流计划。

(2) 优化运营。通过分析生产、销售、库存等数据，企业可以找出自身存在的问题和瓶颈，并采取相应的措施加以改进。例如，物流公司可以使用数据分析来优化运输路线和调度计划，从而提高运输效率并降低调度成本。

(3) 推动业务创新。通过分析市场、竞争对手和行业动态等数据，企业可以找到新的增长点和创新方向。例如，互联网企业可以使用数据分析来研究用户行为，从而开发出更能满足用户需求的新产品和新服务。

(4) 支持科学研究。在科学研究领域，数据分析是不可或缺的工具。科学家通过分析实验数据，可以验证理论假设的正确性，发现新的科学规律。数据分析可以帮助科学家从大量的数据中提取出有用的信息，从而推动科学研究的进步。

9.1.2　数据分析的基本流程

数据分析是一个系统性的过程，通常包括以下几个主要步骤。

1. 明确分析目的和思路

明确数据分析的目的以及确定数据分析的思路是确保数据分析过程有效进行的先决条件。它可以为数据的收集、处理及分析提供清晰的指引方向。数据分析的目的是整个分析流程的起点，目的不明确则会导致方向性的错误。

在这一过程中，需要思考为什么要开展数据分析以及通过这次数据分析要解决什么问题。当明确数据分析的目的后，需要梳理分析思路，并搭建分析框架，把分析目的分解成若干个不同的分析要点，即如何具体开展数据分析，需要从哪几个角度进行分析，采用哪些分析指标。要确保分析框架的体系化，使分析结果更具说服力。

2. 数据收集

数据收集是按照确定的数据分析框架，收集相关数据的过程，它为数据分析提供了素材和依据。数据收集的方法多种多样，主要包括以下几种。

(1) 数据库。每个公司都有自己的业务数据库，存放从公司成立以来产生的相关业务数据。这个业务数据库就是一个庞大的数据资源，需要有效地利用起来。

(2) 公开出版物。可以用于收集数据的公开出版物包括《中国统计年鉴》《中国社会统计年鉴》《中国人口统计年鉴》《世界经济年鉴》《世界发展报告》等统计年鉴或报告。

(3) 互联网。随着互联网的发展，网络上发布的数据越来越多，特别是搜索引擎可以帮助我们快速找到所需要的数据，如在国家及地方统计局网站、行业组织网站、政府机构网站、传播媒体网站、大型综合门户网站等上都可能有我们需要的数据。

(4) 市场调查。进行数据分析时，需要了解用户的想法与需求，但是通过以上三种方式获得此类数据会比较困难，因此可以尝试使用市场调查的方法收集用户的想法和需求数据。市场调查就是指运用科学的方法，有目的、有系统地收集、记录、整理有关市场营销的信息和资料，分析市场情况，了解市场现状及其发展趋势，为市场预测和营销决策提供客观、正确的数据资料。市场调查可以弥补其他数据收集方式的不足，但进行市场调查所需的费用较高，而且会存在一定的误差，故仅作为参考之用。

3. 数据处理

数据处理是指对收集到的数据进行加工整理，形成适合数据分析的样式，它是数据分析前必不可少的阶段。数据处理的主要目的是从大量、不完整、有噪声、模糊、随机的数据中抽取并推导出对解决问题有价值、有意义的数据。

数据处理主要包括以下几种方法。

(1) 数据清洗。去除数据中的重复值、缺失值、异常值等，使数据更加"干净"、准确。例如，在某销售数据中，出现了一个明显的极大值，可将其作为异常值去除。

(2) 数据转化。将数据转换为适合分析的格式，如将字符串类型的数据转换为数值类型的数据。

(3) 数据提取。从原始数据中提取出需要分析的数据，如从数据库中提取出特定时间段的销售数据。

(4) 数据计算。对数据进行各种统计计算，如求和、平均值、最大值、最小值等。

4. 数据分析

数据分析是指用适当的分析方法及工具，对处理过的数据进行分析，提取有价值的信息，形成有效结论的过程。数据分析的主要方法包括统计分析和数据挖掘。

(1) 统计分析。统计分析指利用统计学原理和方法对数据进行分析，提取数据中的模式和规律，如使用均值、标准差、方差等统计量来描述数据的分布特征；或使用相关性分析、回归分析等方法来研究变量之间的关系。

(2) 数据挖掘。数据挖掘指从大量的数据中挖掘出有用的信息，它根据用户的特定要求，从浩如烟海的数据中找出所需的信息，以满足用户的特定需求。数据挖掘侧重解决四类数据分析问题：分类、聚类、关联和预测。

5. 数据展示

数据展示是将分析结果以图表、报告等形式呈现出来的过程。常用的数据图表包括饼图、柱形图、条形图、折线图、散点图、雷达图等。数据展示的目的是让分析结果更加直观、易于理解，从而帮助决策者更好地作出决策。

6. 报告撰写

数据分析报告是对整个数据分析过程的总结与呈现。需将数据分析的起因、过程、结果及建议完整地呈现出来，供决策者参考。一份好的数据分析报告，首先需要有一个好的分析框架，并且图文并茂、层次明晰，能够让阅读者一目了然。数据分析报告需要有明确的结论，也要有建议或解决方案，以便为决策者提供参考。

9.2 高性能科学计算库 NumPy

NumPy 诞生于 2005 年，由 Travis Oliphant 等科学家在 Numeric 和 Numarray 库的基础上开发。其设计初衷是解决 Python 原生列表在数值计算中的三大缺陷，具体如下。

(1) 内存效率低下。Python 列表存储任意类型对象，导致内存碎片化。

(2) 运算速度缓慢。纯 Python 循环无法实现向量化计算。

(3) 功能局限性。缺乏线性代数、傅里叶变换等数学工具。

9.2.1 NumPy 的核心特性

在科学计算与数据科学领域，NumPy 凭借其底层架构创新和高效的计算范式，已成为不可替代的核心工具库。

NumPy 通过内存连续存储、向量化运算、广播机制、数学函数库优化和跨平台支持，成为科学计算领域的基石。其性能优势 (如内存访问加速、避免循环) 和易用性 (如广播简化代码) 使其成为数据科学、机器学习等领域的必备工具。NumPy 的核心特性解析如表 9.1 所示。掌握 NumPy 的核心特性，是高效处理大规模数据和复杂计算任务的关键。

表 9.1 NumPy 核心特性解析

特性	技术实现	性能优势
多维数组 (ndarray)	连续内存存储，类型同质化	内存访问速度提升 10~100 倍
向量化运算	内置 C/Fortran 优化函数库	替代 Python 循环，加速 100~1000 倍
广播机制	自动维度扩展规则	减少显式数据复制操作
数学函数库	集成 BLAS/LAPACK 等工业级数值库	复现 Fortran/C++ 级计算性能
跨平台兼容	支持 Windows/Linux/macOS 等主流系统	确保科研代码可移植性

9.2.2 NumPy 的安装与环境配置

1. 安装方式对比

NumPy 作为 Python 科学计算的核心库，其安装方式的选择直接影响开发效率与环境兼容性。根据用户需求和开发环境差异，本书推荐以下四种主流安装方式 (表 9.2)。

表 9.2 NumPy 安装方式对比

安装方式	命令示例	适用场景
pip 安装	pip install numpy	通用 Python 环境
Conda 安装	conda install numpy	Anaconda 发行版环境
源码编译	git clone + python setup.py	需要定制化优化
预编译	wheel	直接下载 .whl 文件安装

【拓展阅读 9–1】
NumPy 的不同
安装方式

四种安装方式在易用性、环境适配、性能优化等方面各有侧重，建议初学者优先选用 pip 或 conda 安装以快速搭建开发环境，进阶用户可根据项目需求选择源码编译或预编译方案。读者可结合实际情况选择最优方案。

2. 环境验证与调试

```
>>> # 验证安装版本
>>> import numpy as np
>>> print(np.__version__)          # 应输出 1.24.3 或更高版本
1.24.3
```

常见错误的处理方法：

DLL 加载失败：安装 Microsoft Visual C++ Redistributable。

导入速度慢：升级 pip 后重新安装。

内存错误：检查 32/64 位 Python 与 NumPy 版本是否匹配。

9.2.3　NumPy 核心数据结构 ndarray

NumPy 是数据分析和科学计算的基础。它不仅可以存储大量数据，还支持高效的数学运算。NumPy 的核心数据结构是 ndarray 对象，这是一种用于存储同质元素的多维数组。ndarray 对象不仅提供了高效的存储方式，还允许对数组进行高效的数学运算。在数据分析和科学计算中，ndarray 对象被广泛使用，因为它能够快速地处理大规模数据集。以下是 ndarray 的一些关键属性。

(1) 形状 (shape)。shape 属性是一个表示数组维度的元组 (tuple)，描述了数组在每个维度上的大小。它有助于了解数组的结构，进行索引、切片和重塑 (reshape) 等操作。例如，如果有一个 shape 为 (3, 4) 的二维数组，这意味着数组有 3 行 4 列。

(2) 数据类型 (dtype)。dtype 属性指定了数组中元素的数据类型，如整数、浮点数、布尔值等。它能控制数组的内存占用和运算精度，确保数据类型一致。

(3) 大小 (size)。size 属性返回数组中元素的总数。比如，一个形状为 (3, 4) 的二维数组，其大小为 12。

(4) 维度 (ndim)。ndim 属性返回数组的维度数，即数组是几维的，用于判断数组的复杂度，帮助理解数据结构。比如，一个形状为 (3, 4, 5) 的三维数组，其维度数为 3。数组的维度和轴如图 9.1 所示。

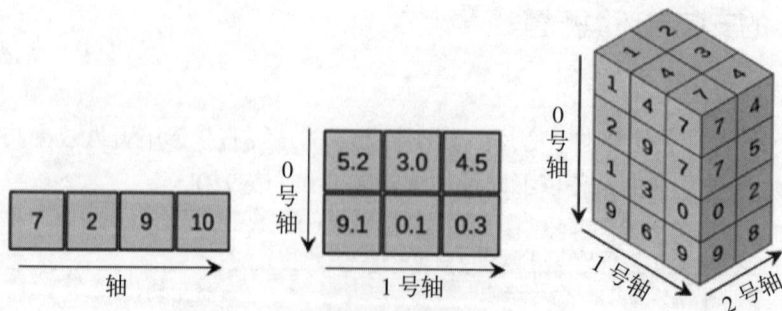

图 9.1　数组的维度和轴

(5) 步长 (strides)。strides 属性是一个元组，表示数组中每个维度上元素间的字节间隔。它主要用于底层优化和高级数组操作，如内存映射和切片操作。在默认情况下，对于一维数组，步长等于元素的大小；对于多维数组，步长反映了数组在内存中的布局。

(6) 缓冲区 (data)。data 属性是一个指向数组实际数据的内存地址的指针 (在 Python 中通常以 Python 对象的形式封装)。array.data 属性返回一个内存缓冲区对象，通常不直接用于普通操作。

(7) 基 (base)。如果数组是通过某些操作 (如切片、视图) 从另一个数组创建的，则 base 指向原始数组；否则为 None。

(8) 标志 (flags)。flags 属性是一个包含多个布尔值的对象，用于检查数组的状态，确保操作的有效性和安全性。它描述了数组的一些属性，如是否连续 (C_CONTIGUOUS)、是否对齐 (ALIGNED)、是否可写 (WRITEABLE) 等。

9.2.4　数组的常用操作

1. 创建 ndarray

(1) np.array( )。

应用场景：当需要将 Python 中的列表、元组等数据结构转换为 numpy 数组时，这个函数非常有用。转换后的数组可以进行高效的数学运算。

功能介绍：从现有的数据 (如列表或元组) 创建数组。它会将输入数据 (如列表、元组等) 转换为 NumPy ndarray 对象。可以通过指定 dtype 参数来设置数组的数据类型。

使用 array 函数创建数组的完整形式为 np.array(object, dtype=None, copy=True, order='K', subok=False, ndmin=0)。该函数可以将列表、元组、嵌套列表等序列类型的数据转换为数组。np.array( ) 参数解释如表 9.3 所示。

表 9.3　np.array( ) 参数解释

参数	说明
object	任何暴露数组接口方法的对象，或者任何 (嵌套) 序列
dtype	可选参数，指定返回数组的数据类型
copy	可选参数，默认为 True，表示复制数据。如果为 False，则只有在必要时才复制数据 (如数据已经被内存共享)
order	可选参数，"K" 表示保持元素在内存中的顺序，"C" 表示按行主序 (C 风格)，"F" 表示按列主序 (Fortran 风格)
subok	可选参数，默认为 False。如果为 True，则子类将被传递，否则返回的数组将被强制为基类 ndarray
ndmin	可选参数，默认为 0。指定返回数组的最小维度

(2) np.zeros( ) 和 np.ones( )。

应用场景：当需要初始化一个全零或全一的数组时，这两个函数非常便捷。它们常用于设置算法的起始条件或作为临时存储结构。

功能介绍：分别创建指定形状和类型的全零和全一数组。np.zeros( )，创建一个全零的数组，数组的形状和数据类型由参数指定；np.ones( )，创建一个全一的数组，数组的形状和数据类型同样由参数指定。

使用 zeros 和 ones 函数创建数组：np.zeros(shape, dtype=float, order='C')，创建一个指定形状和数据类型的数组，数组中的所有元素都为 0；np.ones(shape, dtype=None, order='C')，创建一个指定形状和数据类型的数组，数组中的所有元素都为 1。np.zeros( ) 和 np.ones( ) 参数解释如表 9.4 所示。

表 9.4   np.zeros() 和 np.ones() 参数解释

参数	说明
shape	整数或整数元组，表示数组的形状
dtype	可选参数，指定数组的数据类型
order	可选参数，"C"表示按行主序 (C 风格)，"F"表示按列主序 (Fortran 风格)

(3) np.arange()。

应用场景：当需要生成一个等差数列时，这个函数非常有用。它常用于生成索引数组或作为循环的计数器。

功能介绍：生成一个指定范围内的等差数列，数列的起始值、结束值、步长和数据类型均可由参数指定。

使用 arange 函数创建数组：np.arange([start,]stop, [step,]dtype=None)，类似 Python 内置的 range 函数，但返回的是一个数组。该函数生成一个等差数列。np.arange() 参数解释如表 9.5 所示。

表 9.5   np.arange() 参数解释

参数	说明
start	可选参数，序列的起始值，默认为 0
stop	序列的结束值，该值在生成的数组中不包含
step	可选参数，序列中每个元素之间的差，默认为 1
dtype	可选参数，指定返回数组的数据类型

(4) np.linspace() 和 np.logspace()。

应用场景：当需要生成等间隔或等比的数值序列时，使用这两个函数非常便捷。它们常用于数据采样或生成特定范围内的数值。

功能介绍：生成一个等间隔的数值数组。np.linspace() 在指定的区间内生成等间隔的数值序列，np.logspace() 在指定的对数区间内生成等比的数值序列。

使用 linspace() 和 logspace() 函数创建数组：np.linspace(start, stop, num=50, endpoint=True, retstep=False, dtype=None, axis=0)，在指定的区间内生成等间隔的数值；np.logspace(start, stop, num=50, endpoint=True, base=10.0, dtype=None, axis=0)，在指定的对数区间内生成等比的数值。np.linspace() 和 np.logspace() 参数解释如表 9.6 所示。

表 9.6   np.linspace() 和 np.logspace() 参数解释

参数	说明
start、stop	序列的起始值和结束值
num	可选参数，生成的样本数，默认为 50
endpoint	可选参数，布尔值，如果为 True，则序列中包含 stop 值；如果为 False，则不包含
retstep	可选参数，布尔值，如果为 True，则返回 (样本数组，步长)，其中步长是样本之间的间隔
dtype	可选参数，指定返回数组的数据类型
axis	可选参数，沿指定轴放置新值。默认是 0，即新的样本是沿着第一个轴放置的
base(仅在 logspace 中)	对数的底数，默认为 10

【例 9-1】使用不同方式创建数组。示例代码如下：

```
1    import numpy as np
2    # 使用 np.array 创建数组
3    arr = np.array([[1, 2], [3, 4]])
4    print(" 使用 np.array 创建的数组 :\n", arr)
5    # 使用 np.zeros 创建全零数组
6    zeros_arr = np.zeros((3, 4))
7    print(" 使用 np.zeros 创建的全零数组 :\n", zeros_arr)
8    # 使用 np.ones 创建全一数组
9    ones_arr = np.ones((2, 3))
10   print(" 使用 np.ones 创建的全一数组 :\n", ones_arr)
11   # 使用 np.arange 生成整数数组
12   arange_arr = np.arange(0, 10, 2)
13   print(" 使用 np.arange 生成的整数数组 :", arange_arr)
14   # 使用 np.linspace 生成等间隔数组
15   linspace_arr = np.linspace(0, 1, 5)
16   print(" 使用 np.linspace 生成的等间隔数组 :", linspace_arr)
```

运行结果如下：

```
使用 np.array 创建的数组 :
[[1 2]
 [3 4]]
使用 np.zeros 创建的全零数组 :
[[0. 0. 0. 0.]
 [0. 0. 0. 0.]
 [0. 0. 0. 0.]]
使用 np.ones 创建的全一数组 :
[[1. 1. 1.]
 [1. 1. 1.]]
使用 np.arange 生成的整数数组 : [0 2 4 6 8]
使用 np.linspace 生成的等间隔数组 : [0.   0.25 0.5  0.75 1.  ]
```

2. 访问数组元素

(1) 整数索引。

应用场景：当需要访问数组中的单个元素或一行元素时，整数索引非常有用，可精确地定位并访问数组中的元素。

功能介绍：使用整数索引来访问数组中的元素。对于一维数组，索引从 0 开始；对于二维数组，可以使用两个索引分别表示行和列。一维数组中，它返回指定位置的元素；二维数组中，返回指定行的所有元素。

使用方法：在一维数组中使用 arr[i] 访问元素，在二维数组中使用 arr[i, :] 访问第 i 行的所有元素。

【例 9-2】使用整数索引访问一维数组元素。示例代码如下：

```
1    import numpy as np
2    # 创建一个一维数组
3    arr_1d = np.array([1,2,3,4,5,6,7,8,9])
4    # 一维数组元素访问
5    print(" 一维数组第二个元素 :", arr_1d[1])
```

运行结果如下：

```
一维数组第二个元素 : 2
```

一维数组元素访问示意图如图 9.2 所示。

| 1 | 2 | 3 | 4 | 5 | 6 | 7 | 8 | 9 |

图 9.2　一维数组元素访问示意图

【例9-3】使用整数索引访问二维数组元素。示例代码如下：

```
1    import numpy as np
2    # 创建一个二维数组
3    arr_2d = np.array([[1,2,3], [4,5,6],[7,8,9]])
4    # 二维数组元素访问
5    print(" 二维数组第一行元素 :", arr_2d[0])
6    print(" 二维数组第一行第三列元素 :", arr_2d[0, 2])
```

运行结果如下：

```
二维数组第一行元素 : [1 2 3]
二维数组第一行第三列元素 : 3
```

二维数组元素访问示意图如图 9.3 所示。

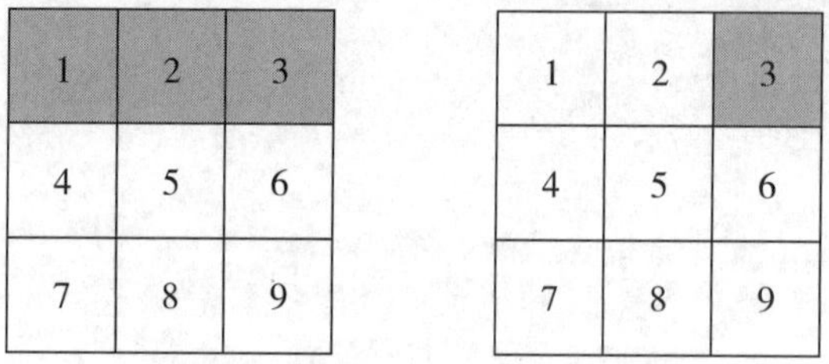

图 9.3　二维数组元素访问示意图

(2) 花式索引。

应用场景：当需要根据特定的索引列表来访问数组元素时，使用花式索引非常便捷，可使用整数数组或列表作为索引来选择元素。

功能介绍：使用整数数组或列表作为索引来选择数组中的元素。一维数组中，返回索引对应位置的元素；二维数组中，返回指定行或列的元素。

使用方法：使用整数数组或列表作为索引来选择元素。一维数组中，返回索引对应位置的元素；二维数组中，返回指定行或列的元素 (取决于索引的维度)。

【例9-4】使用花式索引访问元素。示例代码如下：

```
1    import numpy as np
2    # 创建一个一维数组
3    arr_1d = np.array([1,2,3,4,5,6,7,8,9])
4    # 花式索引
5    indices = [0, 2, 4]
6    selected_elements = arr_1d[indices]
7    print(" 使用花式索引选择的元素 :", selected_elements)
```

运行结果如下：

```
使用花式索引选择的元素 : [1 3 5]
```

花式索引元素访问示意图如图 9.4 所示。

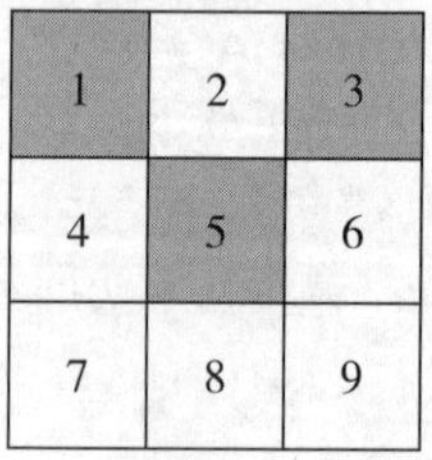

(3) 布尔索引。

应用场景：当需要根据条件来筛选数组元素时，布尔索引非常有用——可以使用布尔数组作为索引来筛选满足条件的元素。

功能介绍：使用布尔数组作为索引来筛选满足条件的元素。布尔数组中的 True 位置表示要选择的元素。

使用方法：根据条件生成布尔数组，然后使用该数组进行索引。

图 9.4　花式索引元素访问示意图

【例 9-5】使用布尔索引访问元素。示例代码如下：

```
1    import numpy as np
2    # 创建一个一维数组
3    arr_1d = np.array([1,2,3,4,5,6,7,8,9])
4    # 布尔索引
5    condition = arr_1d > 3
6    selected_elements_bool = arr_1d[condition]
7    print(" 使用布尔索引选择的元素 :", selected_elements_bool)
```

运行结果如下：

```
使用布尔索引选择的元素 : [4 5 6 7 8 9]
```

布尔索引元素访问示意图如图 9.5 所示。

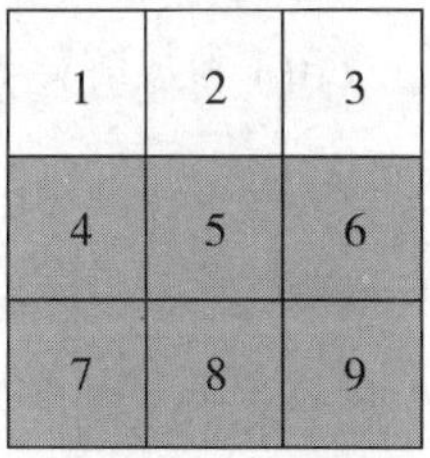

(4) 切片。

应用场景：当需要访问数组的一部分元素时，切片非常有用——可以指定开始、结束和步长来访问数组的子集。

功能介绍：通过指定起始、结束和步长来访问数组的连续子集。使用切片来访问数组的一部分元素。切片语法为 array[start:stop:step]，其中 start 是起始索引（包含），stop 是结束索引（不包含），step 是步长。

使用方法：切片允许访问数组的一部分元素。切片操作使用冒号 (:) 来指定开始、结束和步长（可选）。

图 9.5　布尔索引元素访问示意图

【例 9-6】使用切片访问元素，示例代码如下：

```
1     import numpy as np
2     # 创建一个一维数组
3     arr_1d = np.array([1,2,3,4,5,6,7,8,9])
4     # 创建一个二维数组
5     arr_2d = np.array([[1,2,3], [4,5,6],[7,8,9]])
6     # 一维数组切片
7     slice_arr_1d = arr_1d[1:4]
8     print(" 一维数组切片 :", slice_arr_1d)
9     # 二维数组切片
10    slice_arr_2d = arr_2d[0:2, 1:3]
11    print(" 二维数组切片 :\n", slice_arr_2d)
```

运行结果如下：

```
一维数组切片 : [2 3 4]
二维数组切片 :
 [[2 3]
 [5 6]]
```

一维数组、二维数组切片示意图分别如图 9.6、图 9.7 所示。

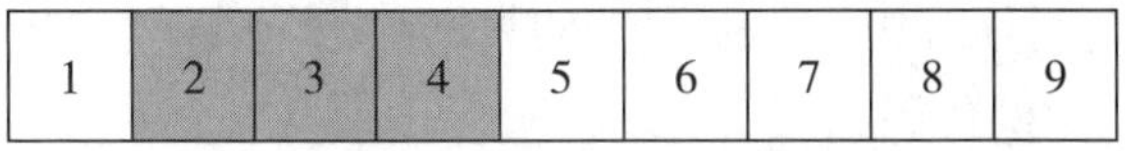

图 9.6　一维数组切片示意图

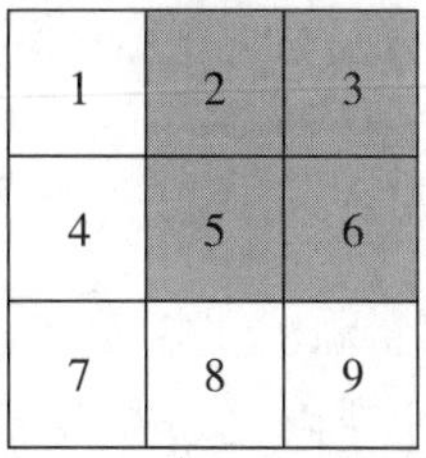

图 9.7　二维数组切片示意图

3. 数组的常用操作

(1) 排序。排序是指对数组中的元素进行排序，以便按升序或降序排列。

应用场景：当需要对数组进行排序时，NumPy 提供了多种排序函数，可对数组进行升序或降序排序，并可以指定排序的轴。

功能介绍：使用 np.sort() 函数或对 np.argsort() 函数数组进行排序，可指定排序的轴和排序算法，二维数组可沿指定轴进行排序。

① np.sort() 函数可以对数组进行排序。

np.sort(a, axis=−1, kind='quicksort', order=None)：对数组进行排序。

sort(axis=−1, kind='quicksort', order=None)：就地排序 (不返回副本)。

np.sort() 参数解释如表 9.7 所示。

表 9.7　np.sort() 参数解释

参数	说明
a	要排序的数组
axis	可选参数，指定沿哪个轴进行排序，默认是最后一个轴
kind	可选参数，排序算法的选择，默认为 "quicksort"
order	可选参数，如果 a 是结构数组，则指定字段名称的排序顺序

np.sort() 函数会对数组进行排序，并返回排序后的数组 (或者就地排序，如果使用了 a.sort() 方法)。首先来看 np.sort() 函数的例子。

【例 9-7】使用 np.sort() 函数进行排序，示例代码如下：

```
1    import numpy as np
2    # 创建一个一维数组
3    a = np.array([3, 1, 4, 1, 5, 9, 2, 6, 5, 3, 5])
4    # 使用 np.sort() 函数对数组进行排序
5    sorted_a = np.sort(a)
6    print(" 原始数组 :")
7    print(a)
8    print(" 排序后的数组 :")
9    print(sorted_a)
```

运行结果如下：

```
原始数组 :
[3 1 4 1 5 9 2 6 5 3 5]
排序后的数组 :
[1 1 2 3 3 4 5 5 5 6 9]
```

> 注意：np.sort() 函数返回了一个新的排序后的数组，而原始数组 a 保持不变。

接下来看 a.sort() 方法的例子，它会就地排序数组，不返回新的数组。

【例 9-8】使用 a.sort() 函数进行排序，示例代码如下：

```
1    import numpy as np
2    # 创建一个一维数组
3    a = np.array([3, 1, 4, 1, 5, 9, 2, 6, 5, 3, 5])
4    # 使用 a.sort() 方法就地排序数组
```

```
5        a.sort()
6        print(" 排序后的数组 ( 就地排序 ):")
7        print(a)
```

运行结果如下：

```
排序后的数组 ( 就地排序 ):
[1 1 2 3 3 4 5 5 5 6 9]
```

在这个例子中，数组 a 被直接排序了，没有返回新的数组。这就是 np.sort( ) 函数和 a.sort( ) 方法之间的主要区别。另外，这两个函数 / 方法都可以接受 axis、kind 和 order 参数来指定排序的轴、算法和顺序，就像之前解释的那样。

② np.argsort( ) 函数可以获得排序后元素的索引。

np.argsort(a, axis=−1, kind='quicksort', order=None)：用于获得排序后元素的索引。

np.argsort 不直接对数组进行排序，而是返回一个索引数组，这些索引指向原数组中的元素，这些元素在排序后的数组中是按升序排列的。np.argsort( ) 参数解释如表 9.8 所示。

表 9.8　np.argsort( ) 参数解释

参数	说明
a	要获取排序索引的数组
axis	可选参数，指定沿哪个轴进行排序，默认是最后一个轴
kind	可选参数，排序算法的选择，默认为 "quicksort"
order	可选参数，如果 a 是结构数组，则指定字段名称的排序顺序

【例 9-9】金融领域示例：假设有一个公司的季度销售额数组 (单位：万元)，现在要对其进行排序，以找出销售额最高的季度。示例代码如下：

```
1    import numpy as np
2    # 季度销售额
3    quarterly_sales = np.array([250, 300, 200, 250])
4    # 对季度销售额进行排序
5    sorted_sales = np.sort(quarterly_sales)
6    print(sorted_sales)
7    # 输出 : [200 250 250 300]
8    # 找出销售额最高的季度的索引
9    highest_sales_index = np.argmax(quarterly_sales)
10   print(highest_sales_index)
11   # 输出 : 1( 索引从 0 开始，表示第二季度销售额最高 )
```

运行结果如下：

```
[200 250 250 300]
1
```

(2) 检索数组元素。检索数组元素是指从数组中查找并返回满足特定条件的元素。

应用场景：当需要根据条件检索数组元素时，NumPy 提供了多种检索函数，可根据条件筛选元素，并返回满足条件的元素的索引或值。

功能介绍：使用 np.where( ) 函数根据条件检索数组元素，返回满足条件的元素的索引或值，还可使用 np.argmax( ) 和 np.argmin( ) 函数找到最大或最小元素的索引。

【例 9-10】金融领域示例：假设有一个公司的年度利润数组 (单位：万元)，现在要找出利润超过 150 万元的年份。示例代码如下：

```
1    import numpy as np
2    # 年度利润数组
3    profits = np.array([100, 150, 200, 250])
4    # 找出利润超过 150 万元的年份的索引
5    indices = np.where(profits > 150)
6    print(indices)
7    # 输出：(array([2, 3]),)
8    # 找出利润超过 150 万元的年份的利润值
9    high_profits = profits[indices]
10   print(high_profits)
11   # 输出：[200 250]
```

运行结果如下：

```
(array([2, 3], dtype=int64),)
[200 250]
```

(3) 元素唯一化。元素唯一化是指从数组中删除重复的元素，只保留唯一的元素，同时需要注意的是在保持元素顺序的同时删除重复元素。

应用场景：当需要去除数组中的重复元素时，元素唯一化非常有用，可以获取数组中的唯一元素，也可以返回这些元素在原始数组中的索引。

功能介绍：使用 np.unique() 函数获取数组中的唯一元素。可以返回唯一元素在原始数组中的索引和每个唯一元素出现的次数。例如，np.unique(ar,return_index=False,return_inverse=False,return_counts=False, axis=None) 返回输入数组中的唯一元素。

np.argsort() 参数解释如表 9.9 所示。

表 9.9　np.argsort() 参数解释

参数	说明
ar	输入数组
return_index	可选参数，如果为 True，则返回唯一元素在输入数组中的索引
return_inverse	可选参数，如果为 True，则返回输入数组可以通过唯一数组及其索引重构
return_counts	可选参数，如果为 True，则返回唯一元素在输入数组中出现的次数
axis	可选参数，指定沿哪个轴进行操作，默认是对扁平化的数组进行操作

【例 9-11】金融领域示例：假设有一个公司的股票代码数组，现在要找出所有唯一的股票代码。示例代码如下：

```
1    import numpy as np
2    # 股票代码数组
3    stock_codes = np.array(['AAPL', 'GOOGL', 'AAPL', 'MSFT', 'GOOGL', 'AMZN'])
4    # 找出所有唯一的股票代码
5    unique_stock_codes = np.unique(stock_codes)
6    print(unique_stock_codes)
```

运行结果如下：

```
['AAPL' 'AMZN' 'GOOGL' 'MSFT']
```

(4) 数组的转置。数组的转置是指将数组的行和列互换。

应用场景：当需要改变数组的轴顺序时，数组的转置非常有用，可将数组的行和列进行交换，从而改变数组的形状和维度。

功能介绍：使用 .T 属性或 np.transpose() 函数对数组进行转置。二维数组，可使用 .T 属性进行转置，多维数组使用 np.transpose( ) 函数可指定转置的轴顺序。

【例 9-12】金融领域示例：假设有一个公司的年度销售额和利润组成的二维数组（单位：万元），现在要将其转置，以便按年份查看销售额和利润。示例代码如下：

```
1    import numpy as np
2    # 年度销售额和利润组成的二维数组
3    sales_profits = np.array([[100, 200], [150, 250], [200, 300], [250, 350]])
4    # 每一行代表一个年度，第一列是销售额，第二列是利润
5    # 对数组进行转置
6    transposed_sales_profits = sales_profits.T
7    print(transposed_sales_profits)
```

转置后，每一列代表一个年度，第一行是销售额，第二行是利润。

运行结果如下：

```
[[100 150 200 250]
 [200 250 300 350]]
```

9.2.5 数组运算与广播机制

1. 数组与标量的运算

数组与标量的运算是指数组中的每个元素都与一个标量（一个单独的数）进行运算，即标量会被"扩展"以匹配数组的形状。

应用场景：当需要将一个标量应用到数组的每个元素上时，数组与标量的运算非常有用。数组与标量的运算可以快速地对数组的每个元素进行相同的运算。

功能介绍：将标量应用到数组的每个元素上（如加法、减法、乘法、除法等）。当数组与标量进行运算时，标量会被广播到与数组相同的形状，然后与数组的每个元素进行运算。

运算结果是一个新的数组，其形状与原数组相同。

【例 9-13】金融领域示例：假设有一个公司的年度利润数组（单位：万元），现在要计算每个年度利润增加 10% 后的新利润。示例代码如下：

```
1    import numpy as np
2    # 年度利润数组
3    profits = np.array([100, 150, 200, 250])
4    # 计算每个年度利润增加 10% 后的新利润
5    new_profits = profits * 1.10
6    print(new_profits)
```

运行结果如下：

```
[110. 165. 220. 275.]
```

2. 形状相同的数组间运算

形状相同的数组间运算是指两个或多个形状相同的数组在进行元素级的运算时，对应位置的元素会进行相应的运算（如加法、减法、乘法、除法等）。

应用场景：当需要对两个形状相同的数组进行逐元素的运算时，向量化运算非常有用。它允许避免显式地编写循环，从而提高运算效率。

功能介绍：当两个形状相同的数组进行运算时，NumPy 会对这两个数组的对应元素进行逐个运算。

运算结果是一个新的数组，其形状与原数组相同。

【例 9-14】金融领域示例：假设有两个公司的年度销售额数组（单位：万元），现在要计算它们的年度销售额之和。示例代码如下：

```
1    import numpy as np
2    # 两家公司的年度销售额数组
3    sales_company_a = np.array([100, 150, 200, 250])
4    sales_company_b = np.array([50, 75, 100, 125])
5    # 计算两家公司的年度销售额之和
6    total_sales = sales_company_a + sales_company_b
7    print(total_sales)
```

运行结果如下：

```
[150 225 300 375]
```

3. 形状不同的数组间运算

形状不同的数组间运算涉及广播机制，允许 NumPy 在执行算术运算时使用不同形状的数组。

应用场景：当需要对形状不同的数组进行运算时，广播机制非常有用。

功能介绍：利用广播机制对形状不同的数组进行运算。

广播机制有两个法则：法则 1，广播机制允许较小的数组在与较大数组进行运算时"扩展"其形状，以匹配较大数组的形状；法则 2，为了使广播有效，数组的某个轴的长度要么相同，要么其中一个的长度为 1。

【例 9-15】金融领域示例：假设有一个公司的季度销售额数组（单位：万元），现在想将其与年度销售额（单位：万元）进行比较，计算每个季度的销售额占全年销售额的比例。示例代码如下：

```
1    import numpy as np
2    # 年度销售额
3    annual_sales = np.array([1000])            # 形状为 (1,)
4    # 季度销售额
5    quarterly_sales = np.array([250, 300, 200, 250])   # 形状为 (4,)
6    # 计算每个季度的销售额占全年销售额的比例
7    sales_ratio = quarterly_sales / annual_sales
8    print(sales_ratio)
```

运行结果如下：

```
[0.25 0.3 0.2 0.25]
```

9.3 Pandas 库的使用

Pandas 是 Python 编程语言中用于数据操作和分析的开源库，由 Wes McKinney 于 2008 年开发，最初应用于金融量化交易领域。其名称源自 "Python Data Analysis" 的缩写，同时与计量经济学中的"面板数据"(panel data) 概念相关。Pandas 的诞生旨在解决金融数据分析中复杂的结构化数据处理问题，如时间序列分析、数据清洗和聚合计算。随着开源社区的推动，Pandas 迅速成为 Python 数据科学生态系统的核心工具，广泛应用于金融、社会科学、工程等多个领域。

9.3.1 Pandas 的核心特性

1. Pandas 发展背景

自 2009 年开源后, Pandas 由 PyData 团队持续维护, 并与 NumPy、Matplotlib 等库深度集成, 形成了 Python 数据分析的"三剑客"生态。其设计目标是为 Python 提供高性能、灵活且易用的数据结构, 简化从数据加载、清洗到分析的全流程。Pandas 支持从 CSV、Excel、SQL 数据库到 HDF5 等多种数据源的无缝对接, 极大地提升了数据处理的效率。

2. 核心特性解析

Pandas 是 Python 中一个强大的数据分析工具库, 它提供了两种核心数据结构: Series 和 DataFrame。Series 是一种一维标签化数组, 能存储整数、字符串、浮点数等任何数据类型, 基于标签的快速数据访问和操作, 特别适用于时间序列数据处理。DataFrame 则是一种二维标签化数据结构, 类似于电子表格或 SQL 表, 支持复杂的数据操作和分析, 支持分组、聚合、筛选和排序等复杂数据操作, 且便于数据可视化。

【拓展阅读 9-2】Pandas 的核心特性

Pandas 核心特性解析如表 9.10 所示。Pandas 的这些核心特性使其成为数据科学、机器学习和数据分析领域不可或缺的工具。通过掌握 Pandas 的核心特性, 用户可以更高效地进行数据处理和分析, 从而更深入地挖掘数据价值。

表 9.10 Pandas 核心特性解析

特性	定义与用途	性能优势
Series 数据结构	一维标签化数组, 能够存储任何数据类型(整数、字符串、浮点数等)	提供了基于标签的快速数据访问和操作功能, 便于处理时间序列数据
DataFrame 数据结构	二维标签化数据结构, 类似于电子表格或 SQL 表	支持复杂的数据操作和分析, 如分组、聚合、筛选和排序等, 易于数据可视化
向量化运算	Pandas 支持向量化运算, 即对 DataFrame 或 Series 中的元素进行批量操作	避免了 Python 循环的低效性, 提高了运算速度, 简化了代码编写
数据整合	提供了灵活的数据合并和连接功能, 支持多种方式的数据整合	便于将不同来源的数据整合到一起, 形成统一的数据集进行分析
时间序列支持	内置时间序列数据类型, 支持时间序列数据的创建、操作和可视化	简化了时间序列数据的处理和分析, 提高了时间相关数据的准确性
缺失值处理	提供了丰富的缺失值处理功能, 如填充、删除和插值等	增强了数据的完整性和可靠性, 减少了因缺失值产生的数据分析误差

9.3.2 Pandas 的安装与环境配置

1. 安装方式对比

Pandas 作为 Python 中强大的数据分析工具库, 其安装方式的选择同样直接影响开发效率与环境兼容性。根据用户需求和开发环境差异, 本书推荐以下三种主流安装方式, 三种安装方式对比如表 9.11 所示。

【拓展阅读 9-3】Pandas 的安装方式

表 9.11　Pandas 安装方式对比

安装方式	命令示例	适用场景
pip 安装	pip install pandas	通用 Python 环境，适用于大多数 Python 用户和项目
Conda 安装	conda install pandas	Anaconda 发行版环境，适用于需要管理多个 Python 环境和包的用户
源码编译	git clone https://github.com/pandas-dev/pandas.git	需要定制化优化或对 Pandas 源码进行修改的用户

　　三种安装方式在易用性、环境适配、性能优化等方面各有侧重。对于初学者和大多数标准项目，建议优先选用 pip 或 conda 安装以快速搭建开发环境；而对于有定制化需求或源码修改需求的进阶用户，源码编译安装则是更合适的选择。读者可结合实际情况选择最优方案。

2. 环境验证与调试

验证安装：

在 Python 中导入 Pandas 并打印版本号：

```
>>> import pandas as pd
>>> print(pd.__version__)                          # 输出版本号 ( 如 2.1.0)
2.1.0
```

依赖检查：

确保 NumPy 等依赖库已安装：

```
>>> pip list | grep numpy
```

常见错误的处理：

ImportError：检查 Python 路径或虚拟环境是否激活。

版本冲突：使用 conda create -n env_name pandas=1.5.3 创建指定版本环境。

安装失败：尝试使用国内镜像源：

```
>>> pip install pandas –i https://pypi.tuna.tsinghua.edu.cn/simple
```

9.3.3　Pandas 核心数据结构 Series 与 DataFrame

　　Pandas 是 Python 中非常强大的数据处理库，尤其适用于财经数据分析。它提供了两种基本的数据结构：Series 和 DataFrame。这两种数据结构在处理和分析数据时非常高效。下面将详细介绍这两种数据结构。

1. Series

　　Series 是 Pandas 中的一种一维数据结构，它类似于 Python 中的列表 (list) 或 NumPy 中的一维数组 (ndarray)。Series 由索引和值两部分组成，其中索引用于唯一标识数据集中的每个元素，而值则存储了实际的数据。Series 的索引可以是整数、浮点数、字符串或日期时间等类型，这使得 Series 在处理时间序列数据、数据预处理等场景中非常有用。Series 的结构如图 9.8 所示。

　　除了基本的访问和修改操作，Series 还支持丰富的数学运算和统计函数。可以对 Series 中的元素进行加法、减法、乘法、除法等运算，还可以计算平均值、中位数、标准差等统计量。此外，Series 还提供了丰富的字符串处理

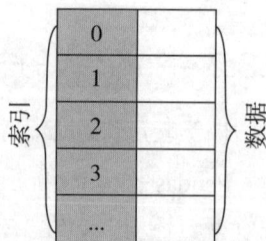

图 9.8　Series 的结构

方法，如字符串连接、字符串替换、字符串匹配等，这使得其在处理文本数据时更加便捷。

Series 的属性和方法如表 9.12 所示。

表 9.12　Series 的属性和方法

参数	说明
index	返回 Series 的索引
values	返回 Series 的值，以 numpy 数组的形式
dtype	返回 Series 中数据的类型
head(n)	返回 Series 的前 n 个元素
tail(n)	返回 Series 的后 n 个元素
describe( )	提供 Series 的简要统计描述，包括计数、平均值、标准差、最小值、四分位数和最大值等

2. DataFrame

DataFrame 是 Pandas 中的一种二维数据结构，它类似于 Excel 中的表格或 SQL 数据库中的表。DataFrame 是一个二维的、表格型的数据结构，可以看作由多个 Series 组成。它包含行索引和列索引，每列可以是不同的数据类型 (数值、字符串、布尔值等)。DataFrame 的结构如图 9.9 所示。

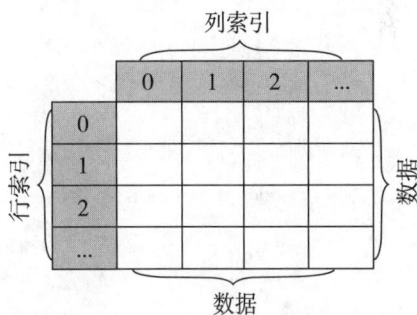

图 9.9　DataFrame 的结构

在创建 DataFrame 时，可以直接传入一个嵌套列表或字典作为数据，并指定一个可选的列名列表和索引列表。通过 DataFrame，可以方便地访问、修改和计算数据，还可以进行切片操作以选择子集。

除了基本的访问和修改操作，DataFrame 还支持丰富的数学运算和统计函数。可以对 DataFrame 中的元素进行逐元素运算、按行或按列运算，还可以计算平均值、中位数、标准差等统计量。此外，DataFrame 还提供了丰富的数据清洗和预处理功能，如处理缺失值、转换数据类型、重命名列等。这使得 DataFrame 在处理复杂数据集时更加高效和便捷。

DataFrame 有两层索引：行索引 (index) 和列索引 (columns)。行索引用于唯一标识 DataFrame 中的每行，列索引用于唯一标识每列。默认情况下，Pandas 会为 DataFrame 自动分配一个从 0 开始的整数行索引，并基于传入的数据结构 (如字典的键、列表的索引等) 生成列索引。

DataFrame 的值是通过传递一个二维数组、列表的列表、字典的列表或字典的字典等数据结构来创建的。

DataFrame 的属性和方法如表 9.13 所示。

表 9.13　DataFrame 的属性和方法

参数	说明
index	返回 DataFrame 的行索引
columns	返回 DataFrame 的列索引
values	返回 DataFrame 的值，以 numpy 数组的形式

（续表）

参数	说明
dtypes	返回 DataFrame 中每列的数据类型
head(*n*)	返回 DataFrame 的前 *n* 行
tail(*n*)	返回 DataFrame 的后 *n* 行
describe( )	提供 DataFrame 中数值列的简要统计描述
info( )	打印 DataFrame 的简要摘要信息，包括每列的非空值计数和数据类型

9.3.4 Series 与 DataFrame 的创建、索引和排序

1. 创建 Series

可以通过多种方式创建 Series，包括列表、numpy 数组、字典、指定索引等。

(1) 通过列表或 numpy 数组创建：使用列表创建 Series，pd.Series([1, 2, 3, 4, 5]); 使用 numpy 数组创建 Series，pd.Series(np.array([10, 20, 30, 40, 50]))。

【例 9-16】通过列表或 numpy 数组创建 Series。示例代码如下：

```
1    import pandas as pd
2    # 使用列表创建 Series
3    series1 = pd.Series([1, 2, 3, 4])
4    print(series1)
5    # 使用 numpy 数组创建 Series
6    import numpy as np
7    series2 = pd.Series(np.array([1, 2, 3, 4]))
8    print(series2)
```

运行结果如下：

```
0    1
1    2
2    3
3    4
dtype: int64
0    1
1    2
2    3
3    4
dtype: int32
```

(2) 通过字典创建 Series 时，可以选择字典的键作为索引，如 pd.Series({'a': 1, 'b': 2, 'c': 3})。

【例 9-17】通过字典创建 Series。示例代码如下：

```
1    import pandas as pd
2    # 使用字典创建 Series，字典的 key 作为索引
3    data = {'a': 1, 'b': 2, 'c': 3, 'd': 4}
4    series3 = pd.Series(data)
5    print(series3)
```

运行结果如下：

```
a    1
b    2
c    3
d    4
dtype: int64
```

(3) 指定索引创建 Series 是在使用字典创建 Series 时，指定一个不同的索引列表，如 pd.Series({'a': 1,

'b': 2, 'c': 3}, index=['a', 'b', 'd'])。

【例 9-18】通过指定索引创建 Series。示例代码如下：

```
1    import pandas as pd
2    # 指定索引创建 Series
3    series4 = pd.Series([1, 2, 3, 4], index=['a', 'b', 'd', 'c'])
4    print(series4)
```

运行结果如下：

```
a    1
b    2
d    3
c    4
dtype: int64
```

2. 创建 DataFrame

可以使用多种方式创建 DataFrame，包括列表、字典等。

(1) 通过列表的列表创建 DataFrame，如 pd.DataFrame([[1, 2], [3, 4], [5, 6]])。

【例 9-19】通过二维数组或列表创建 DataFrame。示例代码如下：

```
1    import numpy as np
2    import pandas as pd
3    # 使用二维数组创建 DataFrame
4    array = np.random.randn(5, 4)
5    df1 = pd.DataFrame(array)
6    print(df1.head())
7    # 使用二维列表创建 DataFrame
8    list_data = [[1, 2, 3, 4], [5, 6, 7, 8], [9, 10, 11, 12]]
9    df2 = pd.DataFrame(list_data)
10   print(df2)
```

运行结果如下：

```
          0         1         2         3
0 -0.283543  0.280002 -0.236162  0.200688
1  0.621456  2.424763  0.280692 -0.814912
2  0.420620 -0.320921  0.216384  1.110688
3 -0.657629  1.680744  0.245112 -0.317486
4 -1.184784 -1.724846  1.573177 -2.078245
   0   1   2   3
0  1   2   3   4
1  5   6   7   8
2  9  10  11  12
```

(2) 使用字典的列表创建 DataFrame，如 pd.DataFrame([{'name': 'Alice', 'age': 25}, {'name': 'Bob', 'age': 30}])。

使用字典的字典创建 DataFrame 时，字典的键将成为列名，而字典的值将构成行：pd.DataFrame({'name': ['Alice', 'Bob'], 'age': [25, 30]})。但需要注意，这种方式要求所有字典具有相同的键集。

【例 9-20】通过字典创建 DataFrame。示例代码如下：

```
1    import pandas as pd
2    # 使用字典创建 DataFrame，字典的 key 作为列名
3    data = {'state': ['ok', 'ok', 'good', 'bad'], 'year': [2000, 2001, 2002, 2003], 'pop': [3.7, 3.6, 2.4, 0.9]}
4    df3 = pd.DataFrame(data)
5    print(df3)
6    # 指定列索引和行索引创建 DataFrame
7    df4 = pd.DataFrame(data, columns=['year', 'state', 'pop', 'debt'], index=['one', 'two', 'three', 'four'])
8    print(df4)
```

运行结果如下：

```
     state  year  pop
0     ok    2000  3.7
1     ok    2001  3.6
2    good   2002  2.4
3    bad    2003  0.9
       year   state  pop debt
one    2000    ok   3.7  NaN
two    2001    ok   3.6  NaN
three  2002   good  2.4  NaN
four   2003   bad   0.9  NaN
```

3. 数据索引

索引是 Python 中数据处理的核心机制之一，索引操作是 Pandas 中的核心功能之一，它允许快速访问、修改和切片数据。通过索引，可以高效地访问和操作数据。本部分将详细介绍索引对象、单层索引、分层索引以及重新索引的概念和操作，并通过财经类的例子来使读者加深理解。

(1) 索引对象。Pandas 中的索引对象 (Index) 是一个独立的数据结构，它用于存储行或列的标签。索引对象可以是整数、字符串、日期时间等类型。可以使用索引对象来创建 Series 或 DataFrame 的索引。例如，可以创建一个包含日期时间索引的 Series，其中索引为连续的日期时间值。通过索引对象，可以方便地进行与日期时间相关的操作，如日期时间的加减、日期时间的比较等。

可以使用 pd.Index 函数从列表、数组等创建索引对象，如 index = pd.Index([1, 2, 3, 4, 5]) 或 index = pd.Index(['a', 'b', 'c', 'd', 'e'])。

索引对象的属性和方法如下。

values：返回索引对象的值。

dtype：返回索引对象的数据类型。

is_unique：检查索引对象中的标签是否唯一。

get_loc(label)：返回指定标签在索引对象中的位置。

slice_locs(start, end)：返回指定切片范围在索引对象中的起始和结束位置。

可以通过传递列表、元组、数组等可迭代对象来创建 Index 对象。

Index 对象的基本属性包括 values(索引值)、names(索引名称)、is_unique(是否唯一) 等。

【例 9-21】创建 Index 对象。示例代码如下：

```
1    import pandas as pd
2    # 创建 Index 对象
3    index1 = pd.Index([1, 2, 3, 4, 5])
4    print(index1)
5    # 输出：Int64Index([1, 2, 3, 4, 5], dtype='int64')
6    # 创建带有名称的 Index 对象
7    index2 = pd.Index(['A', 'B', 'C', 'D'], name=' 字母 ')
8    print(index2)
9    # 输出：Index(['A', 'B', 'C', 'D'], dtype='object', name=' 字母 ')
10   # 检查索引是否唯一
11   index3 = pd.Index([1, 2, 2, 4, 5])
12   print(index3.is_unique)
13   # 输出：False
```

运行结果如下：

```
Int64Index([1, 2, 3, 4, 5], dtype='int64')
```

Index(['A', 'B', 'C', 'D'], dtype='object', name=' 字母 ')
False

(2) 索引的基本操作。

【例 9-22】获取索引和值。示例代码如下：

```
1    import pandas as pd
2    # 指定索引创建 Series
3    series4 = pd.Series([1, 2, 3, 4], index=['a', 'b', 'd', 'c'])
4    # 获取索引
5    index = series4.index
6    print(index)
7    # 获取值
8    values = series4.values
9    print(values)
```

运行结果如下：

```
Index(['a', 'b', 'd', 'c'], dtype='object')
[1 2 3 4]
```

【例 9-23】通过索引修改元素。示例代码如下：

```
1    import pandas as pd
2    # 指定索引创建 Series
3    series4 = pd.Series([1, 2, 3, 4], index=['a', 'b', 'd', 'c'])
4    series4['d'] = 6
5    print(series4)
```

运行结果如下：

```
a    1
b    2
d    6
c    4
dtype: int64
```

【例 9-24】通过布尔索引访问值。示例代码如下：

```
1    import pandas as pd
2    # 指定索引创建 Series
3    series4 = pd.Series([1, 2, 3, 4], index=['a', 'b', 'd', 'c'])
4    series4['d'] = 6
5    # 布尔索引
6    filtered_series = series4[series4 > 2]
7    print(filtered_series)
```

运行结果如下：

```
d    6
c    4
dtype: int64
```

【例 9-25】通过布尔索引检查索引是否存在，若存在返回 True，若不存在返回 False。示例代码
如下：

```
1    import pandas as pd
2    # 指定索引创建 Series
3    series4 = pd.Series([1, 2, 3, 4], index=['a', 'b', 'd', 'c'])
4    print('b' in series4)                              # 索引存在
5    print('e' in series4)                              # 索引不存在
```

运行结果如下：

```
True
False
```

(3) 使用单层索引访问数据。单层索引是指只有一层索引的情况。在 Pandas 中，Series 和 DataFrame

都可以使用单层索引来访问数据。对于 Series，单层索引就是其唯一的索引；而对于 DataFrame，单层索引可以是指定列名或行索引来访问数据。

可以使用单层索引来访问 Series 或 DataFrame 中的单个元素、多个元素或子集。例如，在 Series 中，可以使用索引标签来访问单个元素；在 DataFrame 中，可以使用列名和行索引来访问单个元素或子集。此外，还可以使用切片操作来选择连续的元素或子集。

通过单层索引，可以方便地进行数据的访问、修改和计算操作。例如，可以根据索引标签来更新 Series 或 DataFrame 中的元素值；可以根据条件筛选数据以选择满足条件的子集，还可以对选中的数据进行数学运算或统计计算等操作。

访问 Series 中的数据：

可以使用索引标签或位置来访问 Series 中的元素。例如 $s[0]$ 或 $s['a']$，其中 s 是一个 Series 对象。

访问 DataFrame 中的数据：

可以使用行索引和列索引来访问 DataFrame 中的单个元素、行或列。例如 df.loc[0, 'column_name'] 或 df.iloc[0, 0]，其中 df 是一个 DataFrame 对象。

.loc[] 方法使用标签进行索引，而 .iloc[] 方法使用整数位置进行索引。

【例 9-26】金融领域示例：假设有一个包含某公司不同年份销售额的 DataFrame，其中索引为年份，数据列为销售额和利润。

> **分析：** 在这个例子中，可以通过单层索引快速访问某一年份的销售额和利润，或者获取一个时间段的销售数据。

示例代码如下：

```
1    import pandas as pd
2    # 创建一个 DataFrame 对象
3    data = {
4        ' 销售额 ': [100, 200, 300, 400, 500],
5        ' 利润 ': [20, 40, 60, 80, 100]
6    }
7    df = pd.DataFrame(data, index=[2018, 2019, 2020, 2021, 2022])
8    print(df)
9    # 使用单层索引访问数据
10   print(df.loc[2020])
11   print(df.iloc[2])
12   # 切片操作
13   print(df.loc[2018:2021])
```

运行结果如下：

```
          销售额    利润
2018      100     20
2019      200     40
2020      300     60
2021      400     80
2022      500     100
          销售额    300
          利润      60
Name: 2020, dtype: int64
销售额       300
利润         60
Name: 2020, dtype: int64
```

	销售额	利润
2018	100	20
2019	200	40
2020	300	60
2021	400	80

(4) 使用分层索引访问数据。分层索引 (multiIndex) 是指具有两层或多层索引的情况。在 Pandas 中，DataFrame 可以使用分层索引来存储和访问多维数据。分层索引在内部使用了一个嵌套的索引结构，这使得我们可以方便地处理具有复杂结构的数据集。

可以使用分层索引来访问 DataFrame 中的元素、子集或切片。例如，可以根据两层索引标签来访问单个元素，可以根据一层索引标签来选择一整行或一整列的数据，还可以使用切片操作来选择连续的子集。

通过分层索引，可以更加灵活地处理多维数据。例如，可以根据一个或多个变量来分组数据，并对每个组进行统计计算或绘图等操作。此外，还可以使用分层索引来创建透视表或进行数据的重塑操作，以更好地满足分析需求。

【例 9-27】使用分层索引访问数据，包括访问特定行和列的数据。示例代码如下：

```
1    import pandas as pd
2    # 创建数据
3    data = {
4            'value': [10, 20, 30, 40]
5            }
6    # 创建多级索引 (MultiIndex)
7    index_tuples = [('A', 'x'), ('A', 'y'), ('B', 'x'), ('B', 'y')]
8    multi_index = pd.MultiIndex.from_tuples(index_tuples, names=['category', 'type'])
9    # 创建 DataFrame 并指定多级索引
10   df = pd.DataFrame(data, index=multi_index)
11   # 打印 DataFrame
12   print("Original DataFrame:")
13   print(df)
14   # 访问特定行 ( 如 'A' 类别下的 'x' 类型 )
15   row = df.loc[('A', 'x')]
16   print("\nAccessing specific row ('A', 'x'):")
17   print(row)
18   # 访问多个行 ( 如所有 'x' 类型的数据 )
19   rows = df.xs('x', level='type')
20   print("\nAccessing multiple rows (all 'x' types):")
21   print(rows)
22   # 访问特定列 ( 在这个例子中只有一个列，但可以扩展到多个列 )
23   column_data = df['value']
24   print("\nAccessing specific column ('value'):")
25   print(column_data)
26   # 访问特定行和列的交集 ( 如 'A' 类别下 'x' 类型的 'value' 列 )
27   specific_value = df.at[('A', 'x'), 'value']
28   print("\nAccessing specific intersection of row and column ('A', 'x', 'value'):")
29   print(specific_value)
```

运行结果如下：

```
Original DataFrame:
               value
category type
A        x        10
         y        20
B        x        30
         y        40
Accessing specific row ('A', 'x'):
```

```
value       10
Name: (A, x), dtype: int64
Accessing multiple rows (all 'x' types):
          value
category
A          10
B          30
Accessing specific column ('value'):
category  type
A         x       10
          y       20
B         x       30
          y       40
Name: value, dtype: int64
Accessing specific intersection of row and column ('A', 'x', 'value'):
10
```

(5) 重新索引。重新索引 (reindex) 是指改变 DataFrame 或 Series 的索引标签的过程。通过重新索引，可以调整数据的顺序和结构，以便更好地满足分析需求。重新索引操作不会改变原始数据的内容，而是创建一个新的 DataFrame 或 Series 对象，其中包含了重新排列后的索引和数据。

在重新索引时，可以指定一个新的索引列表，该列表中的索引标签将用于重新排列数据。如果新索引列表中的某些标签在原始数据中不存在，则 Pandas 会将这些位置填充为 NaN(表示缺失值)。同样地，若原始数据中的某些索引标签在新索引列表中不存在，则 Pandas 会将这些数据从结果中删除。

通过重新索引，可以方便地对数据进行排序、筛选或填充缺失值等操作。例如，可以根据日期时间索引对数据进行排序，以便进行时间序列分析；可以根据某个变量的值来筛选数据，以选择满足条件的子集；还可以使用重新索引来填充缺失值，以提高数据的完整性和准确性。

重新索引 Series：

可以使用 reindex() 方法重新索引 Series。

例如 *s*.reindex([1, 2, 3, 4, 5, 6])，其中 *s* 是一个 Series 对象。若新的索引中存在原始索引中不存在的标签，则对应的值将被填充为 NaN(对于数值数据) 或相应的缺失值标记 (对于其他类型的数据)。

重新索引 DataFrame：

可以使用 reindex() 方法重新索引 DataFrame 的行和 / 或列。

使用 reindex 方法：

DataFrame.reindex(index=None, columns=None, ...)：重新排列 DataFrame 的行和列。

Series.reindex(index=None, ...)：重新排列 Series 的索引。

默认情况下，若新的索引或列标签在原始数据中不存在，则对应的值会被填充为 NaN。

reindex() 具体参数解释如表 9.14 所示。

表 9.14　reindex() 参数解释

参数	说明
fill_value	在重新索引时，用于指定不存在的索引或列标签的填充值
method	指定填充方法，如 ffill(向前填充) 或 bfill(向后填充)
level	用于多级索引 (MultiIndex) 时，指定在哪个级别上进行重新索引

【例 9-28】重新索引操作通常返回一个新的对象，原始对象不变。示例代码如下：

```
1    # 基本重新索引
2    import pandas as pd
3    import numpy as np
4    # 创建一个简单的 DataFrame
5    df = pd.DataFrame({
6        'A': [1, 2, 3],
7        'B': [4, 5, 6]
8    }, index=['a', 'b', 'c'])
9    # 重新索引
10   new_index = ['a', 'd', 'c', 'e']
11   new_df = df.reindex(index=new_index)
12   print(new_df)
```

运行结果如下：

```
     A      B
a    1.0    4.0
d    NaN    NaN
c    3.0    6.0
e    NaN    NaN
```

【例 9-29】重新索引并填充缺失值。示例代码如下：

```
1    import pandas as pd
2    # 创建一个简单的 DataFrame
3    df = pd.DataFrame({
4        'A': [1, 2, 3],
5        'B': [4, 5, 6]
6    }, index=['a', 'b', 'c'])
7    new_index = ['a', 'd', 'c', 'e']
8    new_df = df.reindex(index=new_index)
9    new_df_filled = df.reindex(index=new_index, fill_value=0)
10   print(new_df_filled)
```

运行结果如下：

```
     A    B
a    1    4
d    0    0
c    3    6
e    0    0
```

【例 9-30】重新索引列。示例代码如下：

```
1    import pandas as pd
2    import numpy as np
3    # 创建一个简单的 DataFrame
4    df = pd.DataFrame({
5        'A': [1, 2, 3],
6        'B': [4, 5, 6]
7    }, index=['a', 'b', 'c'])
8    # 重新索引
9    new_columns = ['X', 'Y']
10   new_df_cols = df.reindex(columns=new_columns)
11   print(new_df_cols)
```

运行结果如下：

```
     X      Y
a    NaN    NaN
b    NaN    NaN
c    NaN    NaN
```

4. 数据排序

数据排序是数据分析中的一项基本操作，它可以帮助读者更好地理解数据的分布和趋势。在 Pandas

库中，数据排序可以通过索引和值来实现。本节将详细介绍按索引排序和按值排序的概念和操作，并通过财经类的例子来帮助读者加深理解。

(1) 按索引排序。按索引排序是指根据 DataFrame 或 Series 的索引标签对数据进行排序的过程。在 Pandas 中，可以使用 sort_index 方法来实现按索引排序。该方法接收一个 ascending 参数，用于指定排序顺序 (默认为升序)。如果将 ascending 参数设置为 False，则可以实现降序排序。

通过按索引排序，可以方便地对数据进行整理和分析。例如，可以根据日期时间索引对数据进行排序，以便进行时间序列分析；可以根据某个分类变量的索引对数据进行排序，以便进行分组分析。按索引排序是指根据 DataFrame 或 Series 的索引进行排序。在 Pandas 中，可以使用 sort_index 方法来实现按索引排序。

sort_index 参数解释如表 9.15 所示。

表 9.15　sort_index 参数解释

参数	说明
ascending	用于设置排序顺序，默认为 True(升序)，设置为 False 时为降序
inplace	用于设置是否在原地修改数据，默认为 False(不修改)，设置为 True 时修改原数据

【例 9-31】对 DataFrame 进行排序操作，按照索引分别进行升序排序和降序排序。示例代码如下：

```
1    import pandas as pd
2    # 创建一个 DataFrame 对象
3    data = {
4    ' 销售额 ': [100, 200, 300, 400],
5    ' 利润 ': [20, 40, 60, 80]
6    }
7    index = ['D', 'A', 'C', 'B'] # 自定义索引
8    df = pd.DataFrame(data, index=index)
9    print(" 原始数据: ")
10   print(df)
11   # 按索引升序排序
12   df_sorted_asc = df.sort_index()
13   print("\n 按索引升序排序: ")
14   print(df_sorted_asc)
15   # 按索引降序排序
16   df_sorted_desc = df.sort_index(ascending=False)
17   print("\n 按索引降序排序: ")
18   print(df_sorted_desc)
```

运行结果如下：

```
原始数据:
        销售额        利润
D       100         20
A       200         40
C       300         60
B       400         80
按索引升序排序:
        销售额        利润
A       200         40
B       400         80
C       300         60
D       100         20
按索引降序排序:
        销售额        利润
D       100         20
```

C	300	60
B	400	80
A	200	40

（2）按值排序。按值排序是指根据 DataFrame 或 Series 中的某个或多个变量的值对数据进行排序的过程。在 Pandas 中，可以使用 sort_values 方法来实现按值排序。该方法接收一个或多个 by 参数，用于指定要排序的列名或索引标签。同时，sort_values 方法还接受一个 ascending 参数，用于指定排序顺序（默认为升序）。

通过按值排序，可以更好地观察和分析数据的分布和趋势。例如，可以根据学生的成绩对数据进行排序，以便找出成绩最好的学生；可以根据某个变量的值对数据进行排序，以便进行异常值检测或数据清洗等操作。

此外，sort_values 方法还支持对多个列进行排序。在这种情况下，可以传入一个列名列表作为 by 参数的值，并指定每个列的排序顺序（升序或降序）。这样，Pandas 就可以根据多个列的值对数据进行联合排序，以满足更复杂的分析需求。

sort_values 方法：用于根据值对数据进行排序，参数解释如表 9.16 所示。

表 9.16　sort_values 参数解释

参数	说明
by	用于指定排序的列
ascending	用于设置排序顺序，默认为 True（升序），设置为 False 时为降序
inplace	用于设置是否在原地修改数据，默认为 False（不修改），设置为 True 时修改原数据
kind	用于设置排序算法，默认为 quicksort，其他选项包括 mergesort 和 heapsort

【例 9-32】使用 sort_values() 方法对数据进行按值排序。示例代码如下：

```
1    import pandas as pd
2    # 创建一个 DataFrame 对象
3    data = {
4    ' 销售额 ': [100, 200, 300, 400],
5    ' 利润 ': [20, 50, 30, 80]
6    }
7    df = pd.DataFrame(data)
8    print(" 原始数据： ")
9    print(df)
10   # 按销售额升序排序
11   df_sorted_sales_asc = df.sort_values(by=' 销售额 ')
12   print("\n 按销售额升序排序： ")
13   print(df_sorted_sales_asc)
14   # 按利润降序排序
15   df_sorted_profit_desc = df.sort_values(by=' 利润 ', ascending=False)
16   print("\n 按利润降序排序： ")
17   print(df_sorted_profit_desc)
18   # 多列排序：先按销售额升序排序，再按利润降序排序
19   df_sorted_multi = df.sort_values(by=[' 销售额 ', ' 利润 '], ascending=[True, False])
20   print("\n 多列排序：先按销售额升序排序，再按利润降序排序 ")
21   print(df_sorted_multi)
```

运行结果如下：

```
原始数据：
     销售额      利润
0    100      20
```

```
1         200          50
2         300          30
3         400          80
按销售额升序排序:
          销售额       利润
0         100          20
1         200          50
2         300          30
3         400          80
按利润降序排序:
          销售额       利润
3         400          80
1         200          50
2         300          30
0         100          20
多列排序: 先按销售额升序排序, 再按利润降序排序
          销售额       利润
0         100          20
1         200          50
2         300          30
3         400          80
```

9.3.5 统计计算与统计描述

在数据分析中, 统计计算与统计描述是两个非常重要的方面。通过统计计算, 可以得到数据的各种统计量, 如平均值、中位数、标准差等; 而通过统计描述, 可以了解数据的分布特征、趋势和异常值等信息。Pandas 提供了丰富的统计计算与统计描述功能, 使得用户可以方便地对数据进行这些操作。

1. 统计计算

统计计算是统计学中的基础内容, 涉及数据的收集、整理、分析和解释。掌握基本的统计计算方法可以帮助读者理解经济数据、预测市场趋势和作出明智的决策。统计计算中的难点通常在于理解统计公式和方法背后的逻辑, 以及如何将这些方法应用于实际问题。

Pandas 提供了多种统计计算函数, 如 mean()、median()、std()、var() 等, 用于计算数据的平均值、中位数、标准差和方差等统计量。这些函数可以直接应用于 Series 或 DataFrame 对象, 并返回相应的统计结果。

除了基本的统计计算函数, Pandas 还支持对多个列进行统计计算。在这种情况下, 可以传入一个列名列表作为函数的参数值, 并指定一个 axis 参数来指定计算的轴向 (行或列)。这样, Pandas 就可以对每个列分别进行计算, 并返回一个包含所有统计结果的 Series 对象。

此外, Pandas 还提供了 describe 方法来生成数据的统计描述报告。该方法返回一个包含多个统计量的 DataFrame 对象, 包括计数、平均值、标准差、最小值、四分位数 (25%、50%、75%) 和最大值等。

(1) 均值计算。均值是描述数据集中位置的重要统计量。对于财经数据, 均值可以帮助了解某一经济指标的平均水平。

公式: 简单均值 $= (x_1 + x_2 + \cdots + x_n) / n$。

【例 9-33】假设某公司过去 5 个月的月销售额分别为 100 万元、120 万元、110 万元、130 万元、125 万元。计算其平均月销售额。示例代码如下:

```
1    sales = [100, 120, 110, 130, 125]
2    mean_sales = sum(sales) / len(sales)
3    print(mean_sales)
```

运行结果如下：

```
117.0
```

(2) 方差与标准差。方差和标准差用于描述数据的离散程度。在财经领域，这些指标可以帮助了解经济数据的波动情况。

公式：方差 $= \Sigma(x_i - 均值)^2 / n$。

标准差 $=$ 方差的平方根。

【例 9-34】继续使用上面的销售额数据，计算其方差和标准差。示例代码如下：

```
1    import math
2    sales = [100, 120, 110, 130, 125]
3    mean_sales = sum(sales) / len(sales)
4    variance = sum([(x - mean_sales)**2 for x in sales]) / len(sales)
5    std_deviation = math.sqrt(variance)
6    print(variance, std_deviation)
```

运行结果如下：

```
116.0 10.770329614269007
```

(3) 相关系数。相关系数用于衡量两个变量之间的线性关系强度和方向。在财经分析中，相关系数常用于评估不同经济指标之间的关联性。

公式：$r = \Sigma(x_i - x均值)(y_i - y均值) / [\Sigma(x_i - x均值)^2]$。

【例 9-35】假设某公司过去 5 个月的月销售额 (x) 和广告投入 (y) 分别为：

销售额：100 万元、120 万元、110 万元、130 万元、125 万元。

广告投入：20 万元、25 万元、22 万元、28 万元、26 万元。

计算其相关系数。示例代码如下：

```
1    import numpy as np
2    x = np.array([100, 120, 110, 130, 125])
3    y = np.array([20, 25, 22, 28, 26])
4    correlation = np.corrcoef(x, y)[0, 1]
5    print(correlation)
```

运行结果如下：

```
0.9945974753291075
```

2. 统计描述

统计描述是通过图表和统计量来概括和呈现数据集的特征的。掌握统计描述的方法可以帮助读者更有效地沟通和解释经济数据。统计描述的难点在于选择合适的图表类型和统计量来准确呈现数据特征，以及根据数据特征进行合理解读。

Pandas 的统计描述功能可以帮助用户理解数据的分布特征、趋势和异常值等信息。

Pandas 的 describe 方法是一个非常有用的工具，它能够生成一个包含多个统计量的摘要报告。这个方法默认计算的是数值型数据的统计量，如计数、平均值、标准差、最小值、四分位数 (25%、50%、75%) 和最大值等。对于分类数据，describe 方法则会提供计数、唯一值数量、众数和频率最高的几个值等信息。

此外，Pandas 还提供了 percentile 和 quantile 方法来计算数据的百分位数和四分位数。通过这些方法，用户可以更精细地了解数据的分布情况。例如，可以使用 percentile 方法计算数据的 10%、25%、50%、75% 和 90% 等百分位数，以了解数据的整体分布情况。

另外，Pandas 还提供了 mad 方法来计算数据的平均绝对离差 (mean absolute deviation)，这是一种衡量数据离散程度的统计量。与标准差相比，平均绝对离差对异常值更加稳健，因为它不涉及平方运算。

对于分类数据，Pandas 还提供了 mode 方法来计算数据的众数，即出现频率最高的值。这对于识别数据中的常见模式或类别非常有用。

通过结合这些统计描述方法，用户可以更全面地了解数据的特征和分布，从而为后续的数据分析和建模提供有力的支持。

9.4 数据可视化与绘图库 Matplotlib

Matplotlib 受 MATLAB 的启发构建而成。它由 John D. Hunter 博士在劳伦斯利弗莫尔国家实验室 (LLNL) 开发，最初旨在替代 MATLAB 的绘图功能，为科学计算社区提供开源解决方案。其名称 "Matplotlib" 结合了 "MATLAB" 和 "Python"，体现了其设计初衷——在 Python 环境中复现 MATLAB 的绘图能力并扩展更多功能。

9.4.1 Matplotlib 的核心功能

Matplotlib 作为 Python 中数据可视化的旗舰库，凭借其底层架构的灵活性和高效性，已成为数据分析和科学计算领域不可或缺的可视化工具。Matplotlib 通过一系列精心设计的核心技术，为用户提供了强大的数据可视化功能。

Matplotlib 凭借其强大的核心特性，在数据可视化领域发挥着举足轻重的作用，是数据分析和科学计算领域不可或缺的可视化工具，其核心特性解析如表 9.17 所示。

【拓展阅读 9-4】
Matplotlib 的核心功能

表 9.17 Matplotlib 核心特性解析

特性	技术实现原理	性能提升效果
NumPy 集成	底层依赖 numpy 数组进行图形渲染	提升复杂图形计算效率
多图形格式支持	内置超过 100 种图形类型 (折线图、散点图、3D 图等)	满足多样化可视化需求
高度定制化	支持样式表 (rcParams)、自定义组件	实现专业级图表设计
交互性扩展	通过 mpl_connect 实现事件驱动交互	增强数据探索能力
跨平台兼容	支持 Windows/Linux/macOS 等主流系统	确保可视化方案可移植性
生态系统集成	与 Seaborn/Plotly 等库无缝衔接	扩展高级可视化功能
特性维度	技术实现原理	性能提升效果

9.4.2 Matplotlib 的安装与环境配置

Matplotlib 作为 Python 中广泛应用的绘图工具库，其安装方式的选择对于开发效率与环境兼容性同样至关重要。

Matplotlib 库的安装可以通过多种方式实现，其常见的安装方式如表 9.18 所示。

【拓展阅读 9-5】
Matplotlib 的安装

表 9.18　Matplotlib 常见的安装方式

安装方式	命令示例	适用场景特征
pip 安装	pip install matplotlib	通用 Python 环境
Conda 安装	conda install matplotlib	Anaconda 发行版环境
源码编译	git clone + python setup.py	需要定制化优化（如特定后端支持）
PyCharm 安装	File > Settings > Project > Python Interpreter > + > matplotlib	使用 PyCharm IDE 开发环境

补充建议：

安装验证：推荐使用 import matplotlib as plt; plt.get_backend() 检查后端配置。

环境管理：复杂项目建议使用 venv 或 conda env 创建隔离环境。

性能调优：安装时可指定优化版本（如 matplotlib-qt5 获取 Qt5 图形后端）。

版本选择：生产环境建议固定版本号（如 pip install matplotlib 为 3.7.2)。

依赖管理：注意与 NumPy 版本兼容性（通常要求 numpy ≥ 1.17)。

9.4.3　Matplotlib 的基本使用方法

安装完 Matplotlib 库后，就可以开始使用它进行数据可视化了。以下将详细介绍 Matplotlib 的基本使用方法，包括导入库、创建绘图区域、绘制图形、自定义图形等。

1. 导入 Matplotlib 库

在 Python 代码中导入 Matplotlib 库通常使用以下命令：

```
>>> import matplotlib.pyplot as plt
```

为了方便，通常将 matplotlib.pyplot 模块简写为 plt。

2. 创建绘图区域

在 Matplotlib 中，绘图区域是通过 figure 对象和 subplot 对象来管理的。figure 对象代表整个图形窗口，而 subplot 对象代表图形窗口中的一个子图。

使用 plt.figure() 可以创建一个新的 figure 对象，使用 plt.subplot() 可以在 figure 对象中创建一个或多个 subplot 对象，plt.subplot() 的参数指定了网格的行数、列数以及当前 subplot 的位置。

【例 9-36】创建一个 2 行 1 列的 subplot。示例代码如下：

```
1    fig = plt.figure()
2    ax1 = fig.add_subplot(2, 1, 1)
3    ax2 = fig.add_subplot(2, 1, 2)
```

运行结果如图 9.10 所示。

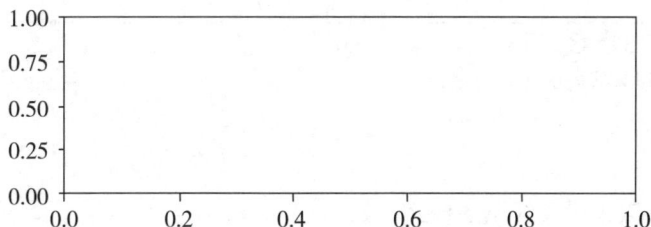

图 9.10　两行一列的 subplot

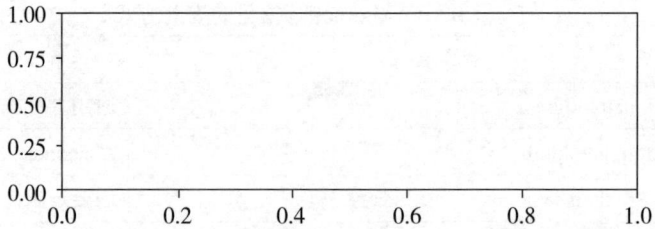

图 9.10（续）

这里的 fig 是 figure 对象，ax1 和 ax2 分别是第一个和第二个 subplot 对象。

3. 设置线条的颜色

可以使用 color 参数来设置线条的颜色，如：

```
1   import matplotlib.pyplot as plt
2   #定义数据
3   x = [1, 2, 3, 4, 5]                    # x 轴数据（可以是列表、NumPy 数组等）
4   y = [2, 4, 6, 8, 10]                   # y 轴数据（与 x 长度一致）
5   plt.plot(x, y, color='red')
```

运行结果如图 9.11 所示。

这里将线条的颜色设置为红色。

4. 设置线条的宽度

可以使用 linewidth 参数来设置线条的宽度，如：

```
1   import matplotlib.pyplot as plt
2   #定义数据
3   x = [1, 2, 3, 4, 5]                    # x 轴数据（可以是列表、NumPy 数组等）
4   y = [2, 4, 6, 8, 10]                   # y 轴数据（与 x 长度一致）
5   plt.plot(x, y, linewidth=5)
```

这里将线条的宽度设置为 5，运行结果如图 9.12 所示。

[<matplotlib.lines.Line2D at 0xlcc98f42b0>]   [<matplotlib.lines.Line2D at 0xlcc996f400>]

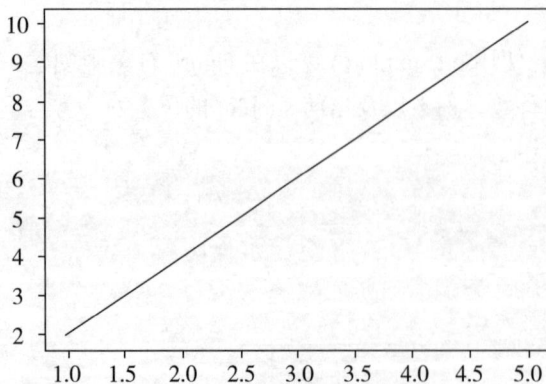

图 9.11　设置线条的颜色为红色

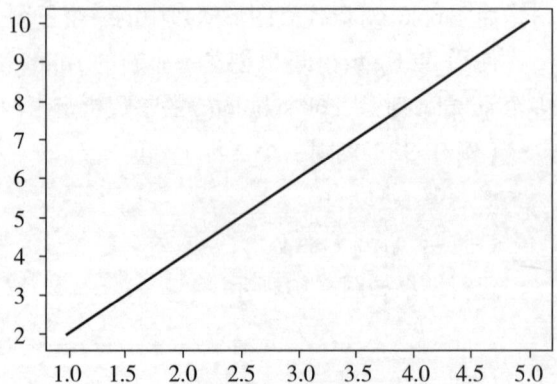

图 9.12　设置线条宽度

5. 设置线条的样式

可以使用 linestyle 参数来设置线条的样式，如：

```
1    import matplotlib.pyplot as plt
2    # 定义数据
3    x = [1, 2, 3, 4, 5]                    # x 轴数据（可以是列表、NumPy 数组等）
4    y = [2, 4, 6, 8, 10]                   # y 轴数据（与 x 长度一致）
5    plt.plot(x, y, linestyle='--')
```

这里将线条的样式设置为虚线，运行结果如图 9.13 所示。

6. 数据点标记

可以使用 marker 参数来设置数据点的标记，如：

```
1    import matplotlib.pyplot as plt
2    # 定义数据
3    x = [1, 2, 3, 4, 5]                    # x 轴数据（可以是列表、NumPy 数组等）
4    y = [2, 4, 6, 8, 10]                   # y 轴数据（与 x 长度一致）
5    plt.plot(x, y, marker='o')
```

这里将数据点的标记设置为圆点，运行结果如图 9.14 所示。

[<matplotlib.lines.Line2D at 0xlcc99c9b80>]   [<matplotlib.lines.Line2D at 0xlcc9a35280>]

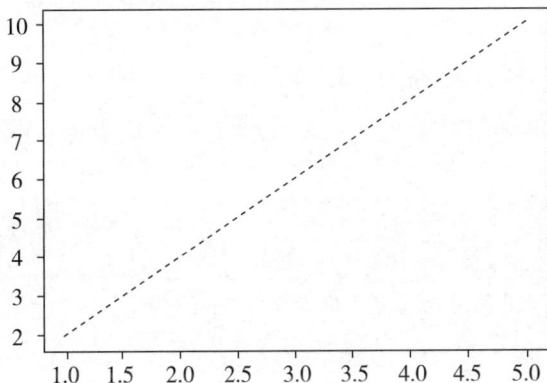

图 9.13　设置线条样式

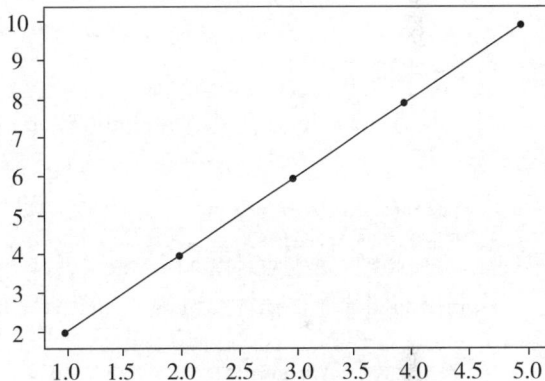

图 9.14　设置数据点

7. 图例

如果图形中包含多个数据集，可以使用 legend 方法添加图例，如：

```
1    import matplotlib.pyplot as plt
2    # 定义数据
3    x = [1, 2, 3, 4, 5]                    # x 轴数据（可以是列表、NumPy 数组等）
4    y = [2, 4, 6, 8, 10]                   # y 轴数据（与 x 长度一致）
5    plt.plot(x, y, label='y = x^2')
6    plt.plot(x, [i**3 for i in x], label='y = x^3')
7    plt.legend()
```

这段代码为两条曲线添加了图例，运行结果如图 9.15 所示。

8. 标题和坐标轴标签

可以使用 title()、xlabel() 和 ylabel() 方法设置图形的标题和坐标轴标签，如：

```
1    import matplotlib.pyplot as plt
2    # 定义数据
3    x = [1, 2, 3, 4, 5]                    # x 轴数据（可以是列表、NumPy 数组等）
4    y = [2, 4, 6, 8, 10]                   # y 轴数据（与 x 长度一致）
5    plt.title("My Plot")
6    plt.xlabel("X Axis")
7    plt.ylabel("Y Axis")
```

运行结果如图 9.16 所示。

<matplotlib.legend.Legend at 0xlcc9a92d60>

Text(0，0.5，'Y Axis')

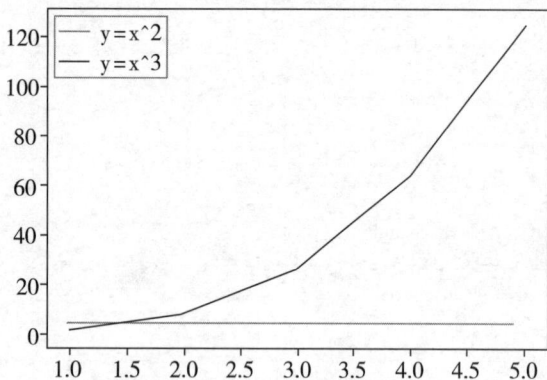

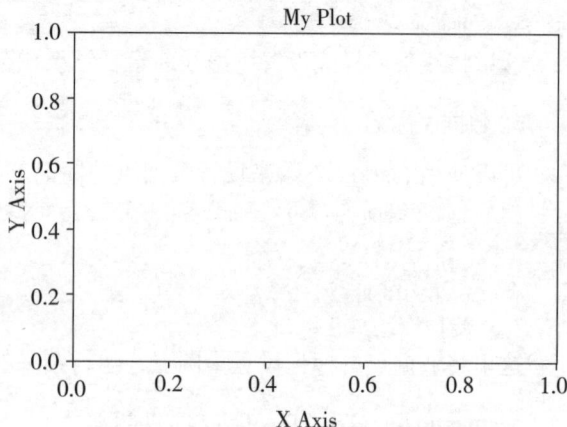

图 9.15　添加图例

图 9.16　设置图形的标题和坐标轴标签

9. 保存图形

可以使用 savefig 方法将 Matplotlib 生成的图表保存为图像文件，支持的格式包括 PNG、PDF、SVG 等。

```
>>> plt.plot(x, y)
>>> plt.savefig('my_plot.png')                    # 保存为 PNG 文件
>>> plt.savefig('my_plot.pdf', format='pdf')      # 保存为 PDF 文件
```

绘制出的图片保存在计算机中，如图 9.17 所示。

图 9.17　绘制出的图片保存在计算机中

9.4.4　Matplotlib 绘制图表

在数据分析过程中，图表是展示数据和结果的重要工具。Matplotlib 是一个功能强大的 Python 绘图库，它提供了丰富的绘图工具和函数。它支持多种图表类型，包括折线图、柱状图、饼图、散点图、箱形图和直方图等。可以根据数据的特征和分析需求选择合适的图表类型来展示数据。例如，折线图适用于展示时间序列数据或趋势变化，柱状图适用于展示分类数据的计数或比例，饼图适用于展示数据的占比情况，散点图适用于展示两个变量之间的关系，箱形图适用于展示数据的分布特征和异常值，直方图则适用于展示数据的频数分布和概率密度。总之，Matplotlib 提供了丰富的绘图功能，可以方便地对数据和结果进行可视化，创建各种类型的图表来展示数据的特征和趋势，从而为数据分析提供更加直观和有力的支持。

1. 图表类型

(1) 绘制折线图。使用 plt.plot() 方法可以绘制折线图，如：

```
1    import numpy as np
2    import matplotlib.pyplot as plt
3    x = np.arange(-5, 5, 0.1)
4    y = x * 3
5    plt.figure()
6    plt.plot(x, y)
7    plt.title("Line Plot")
8    plt.xlabel("x")
9    plt.ylabel("y")
10   plt.show()
```

这段代码创建了一个折线图，显示了 $y=3x$ 的曲线，运行结果如图 9.18 所示。

(2) 绘制散点图。使用 plt.scatter() 方法可以绘制散点图，如：

```
1    import numpy as np
2    import matplotlib.pyplot as plt
3    x = [1, 2, 3, 4, 5]
4    y = [2, 3, 5, 7, 11]
5    plt.scatter(x, y)
6    plt.title("Scatter Plot")
7    plt.xlabel("x")
8    plt.ylabel("y")
9    plt.show()
```

这段代码创建了一个散点图，显示了 x 和 y 之间的散点关系，运行结果如图 9.19 所示。

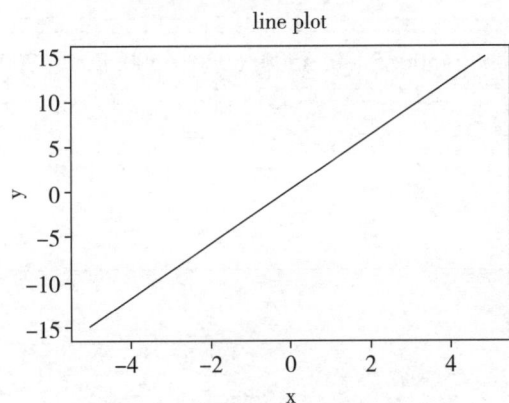

图 9.18　plt.plot() 方法绘制折线图

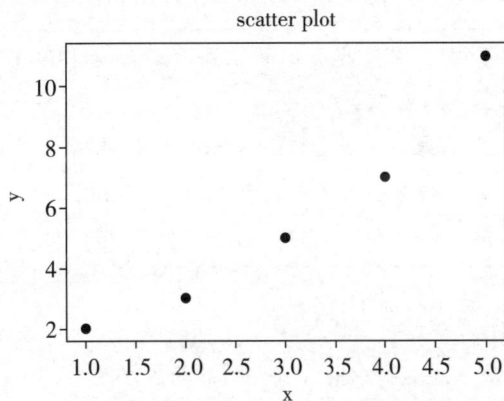

图 9.19　plt.scatter() 方法绘制散点图

(3) 绘制柱状图。使用 plt.bar() 方法可以绘制柱状图，如：

```
1    import numpy as np
2    import matplotlib.pyplot as plt
3    categories = ['Category1', 'Category2', 'Category3', 'Category4', 'Category5']
4    values = [10, 15, 7, 17, 9]
5    plt.bar(categories, values)
6    plt.title("Bar Chart")
7    plt.xlabel("Category")
8    plt.ylabel("Values")
9    plt.show()
```

这段代码创建了一个柱状图，显示了不同类别的数据值，运行结果如图 9.20 所示。

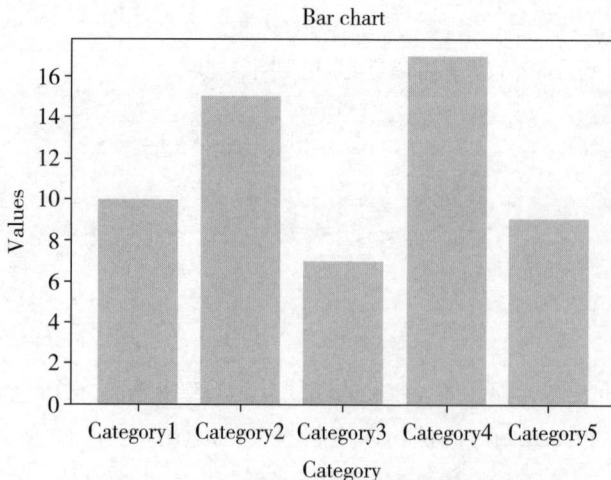

图 9.20　plt.bar( ) 方法绘制柱状图

2. 统计量描述

(1) 中位数：用于描述数据的中心位置，尤其适用于偏态分布的数据。

(2) 众数：数据中出现次数最多的值，用于描述数据的集中趋势。

(3) 四分位数：将数据分为四个等份的数值，用于描述数据的分布形态。

【例 9-37】使用四分位数描述某公司员工的薪资分布情况。（单位：元）

> **分析**：假设某公司员工薪资数据为 [3000, 3500, 4000, 4500, 5000, 5500, 6000, 6500, 7000, 8000]，计算其四分位数。
>
> 第一四分位数 (Q1)：3750(位于 25% 位置的数据)。
>
> 第二四分位数 (中位数，Q2)：5000。
>
> 第三四分位数 (Q3)：6250(位于 75% 位置的数据)。

示例代码如下：

```
1    import numpy as np
2    salaries = np.array([3000, 3500, 4000, 4500, 5000, 5500, 6000, 6500, 7000, 8000])
3    q1 = np.percentile(salaries, 25)
4    q2 = np.percentile(salaries, 50)
5    q3 = np.percentile(salaries, 75)
6    print(q1, q2, q3)
```

运行结果如下：

```
4125.0 5250.0 6375.0
```

3. 数据分布形态

(1) 正态分布：数据呈钟形分布，均值和中位数相等，常用于假设检验和置信区间估计。

(2) 偏态分布：数据分布不对称，可能向左或向右偏斜。

(3) 峰度：描述数据分布形状的陡缓程度，正态分布峰度为 3。

【例 9-38】分析某公司股票价格的历史数据是否服从正态分布。

分析：使用直方图和正态性检验（如 Shapiro-Wilk 检验）来判断。使用 SciPy 库进行正态性检验。

```
1    from scipy import stats
2    import numpy as np
3    # 假设股票价格数据为 prices
4    prices = np.array([3000, 3500, 4000, 4500, 5000, 5500, 6000, 6500, 7000, 8000])
5    shapiro_test = stats.shapiro(prices)
6    print(shapiro_test)
7    # 根据 p 值判断数据是否服从正态分布 (p 值 <0.05 通常认为不服从正态分布 )
```

运行结果如下：

(0.9808780550956726, 0.9696930646896362)

4. 财经类应用实例

在财经领域，数据可视化是分析公司业务、制定策略的重要工具。常见的财经类应用实例包括分析公司销售额、比较部门业绩、展示收入来源以及分析广告效果。

【拓展阅读 9-6】
财经类应用实例
详解

5. Matplotlib 的高级功能

(1) 子图与子网格。Matplotlib 允许在一个画布上创建多个子图 (subplot)，这对于对比不同数据集非常有用。可以使用 plt.subplot() 或 plt.subplots() 来创建子图。

plt.subplot(nrows, ncols, index)：较旧的方法，其中 nrows 和 ncols 指定了网格的行数和列数，index 是当前子图的位置编号 (从左到右，从上到下)。示例代码如下：

```
1    import matplotlib.pyplot as plt
2    plt.subplot(2, 2, 1)              #2 行 2 列，第 1 个子图
3    plt.plot([1, 2, 3])
4    plt.subplot(2, 2, 2)              #2 行 2 列，第 2 个子图
5    plt.plot([4, 5, 6])
6    plt.subplot(2, 1, 2)             #2 行 1 列，第 2 个子图 ( 覆盖之前定义的部分 )
7    plt.plot([7, 8, 9])
8    plt.show()
```

运行结果如图 9.21 所示。

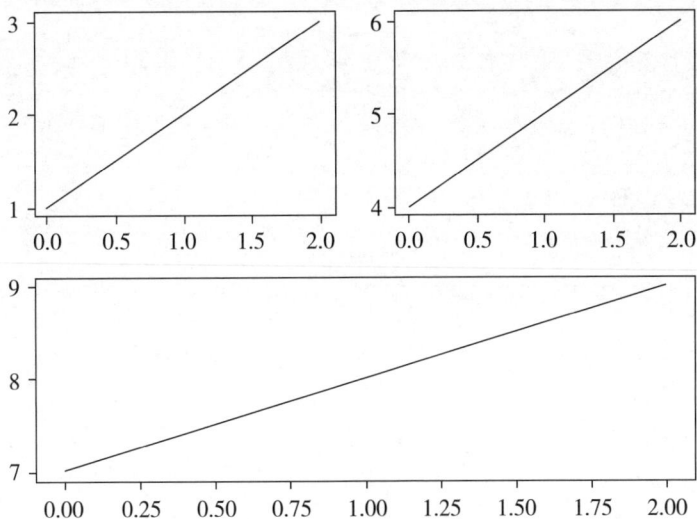

图 9.21　使用 plt.subplot() 创建的子图

plt.subplots( )：推荐的方法，它返回一个 Figure 对象和 Axes 对象的数组或单个 Axes 对象，便于更灵活地操作。示例代码如下：

```
1    import matplotlib.pyplot as plt
2    fig, axs = plt.subplots(2, 2)              # 创建一个 2×2 的子图网格
3    axs[0, 0].plot([1, 2, 3])
4    axs[0, 1].plot([4, 5, 6])
5    axs[1, 0].plot([7, 8, 9])
6    axs[1, 1].plot([10, 11, 12])
7    plt.show()
```

运行结果如图 9.22 所示。

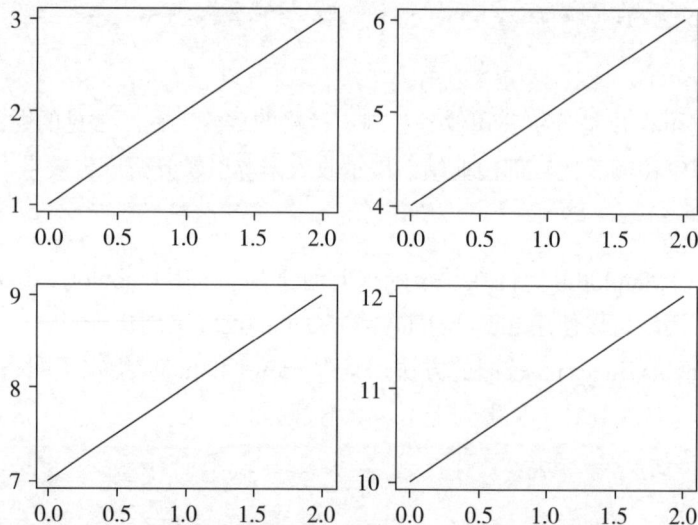

图 9.22　使用 plt.subplots( ) 创建的子图

(2) 网格与图例。使用 plt.grid(True) 可以添加网格线，plt.grid(color='gray', linestyle='--', linewidth=0.5) 可以自定义网格样式；使用 plt.legend( ) 可以为图表添加图例，plt.legend(loc='upper right') 可以指定图例位置。

示例代码如下：

```
1    import matplotlib.pyplot as plt
2    import numpy as np
3    x = np.linspace(0, 10, 100)
4    y1 = np.sin(x)
5    y2 = np.cos(x)
6    plt.plot(x, y1, label='sin(x)')
7    plt.plot(x, y2, label='cos(x)')
8    plt.legend()                              # 添加图例
9    plt.grid(True)                            # 添加网格
10   plt.show()
```

运行结果如图 9.23 所示。

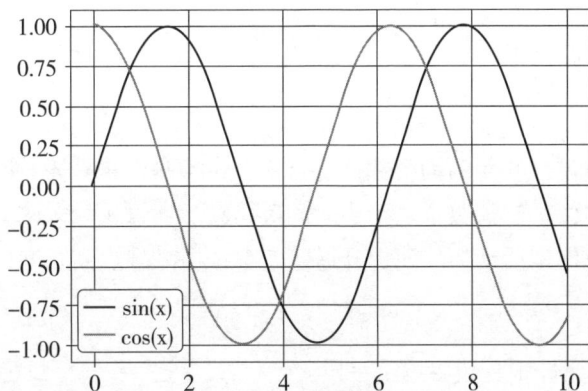

图 9.23　网格与图例

(3) 注释与文本。Matplotlib 允许在图表中添加注释和文本，以增强图表的可读性和信息密度。使用 plt.text( ) 在指定位置添加文本，使用 plt.annotate( ) 添加带有箭头的注释。示例代码如下：

```
1    import numpy as np
2    import matplotlib.pyplot as plt
3    x = np.linspace(0, 10, 100)
4    y = np.sin(x)
5    plt.plot(x, y)
6    plt.text(np.pi/2, 1, 'Peak', fontsize=12, color='red')              # 添加文本
7    plt.annotate('Annotation', xy=(np.pi, 0), xytext=(np.pi+1, 0.5),
8    arrowprops=dict(facecolor='black', shrink=0.05))                    # 添加注释
9    plt.show( )
```

运行结果如图 9.24 所示。

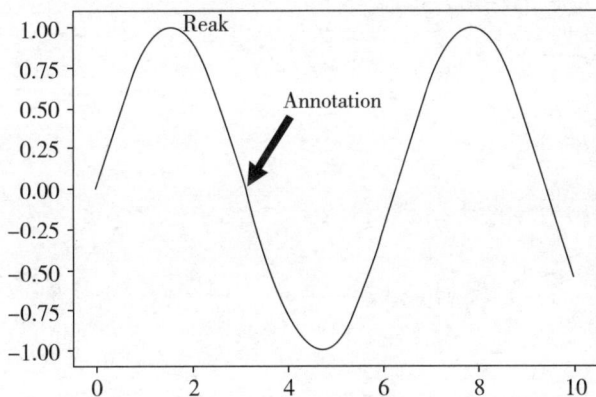

图 9.24　注释与文本

9.5　数据分析案例

下面通过零售企业销售数据分析案例、物流公司运输路线优化案例以及教育领域学生学习数据分析案例来介绍 Python 数据分析的具体应用。

9.5.1 零售企业销售数据分析案例

1. 问题描述

某零售企业希望通过对过去几年的销售数据进行分析，预测未来一段时间内的销售额。该企业拥有详细的销售记录，包括销售额、销售数量、销售时间等信息。通过预测未来的销售额，企业可以提前规划库存管理、物流计划以及促销活动，从而提升运营效率，提高客户满意度，增加企业利润。

2. 数据准备

销售数据存储在 Excel 文件中，包含以下字段。

(1) 日期 (Date)：销售发生的日期。

(2) 销售额 (Sales)：当天的销售额。

(3) 销售数量 (Quantity)：当天的销售数量。

3. 数据预处理

(1) 读取 Excel 文件，将数据加载到 Python 的 Pandas 库中。

(2) 检查数据是否存在缺失值或异常值，并进行处理。

(3) 将日期字段转换为时间序列数据类型，以便进行时间序列分析。

4. 代码实现

```
1   import pandas as pd
2   import numpy as np
3   from sklearn.linear_model import LinearRegression
4   import matplotlib.pyplot as plt
5   import statsmodels.api as sm
6   # 读取 Excel 文件
7   df = pd.read_excel('sales_data.xlsx')
8   # 检查数据是否存在缺失值
9   print(df.isnull().sum())
10  # 假设数据完整，无须处理缺失值
11  # 将日期字段转换为时间序列数据类型
12  df['Date'] = pd.to_datetime(df['Date'])
13  df.set_index('Date', inplace=True)
14  # 检查数据是否存在异常值 ( 这里简单使用箱线图法 )
15  plt.boxplot(df['Sales'])
16  plt.show()
17  # 假设数据无异常值或已处理异常值
18  # 时间序列分析：使用线性回归模型预测未来销售额
19  # 首先，创建时间特征 ( 如年、月、日，或简单的时间序列编号 )
20  df['Time'] = range(len(df))
21  # 准备数据
22  X = df[['Time']]
23  y = df['Sales']
24  # 拆分训练集和测试集 ( 这里使用前 80% 数据作为训练集，后 20% 作为测试集 )
25  train_size = int(len(df) * 0.8)
26  X_train, X_test = X[:train_size], X[train_size:]
27  y_train, y_test = y[:train_size], y[train_size:]
28  # 添加常数项以拟合截距
29  X_train_sm = sm.add_constant(X_train)
30  X_test_sm = sm.add_constant(X_test)
31  # 建立线性回归模型
32  model = sm.OLS(y_train, X_train_sm).fit()
```

```
33    # 打印模型参数
34    print(model.summary( ))
35    # 预测未来销售额 ( 如预测未来 30 天的销售额 )
36    future_days = 30
37    future_time = np.arange(train_size, train_size + future_days).reshape(–1, 1)
38    future_time_sm = sm.add_constant(future_time)
39    predicted_sales = model.predict(future_time_sm)
40    # 打印预测结果
41    print("Predicted Sales for the next {} days:".format(future_days))
42    print(predicted_sales)
43    # 可视化预测结果
44    plt.figure(figsize=(10, 6))
45    plt.plot(df.index, df['Sales'], label='Actual Sales')
46    plt.plot(pd.date_range(start=df.index[–1], periods=future_days+1)[–future_days:], predicted_sales, label='Predicted Sales',
linestyle='––')
47    plt.xlabel('Date')
48    plt.ylabel('Sales')
49    plt.legend( )
50    plt.show( )
```

运行结果如下：

```
Date         0
Sales        0
Quantity     0
dtype: int64
```

输出的箱线图如图 9.25 所示。

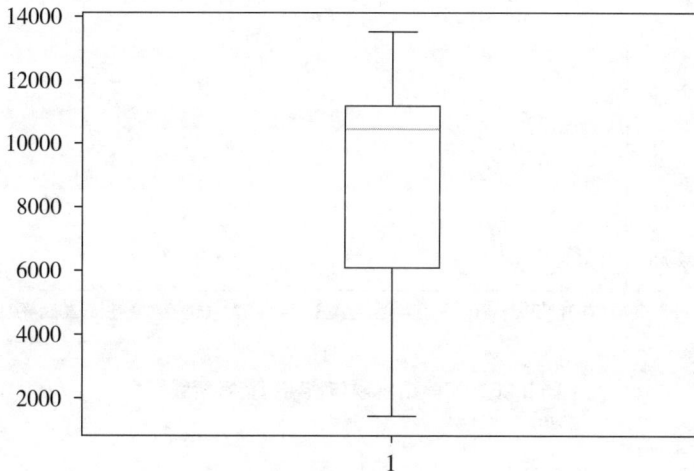

图 9.25　输出的箱线图

数据分析结果如下：

OLS Regression Results			
Dep. Variable:	Sales	R-squared:	0.928
Model:	OLS	Adj. R-squared:	0.927
Method:	Least Squares	F-statistic:	3714.
Date:	Thu, 26 Dec 2024	Prob (F-statistic):	2.40e–167
Time:	15:24:56	Log-Likelihood:	–2383.9
No. Observations:	292	AIC:	4772.
Df Residuals:	290	BIC:	4779.
Df Model:	1		
Covariance Type:	nonrobust		

	coef	std err	t	P>|t|	[0.025	0.975]
const	2640.8743	99.557	26.526	0.000	2444.929	2836.820
Time	36.0794	0.592	60.939	0.000	34.914	37.245

Omnibus:	54.591	Durbin–Watson:	0.036
Prob(Omnibus):	0.000	Jarque–Bera (JB):	13.241
Skew:	−0.151	Prob(JB):	0.00133
Kurtosis:	2.001	Cond. No.	335.

```
Notes:
[1] Standard Errors assume that the covariance matrix of the errors is correctly specified.
Predicted Sales for the next 30 days:
[13176.0629678  13212.14238097 13248.22179414 13284.30120731
 13320.38062048 13356.46003365 13392.53944682 13428.61885999
 13464.69827316 13500.77768633 13536.8570995  13572.93651267
 13609.01592584 13645.09533901 13681.17475218 13717.25416536
 13753.33357853 13789.4129917  13825.49240487 13861.57181804
 13897.65123121 13933.73064438 13969.81005755 14005.88947072
 14041.96888389 14078.04829706 14114.12771023 14150.2071234
 14186.28653657 14222.36594974]
```

实际销售额与预期销售额折线图如图 9.26 所示。

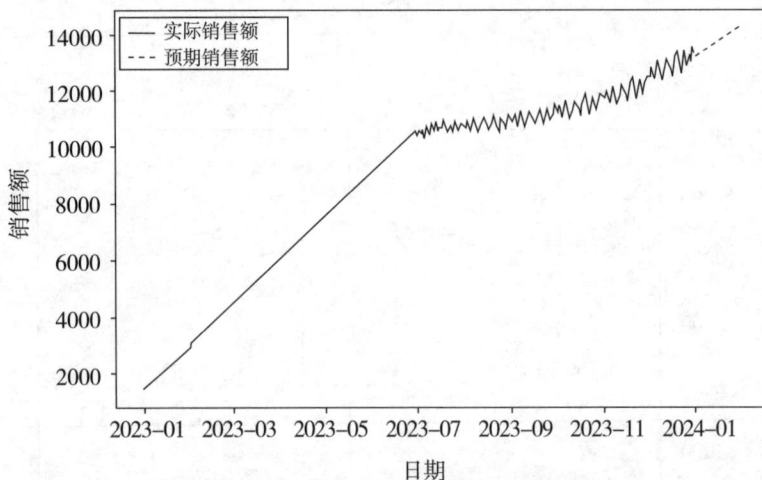

图 9.26　实际销售额与预期销售额折线图

5. 结果分析

借助上述代码，可以建立线性回归模型，并预测未来30天的销售额。模型摘要显示了模型的拟合优度、系数及其显著性水平等信息。预测结果以图表形式展示，便于企业直观了解未来销售额的趋势。

6. 应用建议

根据预测结果，企业可以提前规划库存管理、物流计划以及促销活动。例如，如果预测结果显示未来销售额将大幅增长，企业可以增加库存量，优化物流计划，确保商品及时送到客户手中；如果预测结果显示未来销售额将下降，企业可以调整促销活动策略，吸引更多客户购买。

9.5.2 物流公司运输路线优化案例

1. 问题描述

某物流公司希望通过数据分析来优化运输路线和调度计划，从而降低运输成本，提高运输效率。该企业拥有详细的运输记录，包括车辆位置、运输时间、运输距离等信息。通过优化运输路线和调度计划，企业可以减少运输时间和成本，提高客户满意度，增加利润。

2. 数据准备

运输数据存储在 CSV 文件中，包含以下字段：

(1) 车辆 ID(VehicleID)：车辆的唯一标识。

(2) 起始位置 (StartLocation)：运输起点。

(3) 目标位置 (EndLocation)：运输终点。

(4) 运输时间 (TravelTime)：运输所需时间 (单位：h)。

(5) 运输距离 (TravelDistance)：运输距离 (单位：km)。

3. 数据预处理

(1) 读取 CSV 文件，将数据加载到 Python 的 Pandas 库中。

(2) 检查数据是否存在缺失值或异常值，并进行处理。

(3) 对位置信息进行编码，以便进行聚类分析。

4. 代码实现

```python
import pandas as pd
from sklearn.preprocessing import LabelEncoder
from sklearn.cluster import KMeans
import matplotlib.pyplot as plt
# 1. 读取 CSV 文件，将数据加载到 Pandas 库中
df = pd.read_csv('transport_data.csv')
# 2. 检查数据是否存在缺失值或异常值，并进行处理
# 检查缺失值
print(df.isnull().sum())
# 假设决定删除任何包含缺失值的行
df = df.dropna()
# 检查异常值
# 检查运输时间或距离是否为负数或异常大
print(df[df['TravelTime'] < 0])
print(df[df['TravelDistance'] < 0])
# 如果有异常值，需要根据实际情况处理，如删除、替换或修正
# 3. 对位置信息进行编码，以便进行聚类分析
le_start = LabelEncoder()
le_end = LabelEncoder()
df['StartLocationCode'] = le_start.fit_transform(df['StartLocation'])
df['EndLocationCode'] = le_end.fit_transform(df['EndLocation'])
# 准备数据用于聚类分析 ( 这里简单使用起始位置和目标位置的编码作为特征 )
X = df[['StartLocationCode', 'EndLocationCode', 'TravelTime', 'TravelDistance']]
# 使用 KMeans 算法进行聚类分析 ( 假设聚类数为 5，这个数可以调整 )
kmeans = KMeans(n_clusters=5, random_state=0).fit(X)
df['Cluster'] = kmeans.labels_
# 可视化聚类结果 ( 由于有多个特征，这里使用 PCA 降维到 2D 进行可视化 )
from sklearn.decomposition import PCA
pca = PCA(n_components=2)
```

```
30    X_pca = pca.fit_transform(X)
31    plt.scatter(X_pca[:, 0], X_pca[:, 1], c=df['Cluster'], cmap='viridis')
32    plt.xlabel('PCA Component 1')
33    plt.ylabel('PCA Component 2')
34    plt.title('Transport Route Clustering (PCA-reduced)')
35    plt.show()
36    # 打印部分数据以检查聚类结果
37    print(df.head())
```

运行结果如下：

```
VehicleID        0
StartLocation    0
EndLocation      0
TravelTime       0
TravelDistance   0
dtype: int64
Empty DataFrame
Columns: [VehicleID, StartLocation, EndLocation, TravelTime, TravelDistance]
Index: []
Empty DataFrame
Columns: [VehicleID, StartLocation, EndLocation, TravelTime, TravelDistance]
Index: []
```

运输路线聚类如图 9.27 所示。

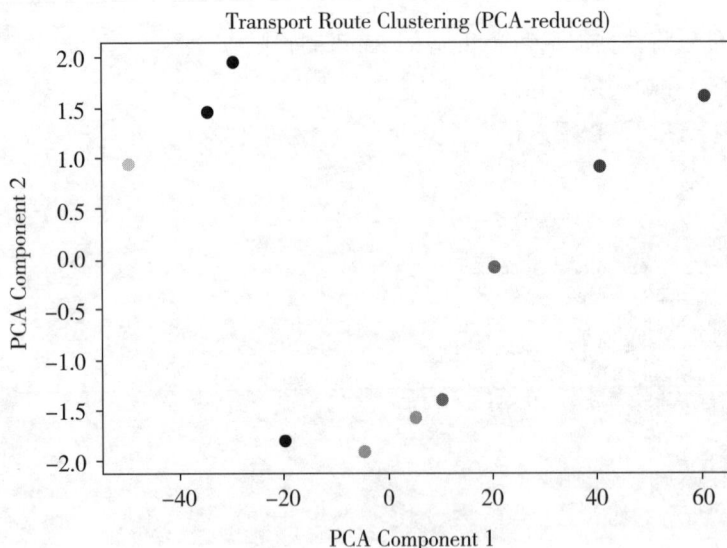

图 9.27 运输路线聚类

数据分析结果如下：

	VehicleID	StartLocation	EndLocation	TravelTime	TravelDistance \
0	1	WarehouseA	Store1	2.5	120
1	2	WarehouseB	Store2	3.0	150
2	3	WarehouseA	Store3	1.8	90
3	4	WarehouseC	Store4	2.2	110
4	5	WarehouseB	Store1	2.7	135

	StartLocationCode	EndLocationCode	Cluster
0	0	0	0
1	1	1	1
2	0	2	4
3	2	3	0
4	1	0	3

5. 结果分析

通过上述代码，成功对运输数据进行了聚类分析，并初步优化了运输路线和调度计划。聚类结果以图表形式展示，便于企业直观了解不同运输路线的分布情况。优化后的运输路线和调度计划以文本形式打印出来，供企业参考。

6. 应用建议

根据优化后的运输路线和调度计划，企业可以重新规划运输任务，缩短运输时间，降低运输成本。例如，对于同一聚类内的运输任务，可以优先考虑使用同一车辆进行运输，以减少车辆空驶率和运输成本；对于不同聚类间的运输任务，可以合理规划运输顺序和时间表，确保车辆能够高效地完成运输任务。同时，企业可以考虑引入更先进的路径规划算法和智能调度系统，进一步提高运输效率和客户满意度。

9.5.3　教育领域学生学习数据分析案例

1. 问题描述

在教育领域，学生学习数据的分析对于了解学生的学习状态、优化教学方法、预测学业成绩等具有重要意义。本案例将基于学生的学习数据，通过数据分析技术，探索学生的学习模式，识别潜在的学习困难，并为教师提供针对性的教学建议。

2. 数据准备

为了进行学生学习数据分析，需要收集以下类型的数据。

(1) 基本信息数据：包括学生的姓名、学号、性别、年龄、年级、班级等。

(2) 学习行为数据：包括学生的出勤情况、作业完成情况、课堂互动情况、在线学习时间等。

(3) 考试成绩数据：包括学生的期中考试、期末考试、平时测验等成绩。

这些数据可以从学校的信息管理系统、在线学习平台、教师记录等渠道获取。在收集数据时，需要注意数据的准确性和完整性，确保数据的质量。

3. 数据预处理

在数据准备完成后，需要进行数据预处理，以消除数据中的噪声、处理缺失值、转换数据类型等。具体步骤如下。

(1) 数据清洗：删除重复数据、处理缺失值 (如使用均值填充、插值法等)、修正错误数据等。

(2) 数据转换：将数据类型转换为适合分析的形式，如将日期转换为时间戳、将文本数据转换为数值型数据 (如性别转换为 0 或 1) 等。

(3) 数据标准化：对数值型数据进行标准化处理，以消除不同变量之间的量纲差异。

(4) 数据划分：将数据集划分为训练集和测试集，以便进行后续的模型训练和验证。

4. 代码实现

以下是一个基于 Python 的学生学习数据分析示例代码，使用 Pandas 库进行数据处理，使用 Scikit-learn 库进行数据分析。

```
1    import pandas as pd
2    from sklearn.model_selection import train_test_split
3    from sklearn.preprocessing import StandardScaler
4    from sklearn.linear_model import LinearRegression
5    from sklearn.metrics import mean_squared_error
6    # 加载数据
7    data = pd.read_csv('student_data.csv',encoding='gbk')
8    # 数据预处理
9    # 假设只需要数值型特征来预测最终成绩
10   # 排除非数值列（如性别、姓名等）
11   numeric_features = ['age', 'math_score', 'english_score', 'science_score']
12   X = data[numeric_features]
13   y = data['final_score']
14   # 填充缺失值（使用数值列的均值填充）
15   X = X.fillna(X.mean())
16   # 划分训练集和测试集
17   X_train, X_test, y_train, y_test = train_test_split(X, y, test_size=0.2, random_state=42)
18   # 数据标准化
19   scaler = StandardScaler()
20   X_train = scaler.fit_transform(X_train)
21   X_test = scaler.transform(X_test)
22   # 建立线性回归模型
23   model = LinearRegression()
24   model.fit(X_train, y_train)
25   # 预测测试集结果
26   y_pred = model.predict(X_test)
27   # 评估模型性能
28   mse = mean_squared_error(y_test, y_pred)
29   print(f' 模型的均方误差 (MSE) 为：{mse}')
30   # 输出模型系数（仅针对数值特征）
31   coefficients = pd.DataFrame({'Feature': numeric_features, 'Coefficient': model.coef_})
32   print(coefficients)
```

数据分析结果如下：

模型的均方误差 (MSE) 为：107.16925608809498

	Feature	Coefficient
0	age	−6.404553
1	math_score	−16.296473
2	english_score	0.101921
3	science_score	32.266987

　　以上代码中，首先读取了 CSV 文件中的学生数据，然后进行了数据预处理，包括删除缺失值过多的列、填充缺失值、将性别转换为数值型数据等。其次，划分了特征和目标变量，并将数据集划分为训练集和测试集。再次，对数据进行了标准化处理，建立了线性回归模型，并进行了训练和预测。最后，评估了模型的性能，并输出了模型的系数。

　　需要注意的是，以上代码只是一个简单的示例，实际应用中可能需要根据具体的数据和需求进行调整和优化。例如，可以选择不同的机器学习算法、使用交叉验证来评估模型性能、进行特征选择等。

9.6　习题与实验

一、填空题

1. 数据分析的基本流程包括数据收集、_____、数据探索、数据分析和数据解释与报告。

2. 在 NumPy 中，数组与标量的运算结果仍然是 _____ 。

3. 在 Pandas 中，_____ 是一维标签化数组，可以存储任何数据类型。

4. 在 NumPy 中，数组的转置操作可以通过 _____ 属性或 _____ 函数实现。

5. Matplotlib 提供了丰富的绘图函数和 _____ ，可以绘制各种图表类型。

二、选择题

1. 数据分析的核心目的是什么？（　　　）

　　A. 收集数据　　　　　　　　　　　　B. 提取有用信息和洞察力

　　C. 存储数据　　　　　　　　　　　　D. 展示数据

2. NumPy 库的核心数据结构是什么？（　　　）

　　A. Series　　　　　　B. DataFrame　　　　　　C. 数组对象　　　　　　D. 字典

3. 在 NumPy 中，如何创建一个全为 0 的数组？（　　　）

　　A. np.ones()　　　　　B. np.zeros()　　　　　C. np.empty()　　　　　D. np.arange()

4. 在 Pandas 中，DataFrame 是什么类型的数据结构？（　　　）

　　A. 一维标签化数组　　　　　　　　　B. 二维标签化数据结构

　　C. 三维数组　　　　　　　　　　　　D. 字典

5. 下列哪项不是 Pandas 中 DataFrame 的索引操作？（　　　）

　　A. 使用单层索引访问数据　　　　　　B. 使用分层索引访问数据

　　C. 重新索引　　　　　　　　　　　　D. 数据排序

6. 在 Pandas 中，如何对 DataFrame 进行按值排序？（　　　）

　　A. df.sort_index()　　　　　　　　　B. df.sort_values()

　　C. df.order()　　　　　　　　　　　D. df.arrange()

7. 在 Matplotlib 中，绘制折线图通常使用的函数是什么？（　　　）

　　A. plt.scatter()　　　　B. plt.bar()　　　　C. plt.plot()　　　　D. plt.hist()

8. 下列哪项不是 NumPy 数组操作的功能？（　　　）

　　A. 排序　　　　　　　　　　　　　　B. 检索数组元素

　　C. 元素唯一化　　　　　　　　　　　D. 数据清洗

9. 在 Pandas 中，Series 是什么类型的数据结构？（　　　）

　　A. 一维标签化数组　　　　　　　　　B. 二维标签化数据结构

　　C. 三维数组　　　　　　　　　　　　D. 字典

10. 下列哪项不是 Matplotlib 绘制图表时可能使用的函数？（　　　）

　　A. plt.pie()　　　　　　　　　　　　B. plt.boxplot()

　　C. plt.stem()　　　　　　　　　　　D. plt.clean()

三、判断题

1. 在 NumPy 中，数组对象可以是一维的，也可以是多维的。　　　　　　　　　　（　　　）

2. Pandas 中的 Series 只能存储数值类型的数据。　　　　　　　　　　　　　　（　　　）

3. 在 Pandas 中，可以使用 iloc 和 loc 进行索引操作，但 iloc 只能使用整数索引，而 loc 可以使用标签索引。 （　　）

4. 在 Pandas 中，DataFrame 的索引可以是整数或字符串。 （　　）

5. Matplotlib 只能绘制二维图表，无法绘制三维图表。 （　　）

四、简答题

1. 简述数据分析的基本流程。

2. 在 NumPy 中，数组与标量的运算有哪些特点？

3. Pandas 中的 DataFrame 有哪些主要功能？

4. 简述 Matplotlib 在数据分析中的作用。

5. 什么是数组的转置操作？在 NumPy 中如何实现？

五、实验题

1. 使用 NumPy 创建一个形状为 (3, 4) 的全为 5 的数组，并计算其均值。

2. 使用 Pandas 创建一个包含以下数据的 DataFrame：姓名（张三、李四、王五）、年龄（23 岁、25 岁、22 岁）、分数（88 分、92 分、85 分），并计算每个学生的总分和平均分。

3. 使用 Matplotlib 绘制一个包含两个系列的折线图，其中一个系列表示张三和王五的分数，另一个系列表示李四的分数。

4. 对 3 题中的折线图进行美化，包括添加标题、图例、坐标轴标签和网格线。

5. 使用 NumPy 和 Pandas 对一个二维数组进行转置操作，并计算转置后数组的均值和标准差。

第10章 ▷ Python 实例

本章采用实例教学法，配合"先理论后实践"的传统教学模式，践行编程"知行合一，行知互动"。实例整合"问题拆解—算法设计—代码物化"的完整环节。通过模仿代码、代码调试与重构，理解变量流转、逻辑分支、函数封装等抽象概念，以实例驱动理论内化；引导读者在动手编码中领悟编程思想，将知识点整合为系统性工程思维。读者先通过最小可行原型感知技术可能性，再借由代码多版本重构反推设计模式升级。在代码运行结果的正反馈中主动追问底层原理，在具体业务场景中体会设计思想，形成"实践触发思考、思考优化实践"的编程认知闭环，为复杂系统开发奠定思维基础。

唯有让双手敲击键盘的"行"与大脑抽象建模的"知"循环激荡，方能成为既善用 Python 工具解决现实痛点，又能洞察技术伦理边界的数字时代"知行合一"者。

📖 学习目标

(1) 完成实例代码的正确运行。

(2) 理解实例代码的算法思维。

(3) 实现实例代码结构与思维的模仿与延伸。

✳ 思维导图

实例1 pm2.5 空气质量提醒

本实例使用数值型数据；应用顺序结构、分支结构；调用 input ()，eval()，print() 函数；完成根据现实空气数据判断空气质量的任务。方法 1 使用顺序单边分支结构；方法 2 使用分支的单边嵌套结构。本实例旨在培养环保意识，倡导健康生活，训练科学决策思维。

【实例 10-1】
pm2.5 空气质量
提醒

实例2 身体质量指数 BMI

本实例使用数值型、字符型数据；应用顺序结构、多分支结构；调用 input ()，eval()，pow()，format()，print() 函数；实现根据身高体重数据，计算国际标准和国内标准下的 BMI，并给出对体形的判断。本实例旨在带领读者学习将实际问题转化为数学模型，熟悉科学的数据处理流程；培养健康意识，认识文化差异，训练科学决策思维。

【实例 10-2】
身体质量指数
BMI

实例3 科赫雪花绘制

本实例使用整型、浮点型，以及元组等数据类型；应用顺序结构、循环结构、递归结构；调用 turtle 模块相关函数，自定义函数 koch(size, *n*)，maim()；完成根据指定级别绘制分形图像的任务。读者可以通过本实例理解分形几何问题，学习递归算法，了解图形绘制与计算机图形学；培养耐心和专注力、探索精神和创新意识以及对自然和科学的敬畏。

【实例 10-3】
科赫雪花绘制

实例4 双色球与 random

本实例使用了列表数据；应用顺序结构、循环结构；调用 random 模块的相关函数 (input ()，int() 函数)，列表的 .sort()，.append() 方法和格式化输出 f'{ball:0>2d}' 方法；模拟了双色球机选投注的过程。读者可以通过本实例感受随机事件和概率之间的关系，学习随机函数的使用、数据处理与编程技巧；加深对双色球及其他博彩中奖概率的科学认知，理性对待博彩。

【实例 10-4】
双色球与 random

实例 5　石头剪刀布

本实例使用了整形数据；应用顺序结构、while 循环结构、分支嵌套结构；调用 random 模块的相关函数 (input( )，int( )，print( ) 函数)，模拟了生活中的猜拳游戏。读者可以通过本实例学习随机函数的使用、数据处理与编程技巧；培养竞争与合作的意识，正确对待输赢。

【实例 10-5】石头剪刀布

实例 6　累加求和

本实例使用了整形、浮点型数据；调用 time 模块的 .time( ) 函数，range( ) 函数，print( ) 函数；用两种方法解决了 1~100000 累加求和问题。

方法 1 应用顺序结构、循环结构，采用计算思维，生成数列逐步累加，体现了计算机通过重复简单指令完成复杂任务的基本逻辑。

方法 2 应用顺序结构，采用实证思维，用数学推导的等差数列求和公式直接计算结果，展示了数学在计算机科学中的重要性，利用数学规律可以高效地解决问题，减少计算量。

本实例首先展现了计算思维与实证思维的异同，其次对算法效率进行了分析，通过比较两种方法的执行时间，直观呈现不同算法在解决同一问题时的效率差异。这有助于培养读者对算法复杂度和效率的敏感性，使读者在实际编程中能够选择更优的算法来提高程序性能。本实例有助于培养创新与探索精神，启发对工程思想的重视，塑造严谨的科学态度。

可以通过对比《周髀算经》等差级数研究 (约公元前 100 年) 与高斯少年时代公式推导 (18 世纪) 展现中华数学智慧的历史贡献。

【实例 10-6】累加求和

实例 7　计算圆周率

本实例使用了整形与浮点型数据；应用顺序、分支、循环结构；调用 random，math，time 等相关模块的方法；分别采用蒙特卡洛法、莱布尼茨级数实现圆周率的估算。读者可以通过本实例对比两种方法的差异，认识随机性与确定性的对立互补性，了解"无限细分逼近真理"的微积分思想，注意权衡计算资源与精度需求，培养绿色计算意识。

可以对比祖冲之的割圆术 (5 世纪) 与蒙特卡洛方法 (20 世纪)，发现殊途同归，彰显中华数学智慧的前瞻性。

【实例 10-7】计算圆周率

实例 8　游戏——猜 100 以内的数字

　　本实例应用顺序、分支、循环结构；调用 random.randrange( ) 引入不确定性，模拟现实问题，展示用户策略对结果的影响，体现人机交互的智能优化；使用折半查找（二分查找）优化策略，实现七次以内查找 100 以内的任意数。本实例使读者通过游戏化学习（"行"）深化算法理解（"知"），同时引导读者建立正确的科技伦理观，避免技术滥用（如不当提示）；读者可通过思想实验来对比线性查找与二分查找的时间复杂度，提高科学决策能力。

【实例 10-8】
游戏——猜 100
以内的数字

实例 9　冒泡排序法

　　本实例使用列表数据，应用顺序、分支、循环嵌套结构；执行过程为：初始化列表→外层循环→内层循环→条件判断→元素交换→输出结果；使用循环嵌套实现对无序数据的排序。方法 1 完成列表型常量的排序，方法 2 调用 random.sample ( ) 生成不重复的随机数列表，完成数据排序，并展示中间结果供读者阅读。本实例展示了条件判断的差异，会带来完全相反的结果。有条件的读者拓展阅读"鸡尾酒排序法"（双向冒泡排序）。

【实例 10-9】
冒泡排序法

实例 10　母亲节的礼物：画心、
画太阳花、画玫瑰

　　本实例调用 NumPy 库、matplotlib.pyplot( ) 方法，绘制相关图形。读者可以通过本实例理解图形绘制原理和模块化编程思想。读者可以通过编程实现情感表达，让编程不再是冰冷地写代码，而是成为表达情感的工具，并培养感恩之心，用实际行动向母亲表达爱和感激之情。此外，读者可以通过简单地改变代码，培养创新与个性化能力。

【实例 10-10】
母亲节的礼物：
画心、画太阳
花、画玫瑰

实例 11　天天向上

　　本实例用简单的数学计算展示每天进步 1% 和退步 1% 在一年后的差异。通过多个变体，培养读者对指数思维、复利思维的认知，让读者感受从量变到质变过程中积累和坚持的重要性。这一思想可以引申到财务增长、个人习惯等多个方面。

【实例 10-11】
天天向上

实例 12 骰子六面随机性的统计程序及优化

本实例用两种方法统计了骰子六面出现的次数。方法 1 构造条件判断的循环结构，将各面的次数记录在多个独立变量中。方法 2 通过列表数据的索引直接更新统计结果，避免了显式的条件判断，代码执行效率高。本实例促进读者思考概率与统计、事实与预测之间的关系，感受代码的冗余，理解合理选择数据结构可以提高代码的可读性和可维护性。

实例 13 分组求和——Python 与 Pandas 运算速度比较

本实例方法 1 使用字典数据，循环调用 Python 内置 collections 模块实现数据分组及求和；方法 2 使用 Pandas 库，列表推导式和随机函数生成 Series 数组利用 groupby 方法实现该功能。读者可以通过本实例掌握不同算法和数据结构解决同一问题时的异同，从而能够在实际应用中选择更合适的工具。因为 Pandas 底层使用了优化的 C 代码，一般来说，在处理大规模数据时，Pandas 库的性能会优于纯 Python 实现；数据量较小时，两者的性能差异可能不明显。

实例 14 绘制商品季度报表与柱盒图

本实例使用 Pandas 库 DataFrame 二维表格数据、Matplotlib 库的可视化方法，生成条形图展示各季度销售额对比，箱线图展示商品销售额的分布特征。读者可以通过本实例了解市场的经济现象和规律，培养对经济问题的敏感性和关注；学习使用数据分析和可视化手段辅助经济问题决策，比较不同可视化图形在展示信息方面的差异。条形图可用于比较具体的销售额数值差异；箱线图重点展示数据的统计特征，直观显示销售额数据的离散程度和集中趋势。此外，本实例还引导读者发现离群值，思考针对不同商品应当采取何种策略。

本实例结合《九章算术》中的"商功"篇（体积计算与资源分配），帮助读者理解数据可视化在古代工程管理中的雏形，对比东方"象形思维"（如图表直观）与西方"数理思维"（如统计模型）的互补性。

实例 15　五虎上将的成绩统计

本实例用随机的方式生成 5 个学生 3 门课程的成绩，统计每个学生的平均分，统计每门课的最高分、最低分和标准差。分别使用 Phthon 列表数据、numpy.ndarray 类型以及 pandas.DataFrame 数据类型实现数据统计分析，并使用 matplotlib.pyplot 实现数据可视化。

【实例 10-15】
五虎上将的成绩
统计

实例 16　机器学习——鸢尾花实例

本实例使用经典生态数据集（鸢尾花），完整展示"数据→模型→预测"的闭环。完成机器学习的思想启蒙。后续可接入 KNN、决策树等算法。使用到的函数 / 方法如下：

load_iris( )：加载鸢尾花数据集。

train_test_split( )：分割数据集为训练集和测试集。

pd.DataFrame( )：创建结构化数据表格。

pd.DataFrame.hist( )：绘制特征分布直方图。

pd.plotting.scatter_matrix( )：绘制特征间关联的散点矩阵图。

【实例 10-16】
机器学习——鸢
尾花实例

参考文献

［1］ 嵩天，礼欣，黄天羽 . Python 语言程序设计基础［M］. 2 版 . 北京：高等教育出版社，2017.

［2］ 董付国 . Python 程序设计基础［M］. 2 版 . 北京：清华大学出版社，2018.

［3］ 杨柏林，韩培友 . Python 程序设计［M］. 北京：高等教育出版社，2019.

［4］ 廖雪峰 . Python3 教程［EB/OL］.［2025-04-10］. https://liaoxuefeng.com/books/python/introduction/index. html.

［5］ 王德志 . Python 基础与应用开发［M］. 北京：清华大学出版社，2020.

［6］ 张书钦，夏敏捷 . Python 语言程序设计应用教程［M］. 3 版 . 北京：中国铁道出版社有限公司，2024.

［7］ 何伟，张良均 . Python 商务数据分析与实战［M］. 北京：人民邮电出版社，2022.

［8］ 黑马程序员 . Python 程序开发案例教程［M］. 北京：中国铁道出版社有限公司，2019.

［9］ 黑马程序员 . Python 数据预处理［M］. 北京：人民邮电出版社，2021.

［10］ 马瑟斯 . Python 编程：从入门到实践［M］. 袁国忠，译 . 3 版 . 北京：人民邮电出版社，2023.

［11］ 卢茨 . Python 学习手册：原书籍 5 版［M］. 秦鹤，林明，译 . 北京：机械工业出版社，2018.

［12］ 肖 . "笨办法"学 Python 3［M］. 王巍巍，译 . 2 版 . 北京：人民邮电出版社，2018.

［13］ 春，李斌 . Python 核心编程 (第 3 版) 习题解答［M］. 北京：人民邮电出版社，2020.

［14］ 斯维加特 . Python 编程快速上手：让繁琐工作自动化［M］. 王海鹏，译 . 2 版 . 北京：人民邮电出版社，2021.

［15］ 温科特卡姆 . Python 极客项目编程［M］. 王海鹏，译 . 北京：人民邮电出版社，2017.

［16］ 海特兰德 . Python 基础教程：第 3 版：修订版［M］. 袁国忠，译 . 4 版 . 北京：人民邮电出版社，2023.

［17］ 卢茨 . Python 编程：第 4 版［M］. 邹晓，瞿乔，任发科，等译 . 北京：中国电力出版社，2015.

［18］ 沃恩 . Python 编程实战：妙趣横生的项目之旅［M］. 翁健，韩露露，刘琦，等译 . 北京：人民邮电出版社，2021.

［19］ 比斯利，琼斯 . Python Cookbook：中文版：第 3 版［M］. 陈舸，译 . 北京：人民邮电出版社，2015.